环境化学手册(第60卷)

医疗废水:
特征、管理、处理与环境风险

Hospital Wastewaters:
Characteristics, Management, Treatment and
Environmental Risks

［意］ 保罗·维里察（Paola Verlicchi） 主编

郑祥　程荣　等译

化学工业出版社

·北京·

First published in English under the title Hospital Wastewaters: Characteristics, Management, Treatment and Environmental Risks edited by Paola Verlicchi.
Copyright© Springer International Publishing AG, 2018
This edition has been translated and published under licence from Springer Nature Switzerland AG.

本书中文简体字版由 Springer 授权化学工业出版社独家出版发行。

本版本仅限在中国内地（不包括中国台湾地区和香港、澳门特别行政区）销售，不得销往中国以外的其他地区。未经许可，不得以任何方式复制或抄袭本书的任何部分，违者必究。

北京市版权局著作权合同登记号：01-2022-4228

图书在版编目（CIP）数据

医疗废水：特征、管理、处理与环境风险/（意）保罗·维里察（Paola Verlicchi）主编；郑祥等译.—北京：化学工业出版社，2022.11（2024.2重印）

书名原文：Hospital Wastewaters: Characteristics, Management, Treatment and Environmental Risks

ISBN 978-7-122-41978-1

Ⅰ.①医… Ⅱ.①保… ②郑… Ⅲ.①医院-废水处理-研究 Ⅳ.①X703.1

中国版本图书馆 CIP 数据核字（2022）第 149026 号

责任编辑：徐　娟	文字编辑：冯国庆
责任校对：杜杏然	装帧设计：韩　飞

出版发行：化学工业出版社（北京市东城区青年湖南街 13 号　邮政编码 100011）
印　　装：北京科印技术咨询服务有限公司数码印刷分部
710mm×1000mm　1/16　印张 13¾　字数 250 千字　2024 年 2 月北京第 1 版第 4 次印刷

购书咨询：010-64518888　　　　　　　　　售后服务：010-64518899
网　　址：http://www.cip.com.cn

凡购买本书，如有缺损质量问题，本社销售中心负责调换。

定　　价：98.00 元　　　　　　　　　　　　版权所有　违者必究

译者的话

新型冠状病毒感染的肺炎疫情发生以来，接收新冠病毒感染的患者或疑似患者诊疗的定点医疗机构作为受病毒感染人群的聚集地，成为疫情防控的关键区域之一。相应地，医疗机构产生的污水因其含有大量的细菌、病毒等致病微生物，具有空间污染、急性传播和潜伏性传播的危险。如果医疗废水不经妥善处理就排入天然水体或市政管网，将导致环境污染，引发病毒的扩散、变异甚至流行病的暴发与蔓延。

长期以来，含大量病原微生物的医疗废水处理一直是我国环境污染防治工作的薄弱环节。我国医院普遍存在污水处理设施拥有率低，已建医疗废水处理设施处理级别普遍较低的现象。如何应对新型冠状病毒在全球引起的疾病，建立和完善我国医疗废水处理及风险控制系统，以有效控制后疫情时代医疗废水造成的疾病再传播，进一步提高医疗废水处理系统应对突发性公共卫生事件的能力是后疫情时代急需解决的问题。因此，《*Hospital Wastewaters：Characteristics，Management，Treatment and Environmental Risks*》的翻译与出版，可以为后疫情时代医疗废水处理设施升级改造提供借鉴与参考。

本书的翻译工作由郑祥博士与程荣博士带领中国人民大学和中国科学院生态环境研究中心团队共同完成。代晋国博士、霍正洋博士、郑利兵博士与尚闽、何俊卿、陈惠鑫、陈逸琛、何柳、亓畅、张莹莹、旷文君、陈铭真、杨晓玲、高瑞、胡大洲等十余位博士研究生和硕士研究生参与了文字翻译与整理工作，霍正洋博士与何俊卿博士研究生对全部书稿进行了文字校对与统稿，在此一并表示衷心的感谢！

我们在书稿翻译过程中尽心竭力，不敢懈怠。但由于水平所限，难以尽如人意，敬请读者和同仁多多批评指正！

译者

2022 年 6 月

丛书序

1980年，奥托·赫辛格（Otto Hutzinger）教授以卓越的眼光开创了《环境化学手册》并成为创始主编。当时，环境化学是一个新兴领域，旨在全面描述地球环境，包括化学物质在局部地区和全球范围内发生的物理、化学、生物和地质变化。研究环境化学的目的是通过描述观察到的变化来说明人类活动对自然环境的影响。

尽管科学家们在过去的三十年中积累了大量的知识，比如《环境化学手册》已出版70多卷，但由于该领域的复杂性和跨学科性质，未来仍然存在许多知识和政策挑战。因此，本系列书将继续汇总出版最新研究进展和科学成果。各位作者都是在各自领域具有丰富实践经验的顶尖专家。本系列书会随着我们对科学认识的加深而继续出版，不仅为科学家，也为环境管理者和决策者提供宝贵的资料。今天，本系列书以化学视角涵盖了广泛的环境主题，包括环境分析化学的方法学进展。

近年来，将与社会相关主题纳入环境化学的广阔视野中已成为趋势，包括生命周期分析、环境管理、可持续发展、社会经济、法律等。虽然这些主题对于《环境化学手册》的发展和被接受非常重要，但出版社和分册主编仍希望《环境化学手册》成为"硬科学"的信息来源，重点聚焦化学主题，但也包括应用于环境科学的生物学、地质学、水文学和工程学。

本系列书各卷的编写水平都非常高，既能满足科研人员和研究生的需要，也能满足化学领域外，如工商业、政府部门、研究机构和公益组织等相关人员的需要。我非常高兴看到本系列书各卷被用作环境化学研究生课程的基础教材。本系列书凭借高水准的科学性，为科学家提供了一个可以分享关于环境问题不同方面的知识，提出广泛的观点和方法的基础平台。

《环境化学手册》的纸质版和线上版均可通过 www.springerlink.com/content/110354/获得。各卷内容一经获准发表即在网上在线出版。各章作者、分册主编和丛书主编受到了科学界的广泛认可,他们也非常欢迎各位向主编提出新主题的建议。

丛书主编

达米亚·巴塞洛（Damià Barceló）

安德烈·G. 科斯蒂诺伊（Andrey G. Kostianoy）

前 言

当我们提到医院时,首先想到它应该是一个改善和保证病人健康的设施,同时也是开展对抗疾病研究的机构。

为了实现这些目标,医务人员使用多种化学物质进行治疗和诊断,对房间进行清洁,对设备进行消毒。这些化学物质的残留物不可避免地存在于医院废物中,特别是在医疗废水中。这些物质大多属于新兴污染物,并以低浓度(ng/L 或 μg/L 级)存在于废水中,因此被称为微量污染物,例如抗生素、止痛剂、麻醉剂、细胞抑制剂和 X 射线造影剂。

虽然这些新兴污染物仍然没有相关水质指标管制,但它们在水循环中的使用、消耗和归宿已经成为全世界日益关注的问题。在这种背景下,这些含有微量污染物的医疗废水在过去 15 年中一直是研究和讨论的焦点。本书主要涉及:①医疗废水的特性,研究其化学、物理和微生物组成;②常规处理对目标微量污染物的去除效率及提升去除效率的方案;③由于残留微量污染物在处理后仍然存在,需对医疗机构中常用的药物和其他化学品残留物进行环境风险评估。

众所周知,就药物制剂中使用的数千种活性成分而言,研究所涉及的化合物数量相对较少。目标化合物通常根据现有的分析技术、消耗清单和以往研究的结果进行选择。在研究初期,一些化合物更经常地被选择用于监测方案,并被列入分析物清单。原因往往是由于这些物质在以往的研究中受到了重点关注。

这就是所谓的马太效应(Matthew Effect),这是罗伯特·默顿(Robert Merton)在 1968 年首次分析的一种心理现象[1],Grandjean 和他的同事[2]用它来解释环境科学的许多新增的和重复的发现所遵循的规律[3]。

在过去几年中,随着新的分析技术发展,更广泛的化学物质得到监测,同时科学界越来越意识到有必要扩大目标化合物的范围,以"减少暴露评估过程和环境风险评估中的偏差及不确定性"[4]。

除了化合物选择外,本书也广泛讨论了其他问题,包括:不同药物的采样模式和频率、微量污染物浓度的空间和时间可变性、直接测量的准确性、预测浓度的不确定性;测量和预测的可靠性及代表性;各药品的优先级;世界范围内采用的治疗方案和有前景的技术（基于实验室和中试规模的调查）；环境风险评估和抗生素抗性细菌及基因的迁移。

图 0-1 中表示了与医院废物管理和处理相关的问题的复杂性，确定了三个主要领域：组成、管理和处理，以及处理后废水中残留物造成的环境风险评估。对于这三个领域，本书中都有详细介绍。

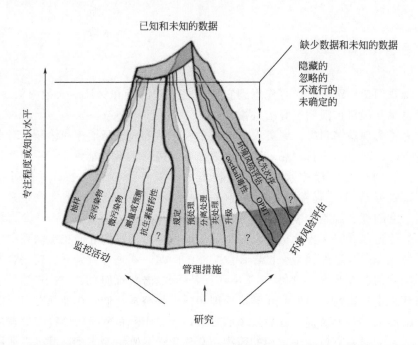

图 0-1　关于医院排出物的特点、处理和管理的已知及未知的信息（改编自文献[5]）

每个领域中已知的只是冰山一角：在图 0-1 中，它对应于参考系上方的区域，该区域将"已知和未知的数据"空间与"缺少数据和未知的数据"空间分开。"未知"包括"已知未知"和"未知未知"，前者是我们知道自己不知道的事情，后者是我们不知道自己不知道的事情（由带问号的三个区域表示）。

回顾过去的研究，本书提供了不同研究小组取得的主要进展，对已知和未知的评论及展望，强调了不同研究问题和未来的研究需求，以促进在已知的未知领域和未知的未知领域的研究。

简而言之，本书由 12 章组成，涉及此类废水的全球监管概况（第 1 章现有医疗废水管理条例及案例研究），常规污染物和微量污染物（药物、重金属、微生物和病毒）的观测浓度范围及废水的生态毒性（第 2 章医疗废水中的常见污染物和药物及第 3 章医疗废水的生态毒性）。然后根据两种方法对药物进行优先排序：OPBT（发生率、持久性、生物累积性和毒性）和基于风险熵计算的环境风险评估（第 4 章医疗废水中活性药物成分的优先排序）；关注医疗废水中常见的三类药物（抗生素、细胞抑制剂和 X 射线造影剂）的出现和潜在的环境影响（第 5 章医疗废水中造影剂、细胞抑制剂和抗生素的存在及风险），并讨论通过直接测量和预测模型评估医疗废水浓度和负荷的准确性及不确定性（第 6 章医疗废水中的药物浓度和负荷：预测模型还是直接测量更准确）。

关于此类废水的管理和处理，本书包括对医疗废水和城市污水对集水区药物负荷的贡献的评估（第 7 章医疗废水对污水处理厂进水微量污染物负荷的贡献）及对不同国家采用的处理方法的分析（第 8 章欧盟经验的回顾研究及典型案例分析和第 9 章亚洲、非洲和澳洲医疗废水处理现状）。

接下来的两章主要介绍了医疗废水单独处理的已投入使用的工程（第 10 章大型医疗废水处理工程案例研究）和旨在改善实验室或中试研究的目标微量污染物去除的前瞻技术（第 11 章医疗废水中试处理及创新技术）。结论中总结了关于医疗废水的产生、管理和处理的意见，并强调了未来研究的前景（第 12 章医疗废水管理和处理的评论及展望）。

本书的受众广泛，包括参与医疗废水和含微量污染物废水管理及处理的研究人员与科学家，不同国家制定污水处理工程和战略的管理人员及决策者，参与医疗废水授权和管理的立法者，参与污水处理厂设计的环境工程师以及对这些问题感兴趣的研究人员和学生。

最后，我真诚地感谢所有参加本书编写的作者，他们不仅为发展研究做出了贡献，更重要的是，这些学者愿意与其他读者分享他们的知识和发现。特别感谢 HEC 系列编辑 Damià Barceló 教授邀请我作为主编，以及 Andrea Schlitzberger 博士和她在斯普林格出版社的团队，他们支持我完成了本书的每一步创作。

保罗·维里察

意大利费费拉市

2017 年 5 月

参考文献

[1] Merton R(1968)The Matthew Effect in Science：the reward and communication systems of science are considered. Science 159：156-163

[2] Grandjean P，Eriksen ML，Ellegaard O，Wallin JA(2011)The Matthew Effect in environmental science publication：a bibliometric analysis of chemical substances in journal article. Environ Health-Glob 10(1)：96

[3] Sobek A，Bejgarn S，Rudén C，Breitholz M(2016)The dilemma in prioritizing chemicals for

environmental analysis: known versus unknown hazard. Environ Sci 18(8): 1042-1049
[4] Daughton CG(2014)The Matthew Effect and widely prescribed pharmaceuticals lacking environmental monitoring: case study of an exposure-assessment vulnerability. Sci Total Environ 466-467: 315-325
[5] Daughton CG. Exploring the Matthew Effect, 2013. Available on the web site: https://www.epa.gov/innovation/pathfinder-innovation-projects-awardees-2013

目 录

第1章 现有医疗废水管理条例及案例研究 1
  1.1 导言 2
  1.2 医疗废水管理条例 2
  1.3 医疗废水管理指南 5
  1.4 案例研究 10
  1.5 小结 12
  参考文献 12

第2章 医疗废水中的常见污染物和药物 15
  2.1 引言 15
  2.2 医疗废水的特性 17
  2.3 医疗废水处理指南和监管措施 24
  2.4 小结 25
  参考文献 26

第3章 医疗废水的生态毒性 29
  3.1 引言 30
  3.2 医疗废水中物质的生态毒性 30
  3.3 医疗废水生态毒性的实验室检测 34
  3.4 医疗废水中毒性物质的相互作用 36
  3.5 生物累积在医疗废水生态毒性中的作用 37
  3.6 医疗废水的生态毒理风险评价 38
  3.7 小结 39
  参考文献 39

第 4 章　医疗废水中活性药物成分的优先排序 —— 42

- 4.1　绪论 —— 43
- 4.2　活性药物成分优先排序方法 —— 44
- 4.3　日内瓦大学医院：瑞士案例研究 —— 48
- 4.4　结论和观点 —— 54
- 参考文献 —— 56

第 5 章　医疗废水中造影剂、细胞抑制剂和抗生素的存在及风险 —— 60

- 5.1　引言 —— 61
- 5.2　造影剂的存在情况 —— 61
- 5.3　细胞抑制剂的存在情况 —— 63
- 5.4　抗生素的存在情况 —— 67
- 5.5　风险评估 —— 79
- 5.6　小结 —— 82
- 参考文献 —— 83

第 6 章　医疗废水中的药物浓度和负荷：预测模型还是直接测量更准确 —— 90

- 6.1　引言 —— 91
- 6.2　医疗废水中 PhC 浓度和负荷预测模型的建立 —— 92
- 6.3　医疗废水中药物的预测浓度和预测负荷研究概况 —— 93
- 6.4　模型参数 —— 96
- 6.5　浓度和负荷的预测及测量结果比较 —— 103
- 6.6　影响 PEC 和 PEL 的潜在因素 —— 105
- 6.7　影响 MEC 和 MEL 的因素 —— 108
- 6.8　预测、测量的浓度和负荷的不确定性 —— 111
- 6.9　小结与展望 —— 113
- 参考文献 —— 114

第 7 章　医疗废水对污水处理厂进水微量污染物负荷的贡献 —— 119

- 7.1　引言 —— 120
- 7.2　医院贡献率的特点 —— 122
- 7.3　影响医院微量污染物贡献率的因素 —— 123

  7.4 与医院贡献率估计方法相关的不确定度 ———— 125
  7.5 医疗废水的环境风险 ———— 127
  7.6 案例研究 SIPIBEL：城市污水处理厂医疗废水的
    单独管理 ———— 127
  7.7 小结 ———— 131
  参考文献 ———— 132

第 8 章 欧盟经验的回顾研究及典型案例分析 ———— 135
  8.1 引言 ———— 135
  8.2 医疗废水的传统管理：集中处理 ———— 136
  8.3 是否可以选择分散处理 ———— 139
  8.4 技术解决方案的替代措施 ———— 145
  8.5 小结 ———— 145
  参考文献 ———— 146

第 9 章 亚洲、非洲和澳洲医疗废水处理现状 ———— 149
  9.1 引言 ———— 150
  9.2 医疗废水的处理方案 ———— 150
  9.3 研究概览 ———— 152
  9.4 医疗废水中的抗生素耐药菌 ———— 154
  9.5 医疗废水处理案例 ———— 155
  9.6 医疗废水处理厂的去除率 ———— 156
  9.7 法规 ———— 160
  9.8 小结 ———— 160
  参考文献 ———— 161

第 10 章 大型医疗废水处理工程案例研究 ———— 165
  10.1 引言 ———— 165
  10.2 医疗废水处理实践与研究展望 ———— 167
  10.3 小结与展望 ———— 176
  参考文献 ———— 177

第 11 章 医疗废水中试处理及创新技术 ———— 181

11.1	简介	181
11.2	生物污水处理	182
11.3	物化废水处理技术	187
11.4	小结	193
参考文献		194

第12章 医疗废水管理和处理的评论及展望 200

12.1	经验教训	200
12.2	医疗废水：受管制或不受管制的废水	201
12.3	医疗废水的组成：已知的和未知的	202
12.4	管理和处理：什么是可持续的和正确的	203
参考文献		205

第1章

现有医疗废水管理条例及案例研究

Elisabetta Carraro, Silvia Bonetta, and Sara Bonetta

摘要：废水是指任何水质因人类活动而受到污染的水。它包括从家庭、农业部门、商业部门、制药部门和医院排放的液体废物。医疗废水（HWW）中含有危险物质，如药物残留物、化学危险物质、病原体和放射性同位素。由于这些危险物质的存在，医疗废水存在着危害公共和环境健康的化学、生物及物理风险。然而，在医疗废水处理进入城市污水受纳系统或经预处理后直接排放到地表水之前，往往没有法律要求。

本章首先简要介绍了医疗废水对环境的污染，随后讨论了世界各地不同立法报告中关于医疗废水的主要原则。此外，介绍了世界卫生组织（WHO）准则、美国环境保护署（EPA）准则和关于医院向环境释放放射性核素的准则中的主要内容。本章最后举例说明了医疗废水管理方面的优秀案例，并以简短的评述结束。

关键词：医疗废水；管理；法规。

目 录

1.1 导言
1.2 医疗废水管理条例
1.3 医疗废水管理指南
  1.3.1 世界卫生组织准则
  1.3.2 美国环保署准则
  1.3.3 关于医院向环境释放放射性核素的准则
1.4 案例研究
1.5 小结
参考文献

1.1 导言

废水是指任何因人类活动而受到污染的水。它包括从家庭、农业部门、商业部门、制药部门和医院排放的液体废物。在医院，水被消耗在各种地方，如住院区、手术区、实验室、行政单位、洗衣房和厨房。在此过程中，其物理、化学、生物质量下降，转化为废水[1]。与城市污水（UWW）相比，医疗废水（HWW）含有多种有毒或持久性物质，如药物、放射性核素、溶剂和用于医疗目的的消毒剂，浓度范围很广[2~4]。Verlicchi等[5]指出，医疗废水中微量污染物（如抗生素、镇痛药、重金属）的浓度比城市污水高4~150倍。此外，医疗废水被认为是病原菌主要的源头。废水中可能含有源于人类排泄物的病原微生物[6]。例如，由于抗生素的使用更加频繁和密集，抗生素耐药细菌可能比易感细菌具有选择性优势，因此医疗废水被认为是微生物产生抗生素耐药性的重要原因[7]。

考虑到与废水的相关风险有关的信息，在将废水排放到市政管网或经预处理后排放到地表水之前，在对医疗废水的处理方面往往没有法律要求。

事实上，在大多数国家中尚无关于医疗废水管理的具体条例，甚至在常规废水排放管理中都没有涉及。因此，由于规范的缺乏，在本章范围内对条例进行修订时发现存在巨大困难。

1.2 医疗废水管理条例

本部分讨论的条例列于表1-1。关于水和废物之间的界限是一个复杂的问题，在各个生产性部门中都有很多争论：这两个定义之间的区别往往不是明确的，不仅涉及法律问题，同时也涉及相关管理问题。为此，有必要明确确定废水与液体废物之间的界限。

一般来说，卫生设施产生的废品包括：

① 废物，指要处置的对象是固体、污泥或容器中包含的液体或吸收到固体中的液体；

② 废水，即直接排入下水道的污水。

当有关废物管理的立法规定了医疗废水的监管指标范围时，"废水"和"废物"这两个定义可能会引起混淆。例如在印度，医院产生的废水或者连接到没有终端污水处理厂的下水道，或者不连接到公共下水道，直接排放到自然水体[8]。相反，针对排入公共下水道设施的医疗废水，应适用1986年《环境（保护）法》所述的一般标准[9]。

表 1-1 医疗废水条例

国家/地区	法律	时间	管控对象
欧盟	1991年5月21日关于城市污水处理的第91号欧盟指令	1991年	废水
	关于危险废物的第2008/98/EC号指令	2008年	废物
西班牙	2005年6月30日第57/2005号法令,修订了1993年10月26日第10/1993号法律关于工业液体排放到综合卫生系统的附件	2005年	废水
	第26,042-S-MINAE号法令(1997年);排放及废水规例。La Gaeta n.117,1997年6月19日星期四	1997年	废水
德国	废水条例(AbwV)	2004年	废水
意大利	关于环境法简化的DPR第227/2011号	2011年	废水
	关于环境保护的第152/2006号法律公报	2006年	废水
印度	《环境(保护)法》	1986年	废水
	《生物医疗废物管理和处理规则》S O 630 E 20/7/1998	1998年	废物
中国	《污水综合排放标准》	1998年	废水
越南	《环境保护法》	2014年	废水
	《国家卫生废水技术条例》	2010年	废水

由此产生的法律和业务具有实际影响的一个问题是,确定特定活动产生的水是否与生活废水或工业废水具有可比性。事实上,在大多数法规中,废水分为以下类别。

① 生活污水:来自住宅区和服务业的废水,即主要来自人类新陈代谢和家庭活动的水。

② 工业废水:经营或生产货物的场所或设施排放的任何类型的废水,不包括生活污水和雨水径流。

在欧洲,没有关于医疗废水管理的具体指令或准则。然而,1991年5月21日发布的关于城市污水处理的第91号欧盟指令[10](经1998年2月27日第98/15/CE号指令修改的第91/271/CE号指令[11])旨在保护环境不受废水排放的不利影响;它涉及:

① 生活污水;

② 废水混合物;

③ 来自某些工业部门的废水。

具体而言,该指令要求:①收集和处理>2000个人口当量(p.e.)的聚集区中的废水;②在指定的敏感地区及其集水区,对>2000p.e.的聚集区的所有排放进行二次处理,并对>10000p.e.的聚集区进行深度处理;③要求预先规划所有城市废水、食品加工业废水和城市废水收集系统的工业废水排放;④监测处理厂和接收水域的水质指标;⑤控制污水、污泥的处置和再利用,以及处理后的废水在适当的时候再利用。

正如以前关于城市污水处理的报告所述，欧盟法规要求在将废水排放到城市污水收集系统之前预先授权（如果废水被认为是工业废水）。此外，欧盟2008年11月19日发布关于危险废物管理的第98号指令（2008/98/CEE）[12]和2000年5月3日欧盟第532号决定（2000/532/CEE）[13]中关于危险废物管理和危险废物清单的决定指出，医院液体废物（药品、药品、用作溶剂的物质的残留物、肥皂、非有机卤化物等）不得直接排入市政管网，必须作为废物进行收集和处置，而对于医疗废水没有具体的处理办法。因此，欧盟各成员国对医疗废水质量及其管理有自己的立法、评价和选择标准。如果根据国家立法，医院被视为工业设施，不仅排放生活污水（如西班牙[13,14]），还排放具有特殊污染物的特种废水，需获得向市政污水处理厂排放废水的许可，通常需要进行预处理。

另外，一些国家认为医疗废水属于城市污水，既不需要授权，也不需要特定的评估（如德国[15]）。在这种情况下，如果医疗废水符合污水处理厂确定的指标，废水可被视为生活污水，因此未经任何许便可排入污水处理厂[16]。例如，目前在意大利，在床位少于50张且没有提供分析和研究实验室的卫生设施中，医院产生的废水作为生活废水处理，其结果是这些废水可以擅自排放[17]。在其他情况下，卫生设施产生的废水必须根据意大利第152/2006号法令审批排放[18]。在意大利，授权机构因地区而异［以前是 Ambiti Territoriali Ottimali（ATO），现在是各省或都灵市］，它通常代表综合水循环治理。然而，医疗废水一般被认为与家庭污水具有相同的污染物负荷。

中国的规范认为医院属于工业产业[19]。此外，同意大利一样，床位数也是决定因素。具体来说，中国的规范要求在床位数大于50张的医院要监测包括粪大肠菌群在内的重点水质指标。

在其他国家，立法具体解释了如何处理和管理医疗废水。例如在越南，在其《环境保护法》中有一个关于医院和医疗设施的环境保护具体章节[20]。该法第72条指出"医院和医疗机构有义务按照环境标准收集及处理医疗废水。"此外，与其他法规所述不同，考虑到收集医疗废水的水体的使用，制定了环境标准。事实上，不同标准的最大值可参考以下公式计算。

$$C_{max} = CK$$

式中，C 为污水利用系数，当收集废水的水资源用于饮用或其他目的时，它通常较低；K 为卫生设施规模和类型的系数[21]。

例如，对于总大肠菌群，法律规定了两个不同的数值：

① 如果水资源被用作饮用水供应，则 C 为 3000MPN/100mL；

② 如果水资源不用于饮用水供应，则 C 为 5000MPN/100mL，对于某些参数（例如pH值、总大肠菌群、沙门菌、志贺菌和大肠杆菌），$K=1$。

1.3 医疗废水管理指南

1.3.1 世界卫生组织准则

1999 年世界卫生组织（WHO）公布了关于医疗废水的唯一准则《安全管理卫生医疗废物》[22]，并于 2014 年更新[23]。本书专门用一章来描述医疗废水的收集和处置，后面将详细介绍。该准则将医疗废水分为三类。

① 黑水。是污染严重的废水，含有高浓度的粪便物质和尿液。

② 灰水。含有更多的稀释残留物，来自洗涤、洗澡、实验室过程、洗衣和其他技术过程，如冷却水或冲洗 X 射线胶片。

③ 雨水。从技术上讲，雨水本身不是废水，而是在医院屋顶、地面、庭院和铺装表面收集的降雨，这些降雨可能会流入排水沟和水道中，并作为地下水补给，或用于灌溉医院地面、冲洗厕所和其他一般洗涤。

显然，废水可能含有不同的化学、物理和生物污染物，这些污染物与医疗设施的服务水平和目的有关。医疗废水的管理可能主要在发展中国家构成一种风险，在发展中国家，医疗废水未经处理或经不充分处理，被排放到地表水中，并有可能渗入地下蓄水层。

接下来，该准则报告了与液体化学品、药品和放射性物质有关的危害。此外，还介绍了与废水有关的主要疾病。例如，未经处理的硝酸盐进入地下水中会导致高铁血红蛋白血症，其中婴儿是敏感人群。环境中未经处理的废水中的营养物质可以促进藻类的产生和繁殖，这将有利于具有潜在危险的微生物（例如蓝藻）以不受控制的方式排放到环境中，并通过水体传播，对人类生命构成威胁，造成弯杆菌病、霍乱、甲型肝炎和戊型肝炎等疾病。在简要评价高收入国家和初级医疗诊所产生的废水量之后，该准则对医院基础设施（如厨房、血液透析、牙科部）不同来源产生的废水的成分做了深入的描述。

医疗废水管理指南见表 1-2。

表 1-2 医疗废水管理指南

指南	来源	发布时间	上次修订时间
废水指南和标准(CFR40)	美国环保署	1976 年	2016 年
医疗废物的安全管理	世界卫生组织	1999 年	2014 年
放射性核素治疗后病人的释放	国际原子能机构	2009 年	—
未密封放射性核素治疗后病人的释放	ICRP 公司	2004 年	2013 年

危险材料的分离、处置及安全储存对于液体废物和固体废物同样重要。具体而言，为医疗设施建立污水系统的情况以及危险液体（例如血液、粪便）的预处理十分重要。

该准则后续部分的主题是医疗废水排放的管理。特别是如果城市污水处理厂符合当地监管要求，如确保至少95%的细菌去除率的处理或一级、二级和三级处理的污水处理厂，建议废水排入城市污水系统。如果不能满足这些要求，则应在现场废水系统中处理废水，或采用最低限度的方法进行管理。处理医疗废水的有效处理单元可按处理方式（一级、二级和三级）划分。该准则详细介绍了废水的消毒、污泥的处置以及废水和污泥的再利用，包括应用新兴技术（如膜生物反应器、厌氧处理）进行医疗废水处理。

该准则进一步报告了废水处理中的一些典型问题。考虑到通过水槽排放液体废物仍然是通用做法，首先出现的问题是排水口（水槽、厕所、排水沟）与到达处理厂水箱或排入市政污水系统的排放点之间的废水损失很大。此外，还介绍了废水系统监测的运行情况，并考虑到污水系统和出水水质的控制。该准则综述了评价出水水质最常用的参数（如温度、BOD_5、大肠杆菌和浓度）。

在描述了医疗废水管理的最佳做法之后，世界卫生组织准则明确了管理医疗废水的基础方法。特别是考虑到在发展中国家的许多医疗设施中，病人没有条件使用以下水道为基础的卫生设施，居民卫生设施往往是坑式厕所。其中最差的情况是居民在医疗设施或附近露天排便，世界卫生组织准则强调，在每个医疗保健设施提供充分的卫生设施是至关重要的。此外，当没有其他方法处理危险液体废物时，该准则描述了使用适当的个人防护设备（PPE）来对主要液体废物的进行管理。

例如，来自高度传染性患者（例如霍乱患者）的粪便、呕吐物和黏液应分别收集，并在处置前进行热处理（例如由专门用于废物处理的高压灭菌器）。如果没有高压灭菌器或适当的消毒剂时，在紧急情况下可使用石灰乳（氧化钙）。世界卫生组织准则提供了一种基本医疗废水处理系统方案，该系统由一级和二级处理阶段组成，被认为是初级和二级农村医院的最低限度的处理（图1-1）。

最后，世界卫生组织准则指出了对基础方法的适当改进，分为对基础方法的改进（例如，设立一个预算项目以支付废水处理费用；加强液体危险废物管理；隔离危险废物并对其进行预处理）以及加强中间方法（例如用紫外线消毒废水或改为二氧化氯或臭氧消毒废水；定期检查污水系统，并在必要时进行修理），以下为关注重点[23]（表1-3）。

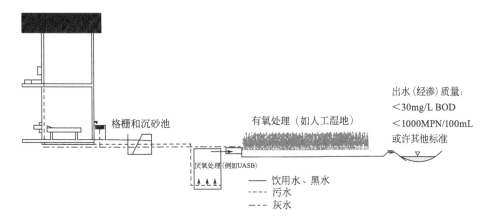

图 1-1 两个处理阶段的基本医疗废水处理系统

表 1-3 关注重点[23]

序号	关注重点
1	医疗保健设施未经处理的废水可能导致水传播疾病和环境问题,并可能污染饮用水源
2	独立的财务预算,日常维护系统,以及液体危险废物工作管理系统是开发和运行高效废水管理系统的关键要素
3	如果适当规划和实施基本的系统,可以大幅降低水传播疾病的风险;具有深度处理的系统进一步降低了风险
4	废水中的药品和其他危险液体废物未来可能产生一系列严重的问题,必须认真研究其削减控制技术。目标包括将废水中抗生素和药物残留物的浓度降至最低
5	低成本和维护简单的系统,如厌氧处理和芦苇床系统
6	维护良好的污水系统与高效的污水处理厂具有相同重要性

1.3.2 美国环保署准则

在美国,管辖地表水排放的主要环境法是《清洁水法(CWA)》[24]。美国环保署、各州和地方城市预处理方案通过公布废水污染点源的具体规定和排放许可证来执行 CWA。将废水排放到地表水体或城市污水处理厂(或称公共污水处理厂,POTW)时必须遵守更严格的技术标准("排放指南")和当地特定的出水限制("当地限制")。

废水限制准则和标准(ELGs)是美国国家清洁水计划的一个基本要素,该计划是根据 1972 年的 CWA 修正案确立的。ELGs 是用于控制工业废水排放的技术法规。美国环保署对直接排放到地表水的新排放源与现存排放源以及排放到 POTW（间接排放者）的排放源实施 ELGs。管理排放许可证中使用 ELGs 作为设施排放污染物的限制。到目前为止，美国环保署已经制定了 ELGs，对 58 类点源的废水排放进行监管。这一监管计划大大减少了工业废水的污染，它是清洁国家水域的关键方面。除了制定新的 ELGs 之外，CWA 要求美国环保署在适当的时候修改现有的 ELGs。多年来，美国环保署根据处理技术的进步和工业过程的变化等发展情况，修订了环境保护准则。为了继续减少工业废水污染和满足 CWA 的要求，美国环保署进行年度审查和废水指南规划。年度审查和规划有三个主要目标：①审查现有的 ELGs，以确定修订的候选名单；②确定新类别的直接排放污染物，以开发新的 ELGs；③确定新类别的间接排放污染源，以制定预处理标准[25]。一个典型的医疗卫生设施有多种废水来源，如厕所、水槽、淋浴、实验室、照片冲洗室、洗衣机和洗碗机、锅炉和维修店。将废水排放到城市下水道系统的设施被视为间接排放设施，而直接排放到溪流或河流的设施被视为直接排放设施。绝大多数医疗卫生设施都是间接排放设施。这些设施受当地污水管理机构的监管，而后者又受到 CWA 的监管。通常，间接排放设施必须获得许可证（定义为工业用户许可证），并必须遵守许可证所述的具体规则。CWA 明确禁止间接排放设施将下列任何一项排入下水道：

① 火灾或爆炸危险物；

② 腐蚀性排放物（pH<5.0）；

③ 固体或黏性污染物，废热（使污水处理厂进水水温超过 40℃的量）；

④ 造成有毒气体、烟雾或蒸气的污染物；

⑤ 会干扰污水处理厂处理的其他污染物（包括自助餐厅的油和油脂）。

除此之外，当地污水管理机构将根据当地条件和该机构自身的许可要求，为该设施制定规则和限制。

一些医院，主要是位于小型社区的医院，可能被污水管理机构指定为重要的工业用户。这一指定通常与制造设施有关，但如果一个设施可能对污水处理厂的运行产生不利影响，市政管理部门就可以适用这一指定。被指定为重要工业用户的医院必须对其废水进行取样和分析，并每年两次向市政管理部门提交报告。

除了上面讨论的具体规则外，CWA 还为各城市提供了管理的灵活性，使它们能够满足其具体需要。许多城市选择制定专门适用于医疗废物排放的地方规则。例如：从全面禁止所有医疗废物到更具体地禁止可识别风险的废物或放射性化合物等。

对于直接排放的医院，美国环保署制定了国家排放标准，这是对某些特定污染物的数值限制。这些标准比间接排放设施的限制更难以达到，因为医院的废水直接排放流入河流，而没有经过市政系统的处理或监测。为了满足直接排放的限制，医院必须获得其国家环境机构或美国环保署的许可（取决于国家机构的地位），并安装一个复杂的废水处理系统。

1.3.3 关于医院向环境释放放射性核素的准则

核医学涉及使用放射性核素。这一关键问题涉及病人接触放射性核素的情况，也涉及放射性核素的排放与放射性核素从医院实验室（通过处置医院病人的排泄物）进入环境的过程。放射性碘治疗是放射性核素排放的主要来源。传统上用于治疗的其他放射性核素通常是纯β发射体（例如 ^{32}P、^{89}Sr 和 ^{90}Y），对外界的风险要小得多。最近一些新的治疗方法已经进入临床应用，如 ^{177}镥-奥曲肽、^{68}镓-奥曲肽和 ^{90}钇-SIRS（选择性内放射治疗）颗粒[26]。在这方面，美国环保署制定了一些关于放射性核素治疗后降低核素释放的指南。国际原子能机构制定的准则[27]明确，病人的排泄物（尿液和粪便）中若含放射性物质。表 1-4 显示了这种途径通常排放的一些治疗性放射性核素的比例。

如表 1-4 所示，放射性核素治疗后排入环境的主要是放射性碘（I-131）。由于其半衰期为 8 天，在医疗使用后可在一般环境中检测到 I-131。然而，由于与正常废物混合造成的稀释和分散，以及任何污染返回生态系统所需的时间长度，将使环境影响降低到低于所有现有准则中所建议的水平。

表 1-4 向下水道排放的放射性核素比例

核素和形态	病或病情治疗	排入下水道的放射性核素比例/%
Au-198 胶体	恶性疾病	0
I-131	甲亢	54
I-131	甲状腺癌	84~90
I-131 米布格①	嗜铬细胞瘤	89
P-32 磷酸盐	红细胞增多症等	42
Sr-89 氯化剂	骨转移	92
Y-90 胶体	关节炎	0
Y-90 抗体	恶性肿瘤	12
Er-169 胶体	关节炎	0

① 米布格（MIBG）：间碘苯甲胍（meta-iodobenzylguanidine）。

此外，国际放射保护委员会（ICRP）还公布了一项关于使用放射性核素治疗后削减患者排放核素的指南[28,29]。这份文件报告中指出，锝-99m 主要经接受放射性治疗的患者排泄物向环境排放，但其短暂的半衰期限制了其危害。此外，I-131 可以在治疗后的环境中检测到，但没有产生可测量的环境影响。释放到污水系统中的放射性核素可能会给下水道工人和公众造成远低于公共剂量限制的影响。此外，必须强调的是，ICRP 没有明确要求患者住院接受放射性核素治疗，另外国际原子能机构 1992 年的指南表明，在放射性碘治疗癌症后[27]，不建议让患者立即回家，而应该让患者在医院待几个小时到几天。此外，在 2009 年的指导方针中指出，将病人留在医院观察可使相关环境风险得到控制。

1.4 案例研究

因此，上述医疗废水的管理并不容易，但由于医疗废水是微生物和化学污染的重要源头，因此很有必要研究一些优秀的处理案例。一个例子是 Belelecombe 市政府集团（SIB）于 2009 年创建了一个试验基地，为其污水处理厂的扩建工程提供资金，并建造了一家新医院。试验基地位于瑞士边境附近的上萨瓦省，包括：日内瓦阿尔卑斯山医院（CHAL），并于 2012 年 2 月启用，可容纳 450 张床位；Belelecombe 污水处理厂，有两条分离的处理线，用于隔离医疗废水；受纳水体：阿尔维河，一部分供给人类饮用。该系统的一个重要特点是可以单独处理医疗废物，或将其与家庭废水混合，并将所有废水分配在三条线上，总容量为 26600 人（图 1-2）[30]。

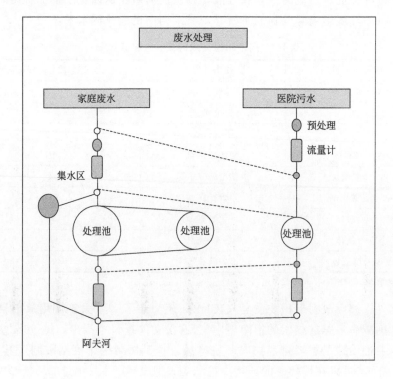

图 1-2　Belelecombe 废水处理方案（改编自文献 [30]）

2010 年 3 月创始成员和合作伙伴召开了第一次会议，会议允许建立项目基地 SIPIBEL（即 Bellecombe 的试验基地），旨在确定城市污水处理厂中医疗废物的特性、可处理性和影响。SIPIBEL 是与当地管理人员（如卫生管理人员、医院）、公共研究实验室、工业设计师和机构合作伙伴共同创建的。为了在 2012 年 2 月医院运营前获得初步数据作为参考，2011 年制定了一项监测计划。该基地自 2012 年 2 月以来一直在正常工作。2013 年，Franco-Swiss Interreg IRMISE 项目开始实施，该项目将 SIPIBEL 置于更广阔的背景下，实现多国合作。SIPIBEL 成为监测和研究机构，其由以下几部分组成：

① 监测站，目的是监测污水及其对接收环境的影响；

② 实施支持 SIPIBEL 的研究计划；

③ 发展和沟通中心。

监测站的宗旨如下。

① 与科学家和现场工作人员一起确定和管理测量：监测出水中物理化学指标和生态毒理学指标，同时监测相关地区的社会学要素。

② 通过采用本国和欧盟的方法进行在线数据管理。

③ 验证和解释结果并进行估值分析：向合作伙伴分发分析报告，通过网站进行沟通，组织知识传播活动（会议、联合出版物）以及相关项目研究。

SIPIBEL 框架中的研究方案是解决正在执行的各种国家和区域计划中确定的主要知识及战略问题。

其目的是确保：

① 观察与研究的整合；

② 将其纳入国家和欧盟标准化进程计划；

③ 将更广泛的区域政策方法与经验交流相结合。

在 Belelecombe 的试验基地，各种不同的实际情况并存，证明了多学科方法对于管理医院废物的必要性和实用性。必须强调的是，SIPIBEL 框架是在医院建造之前创建的，因此强调了医疗废物管理的正确预防方法。这种做法在其他情形处理中也值得借鉴。

前几年，欧盟还资助了其他项目，研究药物残留物在环境中的传播（NoPills 项目）和医疗废水在相关方面的影响（SIPIBEL RILACT 项目）。

2012 年启动了由欧盟 IVb 计划资助的 NoPills 项目。该项目旨在提供有关药物残留在水环境中的迁移转化规律的进一步信息，并提供实际经验，以确定医药产品链中潜在和实际实施的技术及社会热点，其重点是消费者行为、废水处理和诸多利益相关方参与[32]。

2014 年由法国国家基金资助的 SIPIBEL RILACT 项目目前仍在进行中（于 2018 年完成）。在 SIPIBEL RILACT 项目中，有几个关键目标：

① 开发药物、洗涤剂和生物杀灭剂及其代谢物与降解产物的鉴定和定量

方法；

② 描述医疗废水和城市污水中药物的来源及其动态；

③ 为评价生物效应的环境风险评估做出贡献；

④ 发展研究和社会学研究；

⑤ 加强和转让取得的成果及知识[31]。

1.5 小结

这里所写的内容意味着出现了一些关注重点。一个基本方面是不同国家医疗废物管理立法的不同，这使得不同国家间比较相对困难。在许多国家，甚至没有具体的立法来管理这些废物，在某些情况下，这些废物被视为家庭废物，在另一些情况下则被视为工业废物。就目前的准则而言，不仅需要提供管理医疗废物的具体指标，而且还需要提供有关这类废物的质量和控制参数的指标。

参考文献

[1] Fekadu S, Merid Y, Beyene H, Teshome W, Gebre-Selassie S (2015) Assessment of antibiotic and disinfectant-resistant bacteria in hospital wastewater, South Ethiopia: a cross-sectional study. J Infect Dev Ctries 9(2): 149-156

[2] Chonova T, Keck F, Labanowski J, Montuelle B, Rimet F, Bouchez A (2016) Separate treatment of hospital and urban wastewaters: a real scale comparison of effluents and their effect on microbial communities. Sci Total Environ 542: 965-975

[3] Santos LH, Gros M, Rodriguez-Mozaz S, Delerue-Matos C, Pena A, Barceló D, Montenegro MC (2013) Contribution of hospital effluents to the load of pharmaceuticals in urban wastewaters: identification of ecologically relevant pharmaceuticals. Sci Total Environ 461-462: 302-316

[4] Verlicchi P, Al Aukidy M, Galletti A, Petrovic M, Barceló D (2012)Hospital effluent: investigation of the concentrations and distribution of pharmaceuticals and environmental risk assessment. Sci Total Environ 430: 109-118

[5] Verlicchi P, Galletti A, Petrovic M, Barceló D (2010) Hospital effluents as a source of emerging pollutants: an overview of micropollutants and sustainable treatment options. J Hydrol 389: 416-428

[6] Maheshwari M, Yaser NH, Naz S, Fatima M, Ahmad I (2016) Emergence of ciprofloxacin-resistant extended-spectrum β-lactamase-producing enteric bacteria in hospital wastewater and clinical sources. J Glob Antimicrob Resist 5: 22-25

[7] Varela AR, André S, Nunes OC, Manaia CM (2014) Insights into the relationship between antimicrobial residues and bacterial populations in a hospital-urban wastewater treatment plant system. Water Res 54: 327-336

[8] Ministry of Environment and Forest, Government of India, New Deli (1986) The Environment (Protection) Act. N° 29 of 1986

[9] Ministry of Environment & Forests (1998) Bio-medical waste (management & handling)

rules, 1998 S. O. 630(E), [20/7/1998]
[10] EU (1991) European Union. Council Directive 91/271/EEC of 21 May 1991 concerning urban waste-water treatment
[11] EU (1998) European Union. Commission Directive 98/15/EC of 27 February 1998 amending Council Directive 91/271/EEC with respect to certain requirements established in Annex I thereof (Text with EEA relevance)
[12] EU (2008) European Union. Directive 2008/98/EC of the European Parliament and of the Council of 19 November 2008 on waste and repealing certain Directives (Text with EEA relevance)
[13] Decreto 57/2005, de 30 de junio, por el que se revisan los Anexos de la Ley 10/1993, de 26 de octubre, sobre Vertidos Líquidos Industriales al Sistema Integral de Saneamiento
[14] Decreto n 26042-S-MINAE (1997)Reglamento de Vertido y Aguas Residuales. La Gaetan. 117, Jueves 19 de junio de 1997
[15] Federal Ministry for the Environment, Nature Conservation and Nuclear Safety, Germany (2004) Promulgation of the New Version of the Ordinance on Requirements for the Discharge of Waste Water into Waters (Waste Water Ordinance -AbwV) of 17 June 2004
[16] Carraro E, Bonetta S, Bertino C, Lorenzi E, Bonetta S, Gilli G Hospital effluents management: chemical, physical, microbiological risks and legislation in different countries. J Environ Manag 168: 185-199
[17] D. P. R. 19 Ottobre 2011 n. 227. Regolamento per la semplificazione di adempimenti amministrativi in materia ambientale gravanti sulle imprese, a norma dell'articolo 49, comma 4-quater, del decreto-legge 31 maggio 2010, n. 78, convertito, con modificazioni, dalla legge 30 luglio 2010, n. 122. Pubblicato nella Gazz. Uff. 3 febbraio 2012, n. 28
[18] Decreto Legislativo (D. Lgs.) 3 aprile 2006, n. 152. Norme in materia ambientale. Gazzetta Ufficiale n. 88. Suppl. Ord. n. 96 del 14 aprile 2006
[19] National Standard of the People's Republic of China (1998) Integrated wastewater discharge standard GB 8978-88. Date of Approval: Oct. 4, 1996. Date of Enforcement: Jan 1, 1998
[20] The Socialist Republic of Vietnam (2014) Law of environmental protection. No. 55/2014/QH13
[21] The Socialist Republic of Vietnam (2010) National Technical Regulation on Health Care Wastewater. QCVN 28: 2010/BTNMT
[22] WHO (1999) In: Prüss A, Giroult E, Rushbrook P (eds) Safe management of wastes from health-care activities
[23] WHO (2014) In: Chartier Y et al. (eds) Safe Management of wastes from health-care activities, 2 edn
[24] Clean Water Act (1972) Federal Water Pollution Control Act, 33 U. S. C. 1251 et seq
[25] EPA (2016) Preliminary 2016 effluent guidelines program plan. EPA. 821-R-16-001, Washington DC, USA
[26] Mattsson S, Bernhardsson C (2013) Release of patients after radionuclide therapy: radionuclide releases to the environment from hospitals and patients. In: Mattsson S, Hoeschen C (eds) Radiation protection in nuclear medicine. Springer, Heidelberg, Berlin
[27] IAEA (2009) Release of patients after radionuclide therapy. International Atomic Energy Agency, Safety Reports Series No. 63, Vienna
[28] ICRP (2004) International Commission on Radiological Protection. Release of patients after therapy with unsealed radionuclides. Ann ICRP 34(2): 1-79
[29] ICRP (2013) Release of patients after therapy with unsealed radionuclides. Ann ICRP 42

(4):341
[30] SIPIBEL (2014) Effluents hospitaliers et stations d'épuration urbaines: caractérisation, risques et traitabilité. Site Pilote de Bellecombe. Presentation et premiers resultants (www.graie.org/Sipibel/publications/sipibel-presentation-effluentsmedicaments.pdf, also: http://www.graie.org/Sipibel/publications.html)
[31] SIPIBEL-RILACT(2015)Mise en evidence de solutions pour limiter les rejets pollutants d'un etablissement de soins: Etude au Centre Hospitalier Alpes Léman (http://www.graie.org/Sipibel/rilact.html)
[32] NoPILLS(2015)NoPILLS report. Interreg IV NEW project partnership 2012-2015. (http://www.no-pills.eu)

第 2 章
医疗废水中的常见污染物和药物

Tiago S. Oliveira，Mustafa Al Aukidy，and Paola Verlicchi

摘要：本章总结了医疗废水中的常见污染物和药物。这些常见污染物包括微生物、无机和有机污染物，同时给出了许多污染物的日浓度和周浓度变化特点。重金属（钆和铂）和医院常用的药物备受关注。本章进一步列出了医疗废水中常见药物的类别，并发现具体类别取决于医疗机构的类型，例如综合医院、专科医院、病房。

关键词：常见污染物；重金属；医疗废水；微生物学指标；药物。

目 录

2.1 引言
2.2 医疗废水的特性
    2.2.1 物理化学特性
    2.2.2 细菌特性
    2.2.3 重金属和其他有毒化合物特性
    2.2.4 药物残留特性
2.3 医疗废水处理指南和监管措施
2.4 小结
参考文献

2.1 引言

医疗工作在保障居民福祉健康和医疗保健研究发展方面发挥着重要作用。在医院运行过程中，有害的副产物必须按照国家具体的法规处理，在大多数情况下，通过已建立的管理系统来处理。

在过去的几十年里，科学界一直在关注医疗废水的生物、物理和化学特性，以评估将废水排放到水生态系统的潜在风险。

大肠菌群（总大肠菌群和粪大肠杆菌）、化学残留物（如清洁剂）、病原体（如大肠杆菌、金黄色葡萄球菌、铜绿假单胞菌、沙门菌和弧菌）、药物残留、放射性元素（如 I-131），以及其他重金属和有毒化合物［如镉（Cd）、铜（Cu）、氰化物、铁（Fe）、钇（Gd）、汞（Hg）、镍（Ni）、铅（Pb）、铂（Pt）、锌（Zn）、苯酚等］等污染物，已经在医疗废水中进行了监测[1,2]。这些污染物大多根据检测到的浓度分为微量污染物（$10^{-6} \sim 10^{-3}$ mg/L）和污染物（$>10^{-3}$ mg/L），且大多数处于无监管状态。

医疗工作产生的污水量是变化的，这取决于多种因素［例如床位数；设施年限和保养情况；现有的普通服务设施（包括厨房、洗衣房、温度控制系统）；病房和单位的数量及类型；住院和门诊患者的数量；管理政策、地理位置、时间和季节］[1,3~5]。

医院中每个床位的用水量通常为 200~1200L/d，最高用水量记录来自工业化国家，最低用水量来自发展中国家（每个床位 200~400L/d）[1,5,6]。在工业化国家，预计医院产生的总污水量为 250~570m³/d，医疗废水流量占市政污水处理厂处理的总排放量的 0.2%~65%[1,6,36]。

医疗废水中常见污染物的去除效率因化合物而异，取决于生物降解性、理化特性、水溶性、吸附性和挥发性，并取决于污水处理厂的处理特性（一级、二级和三级处理）、运行条件（水力和污泥停留时间、pH 值、温度）、反应器类型（主要是传统活性污泥法、膜生物反应器、序批式反应器）和环境特性（放射、沉淀、温度）[7~9]。大多数市政污水处理厂能够在一定程度上去除可生物降解的含碳、含氮和含磷化合物，以及微生物，但不能去除包括药物残留和其他化学残留物在内的微量污染物[8]。

目前使用预测浓度或测量浓度来评估医疗废水中存在的药物残留物[37]。预测浓度的计算基于有效成分消耗量、每床用水量和排泄比例（%）等参数。测量浓度是通过采集样品，并在实验室中使用分析仪器进行分析测试得到的。医疗废水中药物浓度的预测值和实测值可能会出现不同的结果。造成差异的部分原因是时间尺度的不同。虽然在大多数情况下，预测的浓度是通过使用年度药物消耗数据来推算的，但测量浓度是在有限的一段时间内的某个时间点确定的。测量的浓度可能表现出比预测浓度更高的变化性[9,37]。一些作者认为在更长的时间段内测量浓度是确定药物排放量的更好选择[9]，但每种方法都有其优点和缺点，在开发源特征工作时应该加以考虑。最终使用哪种方法的决定性因素取决于成本、获取消耗量信息的渠道和/或接触污水系统的机会和研究目标。本章使用预测的和实测的浓度来说明这些分析物在医疗废水中的重要性。

在大多数情况下，研究人员不仅需确定废水来源的特征，而且还需评估废水对污水处理厂性能的影响[3,4,6~8,10]。由于有数以千计的药物在市场上流通，而且许多药物可以在环境中找到它们的母体形式和轭合物,因此已经制定了优先控制策略。这些优先控制策略考虑了不同的标准(例如消费/销售、理化特性、生物毒性、风险、降解性/持久性)[3,12]。

到目前为止,研究人员已经对医疗废水中的 300 多种药物残留物、轭合物和其他化学残留物进行了筛选,由于更多分析标准的商业化应用和分析仪器的改进,最近越来越多的化合物被纳入调查评估中。这些污染物引发研究人员特别的关注,因为越来越多的证据表明,它们一旦释放到环境中,可能会对水生生物产生潜在影响(例如遗传损害、器官和生殖异常、行为变化)以及产生耐药细菌和耐药基因[13~18]。

本章旨在总结目前关于医疗废水中常见污染物和药物的知识。

2.2 医疗废水的特性

几个研究团队已经在不同的地区对医疗废水的常规和非常规参数进行了测试。表 2-1 汇总了医疗废水中一些化学、生物和微生物参数的浓度范围。

表 2-1 医疗废水的特性参数

参数	浓度范围
电导率/(μS/cm)	300~2700
pH 值	6~9
氧化还原电位/mV	850~950
脂肪和油/(mg/L)	50~210
氯化物/(mg/L)	80~400
总氮/(mg/L)	60~230
氨/(mg/L)	10~68
亚硝酸盐/(mg/L)	0.1~0.6
硝酸盐/(mg/L)	1~2
磷酸盐/(mg/L)	6~19
总悬浮颗粒物/(mg/L)	116~3260
COD/(mg/L)	39~7764
溶解 COD/(mg/L)	380~700
DOC/(mg/L)	120~130
TOC/(mg/L)	31~180
BOD_5/(mg/L)	16~2575
BOD_5/COD	0.3~0.4

续表

参数	浓度范围
可吸附卤化物 AOX/(μg/L)	550~10000
大肠杆菌/(MPN 100/mL)	10^3~10^6
肠球菌/(MPN 100/mL)	10^3~10^6
粪大肠菌群/(MPN 100/mL)	10^3~10^4
总大肠菌群/(MPN 100/mL)	10^4~10^7
EC_{50}(水蚤)/TU	9.8~117
总表面活性剂/(mg/L)	4~8
总消毒剂/(mg/L)	2~200
诺如病毒/(GC/L)	2.4×10^6
腺病毒/(GC/L)	2.8×10^6
轮状病毒	1.9×10^6
甲肝病毒	10^4
钆/(μg/L)	<1~300
汞/(μg/L)	0.3~8
铂/(μg/L)	0.01~289
汞/(μg/L)	0.04~5
银/(μg/L)	(150~437)×10^3
砷/(μg/L)	0.8~11
铜/(μg/L)	50~230
镍/(μg/L)	7~71
铅/(μg/L)	3~19
锌/(μg/L)	70~670

注：改编自参考文献 1、2、5、20、22~26、33。

2.2.1 物理化学特性

医疗废水的理化特性包括对不同指标的评估。在这些参数中，最常用于评估出水中无机/有机物的存在和浓度的是电导率（EC）、生化需氧量（BOD）、化学需氧量（COD）、总悬浮固体（TSS）和总氮。表 2-1 总结了 20 年间在不同国家收集的医疗废水中测量的这些参数的浓度范围。测量的浓度范围显示医疗废水与无机/有机物负荷量具有很强的相关性，变化区间通常为：BOD_5 100~400mg/L，COD 43~270mg/L，TSS 150~500mg/L，总氮 30~100mg/L[2]。Verlicchi 等[5]指出医疗废水的 BOD_5、COD 和 TSS 通常比市政污水高 2~3

倍，与每个患者每天产生 160gBOD$_5$、1260～300gCOD、120～150gTSS 的贡献一致。

2.2.2 细菌特性

医疗废水的细菌学特征通常包括对粪便污染和病原体指示物的评估。

粪便大肠菌群通常是通过分析大肠杆菌来确定的，因为它们占检测到的耐热大肠菌群的 80%～90%[2]。大肠杆菌是一种兼性厌氧菌，主要存在于肠道和粪便中。废水中这些细菌的存在被认为是粪便污染的标志，因此也是存在致病性粪便微生物的标志。医疗废水中其他不太常见的分析参数包括：①其他细菌，如亚硫酸盐还原厌氧菌的孢子、金黄色葡萄球菌、铜绿假单胞菌、沙门菌；②致病病毒，如肠道病毒、诺沃克病毒、腺病毒、轮状病毒和甲型肝炎病毒[1,2]。

粪便污染（总大肠菌群和粪大肠菌群）负荷通常在市政污水中比在医院废水中更相关，这是由于每张病床用水量大，医院废水的稀释度高[1]。肠道病毒的浓度则与此相反，是市政污水中的 2～3 倍[1]。

2.2.3 重金属和其他有毒化合物特性

在医疗废水中发现的主要重金属是钆、汞和铂[5,20]。其他重金属如镉、铜、铁、镍、铅和锌的浓度通常与城市污水中的浓度相似[20]。

由于含钆物质（如钆双胺、钆喷酸、钆-二乙烯三胺五乙酸酯）在消化系统、大脑和脊柱的高磁矩成像作用，因此，通过口服或静脉注射的方式可应用于核磁共振成像（MRI）。

造影剂在使用后几小时内从人体排出，不经代谢直接进入医疗废水。如果在人体内停留 70min，24h 内的排泄量为 85%～98%，那么估计有大约 90% 的钆在患者住院期间排出[5,21]。

Kümmerer 和 Helmers 测量了德国弗莱堡大学医院（德国）废水中的钆，该医院有三套 MRI 系统，每天服务于 15～25 名患者。测得的钆浓度为 1～55μg/L，夜间浓度较低，早晨（上午 10 点左右）浓度明显升高，并在晚些时候（下午 6 点和晚上 10 点）出现了两个高峰。Daouk 等[22]在瑞士日内瓦大学医院主楼（741 张床位）评估了 1 周内钆浓度的变化，并指出在周五有明显增加。他们测量的钆浓度为 1～300μg/L。

汞通常存在于诊断剂、消毒剂和利尿剂的有效成分中。医疗废水中汞的浓度为 0.3～7.5μg/L[23,24]。自 21 世纪初以来，工业化国家一直在努力通过使用不含这种重金属的诊断试剂和实施更好的废物管理做法来减少汞污染。

自 20 世纪 70 年代中期以来，含铂物质（如卡铂和顺铂）一直被用作抗肿瘤治疗药物。给药后，这些抗肿瘤药物的排泄率不同（取决于患者）。卡铂在给药后的第一个 24h 内的排泄率为 50%～75%。顺铂在给药后的前 51 天内的排泄率为 31%～85%。通过肾脏排出铂的两个长期阶段的生物半衰期分别为 160 天和 720 天。据估计，给药中的铂有 70% 排入医疗废水中[25]。

Kümmerer 等[25]测量了欧洲五家不同规模的医院（174～2514 张床位）废水中的铂浓度。他们还分析了德国弗莱堡大学医院（Freiburg University Hospital）24h 内铂浓度的变化，发现有两个浓度峰值，出现在凌晨 4 点和上午 10 点。Daouk 等[22]在瑞士日内瓦大学医院主楼（741 张床位）评估了 1 周内铂浓度的变化，并指出在周四有明显增加。他们测量的铂浓度为 0.01～2μg/L。他们在奥地利维也纳的一个肿瘤住院治疗病房测量了铂，其浓度为 2.0～289μg/L[26]。他们还进行了铂形态分析，确定卡铂是铂负荷的主要贡献者。

2.2.4 药物残留特性

药品的消耗在不同的医疗机构中是不同的[9,27]。例如在德国，评估了精神病院、疗养院和综合医院的药品总消耗量。年总用药量为 32kg（精神病院）～1263kg（综合医院），年平均每床用药量为 0.1～1000g。一般来说，医院使用的主要治疗药物类别是造影剂、泻药、止痛药、消炎药、抗生素和细胞抑制剂[6,22]。一旦服用，药物以非代谢物质、代谢物质或与灭活物质结合的形式排出，主要通过尿液排泄（55%～80%），少部分通过粪便排出（4%～30%）[1,38]。

医疗废水中药物残留物的浓度是投药量、排泄率和特定化合物的化学特性（主要是稳定性和生物降解性）三个主要因素综合作用的结果[5]。研究人员对不同地理区域的医疗废水进行了药物残留筛查（例如亚洲[28]，欧洲[4,11,29]，北美[6,39,40]）。

这些区域医疗废水的药物总负荷量为 78μg/L[28]～5mg/L[29]，对 12 个治疗类别进行了定期测量（表 2-2），这些治疗类别占测量总浓度的 94% 以上。治疗类别比例（%）分布非常依赖于作为分析目标的分析物。在医疗废水中定期测量的治疗类别中，造影剂、细胞抑制剂、止痛剂、抗菌药物和抗感染药物是最相关的，这些类别可以单独达到测量总浓度的 40% 以上[4,11,28,29]。其他相关的治疗类别包括抗癫痫药、抗炎药、精神镇静剂和 β-阻滞剂，最高达到测量总浓度的 20%[4,6,28]。

筛选的大多数药物在医疗废水中的最高浓度小于 10μg/L。特定化合物的浓度通常较高，如表 2-2 所示。例如扑热息痛、可待因、环丙沙星、加巴喷丁、布洛芬、碘美普尔、碘帕醇、碘普罗胺、二甲双胍、可可碱。其浓度级低于毫克每升级[4,6,11,28,29]。

表 2-2　医疗设施废水中检测出的治疗类别和浓度范围

治疗类别	调查化合物	浓度/(μg/L)
止痛剂/消炎剂	可待因	0.02~50
	双氯芬酸	0.24~15
	布洛芬	0.07~43
	萘普生	10~11
	扑热息痛	5~1368
	水杨酸	23~70
抗生素	环丙沙星①	0.03~125
	克拉霉素	0.20~3
	环丙沙星②	0.85~2
	强力霉素	0.1~7
	红霉素	27~83
	洁霉素	0.3~2
	甲硝哒唑	0.1~90
	诺氟沙星	0.03~44
	氧氟沙星	0.35~35
	土霉素	0.01~4
	青霉素 G	0.85~5
	磺胺甲噁唑	0.04~83
	四环素	0.01~4
	甲氧苄氨嘧啶	0.01~15
精神药物	卡巴咪嗪	0.54~2
抗高血压药物	硫氮酮	0.71~2
β-受体阻滞药	美托洛尔	0.42~25
荷尔蒙制剂	17-β-雌二醇,E2	0.03~0.04
	雌三醇,E3	0.35~0.50
	雌酮,E1	0.02~0.03
	乙炔雌二醇,EE2	0.02~0.02
造影剂	碘普罗胺	0.2~2500
	碘美普尔	0.01~1392
抗糖尿病药	格列本脲	0.05~0.11

续表

治疗类别	调查化合物	浓度/(μg/L)
抗病毒药	阿昔洛韦	0.02～0.60
	泛昔洛韦	N.D.～0.11
	喷昔洛韦	N.D.～0.01
	万乃洛韦	N.D.～0.01
抗癌药物	4-羟基三苯氧胺	N.D.～0.01
	5-氟二氧嘧啶	5～124
	咪唑硫嘌呤	blq～0.09
	比卡鲁胺	N.D.～0.08
	卡培他滨	N.D.～0.05
	环磷酰胺	0.008～2
	多烯紫杉醇	blq～0.08
	去氧氟尿苷	N.D.～0.08
	依托泊苷	blq～0.7
	异环磷酰胺	0.01～2
	甲氨蝶呤	blq～0.02
	紫杉醇	blq～0.10
	三苯氧胺	0.004～0.17
	喃氟啶	N.D.～0.09

① 原文为 Ciprofloxacin。
② 原文为 Coprofloxacin。
注：1. 改编自参考文献 22、33、34。
2. 特定国家的处方习惯会影响污水中存在的化合物；N.D. 表示未检出，blq 表示低于定量极限。

Daouk 等[22]调查了瑞士日内瓦大学医院主楼（741 张病床）医疗废水中不同类别的药物，并计算出除对乙酰氨基酚（143g/d）、哌拉西林（0.08g/d）和双氯芬酸（0.04g/d）外，15 种药物的平均日负荷主要为 0.1～14g/d。他们评估了这些药物的每周变化特性，仍然在经常消费的药物（如对乙酰氨基酚、吗啡和布洛芬）的每天的负荷为平均负荷的 50%～150%。

服用剂量较低的药物，如止痛剂双氯芬酸、甲芬酸或抗癫痫药加巴喷丁及卡马西平则表现出较高的变化性，高达平均值的 400%，并在单个星期内测量到最高浓度。对于所研究的抗生素，甲硝唑的变化性比磺胺甲噁唑和环丙沙星高。在单周早些时候，甲硝唑出现了最高浓度。

专科医院和病房（如肿瘤科住院护理、重症监护、老年护理、精神科护理）中使用的药物范围与综合医院不同。经鉴定，奥地利维也纳大学医院肿瘤科住院病房（18 张床位）排出的废水中含有抗代谢物和蒽环类药物[26,30]。抗代谢药物 5-氟尿嘧啶用于治疗乳腺癌、皮肤癌、膀胱癌和肺癌，剂量为每平方米皮肤 200～1000mg。有 2%～35% 的药物未经代谢，在 24h 内通过尿液排出[30]。蒽环类药物阿霉素、表阿霉素和柔红霉素经常用于治疗血液和实体肿瘤，包括急性白血病、高度恶性淋巴瘤、乳腺癌和膀胱癌，剂量为每平方米皮肤 15～120mg。3.5%～5.7% 的阿霉素、11% 的表阿霉素和 13%～15% 的柔红霉素在 24h 内无代谢地通过尿液排出体外[30]。在所用细胞抑制剂中，5-氟尿嘧啶和阿霉素分别在 8.6～124μg/L 和 0.26～1.35μg/L 的浓度范围内被检测到[30]。总体而言，在肿瘤住院治疗病房的废水中发现了 5-氟尿嘧啶用药量的 0.5%～4.5% 和阿霉素用药量的 0.1%～0.2%[26]。

Lopes de Souza 等[31]调查了巴西一家医院重症监护病房（16 张床位）使用的静脉注射抗生素，计算了预测环境浓度（PEC），并进行了环境风险评估。这些抗生素在重症监护病房的使用量被确定为相关的，因为该病房仅占医院总床位的 10%，但使用了抗生素总消耗量的 25%。在使用的一些静脉注射抗生素药物中，头孢曲松、美罗培南、头孢唑啉、克林霉素、哌拉西林、头孢吡肟、氨苄西林、万古霉素、甲氧苄啶、舒巴坦和头孢他啶用量最高[31]。头孢曲松的最高消耗量为 3.13g/年。作者计算了考虑地表水流量稀释（10 倍）后的 PEC 因子。如果不考虑稀释因素，预测重症监护病房的喹诺酮类药物释放浓度为 1.15μg/L，头孢菌素类药物为 701μg/L。在头孢菌素类药物中，头孢唑啉（280μg/L）和头孢曲松（320μg/L）的预测浓度最高。其他具有显著预测浓度的类别包括羧下青霉素二钠和青霉素类，分别为 229μg/L 和 262μg/L。在这两类药物中，美罗培南（220μg/L）和氨苄西林（222μg/L）的预测浓度最高。Lopes de Souza 和他的同事们[31]指出，被调查的大多数静脉注射抗生素对环境都有很高的风险。一些与抗生素释放相关的风险与产生耐药性细菌的高潜力有关[1,13～19]。

Herrmann 等[9]调查了德国一家精神病院（146 张床位）和一家疗养院（286 张床位）中药物的贡献。在这些设施中，消耗的大部分药物都作用于神经系统，包括抗癫痫药、精神感受剂和精神安慰剂。抗癫痫药物通常用于治疗癫痫，但这种药物中的一些物质，如加巴喷丁、普瑞巴林和丙戊酸，也用于治疗双相情感障碍或神经性疼痛，因此它们与精神病院和疗养院相关。在精神病院，丙戊酸的用量最高，且精神类药物（抗精神病药、镇静剂和催眠药）的使用率高于精神镇静剂（抗抑郁药），因为抑郁症患者一般更常去门诊就诊。抗精神病药物喹硫平被发现在两个机构大量使用[9]。其他相关药品包括两种止痛药/消炎药、一种抗糖尿病的二甲双胍。

Santos 等[11]筛选了葡萄牙几家医院中的 78 种药物和其他化学品残留物，估计总质量负荷为 1.5g/d（有 96 张床位的妇产医院）～306g/d（有 1456 张床位的大学医院）。Oliveira 等[6]对美国医院的 185 种药物和其他化学物质残留物进行了筛查，估计综合医院（250～600 张床位）的总质量负荷为 180～310g/d。

除了医疗设施的数目和规模外，医疗设施的药物和化学品残余物负荷对污水处理厂的影响与污水管网的规模有关。处理来自不同来源出水的污水管网会导致来自医疗保健设施的负荷被更多地稀释。Oliveira 等[6]调查了不同医院数量（1～2 家）和不同流量（1300～103000m^3/d）的污水管网，并估计来自 6 家综合医院的药物和其他化学残留物负荷占污水处理厂进水的 1%～59%。此外，对污水处理厂进水中医疗机构的单个药物贡献的估计表明，较高的流量（≥10000m^3/d）导致来自医疗机构的单个药物对环境污染贡献较低（<15%）[6,32]，而较低的流量（<10000m^3/d）的单个药物可以达到>80%[6]。

在西班牙吉罗纳，医疗废水中一些抗癌药物的浓度高于污水处理厂的进水浓度[33]，这表明在排放到城市污水收集系统之前采用分散解决方案现场处理医疗废水的重要性，这样可以减少药品带来的环境风险[33,35]。

2.3 医疗废水处理指南和监管措施

一些国际组织（如世界卫生组织[41]）已经制定了医疗废水管理指南，Carraro 等[1]对这些指南进行了总结并在本书的第 1 章中进行了讨论。一般而言，世界卫生组织准则建议对来自特定部门（例如医疗化验机构、牙科诊所）的排放污水进行预处理，并提出医疗废水排入市政污水系统的最低要求。这些要求包括存在一个三级处理的污水处理厂，处理后的出水细菌去除率为 95%，厌氧消化污泥的虫卵不超过 1 个/L。此外，医疗设施的废物管理系统应确保排放的污水中只有少量的有毒化学品、药品、放射性核素、细胞抑制药物和抗生素。

世界卫生组织准则还建议监测下水道系统和污水水质。建议通过监测常用参数，如温度、pH 值、BOD$_5$、COD、硝酸盐、总磷、总悬浮物、大肠杆菌的存在和浓度来评估出水水质。一般来说，许多国家都有推荐的基础设施，其立法要求评估这些污水水质参数。

对于来自医疗机构等特定来源的流出物，立法可能要求测量其他参数，如可吸附有机卤素（AOX）、总氯和游离氯、洗涤剂、消毒剂、表面活性剂、油脂、硫酸盐、氰化物、有机磷、总氮、重金属、微生物参数（总大肠菌群）和毒性。

识别微量污染物（药物和其他化学残留物）来源，明确它们在医疗废水和环境中的预测和测量浓度，进而实施风险评估的研究，对监管机构评价其中一些有机化合物的风险做出了重要贡献。

此外，其中一些物质［红霉素、克拉霉素、阿奇霉素、17-α-乙炔雌二醇（E2）、17-β-雌二醇（E2）、雌酮（E1）、双氯芬酸］已被列入欧盟观察名单和美国污染物候选名单。优先行动包括确定排放到环境中相关的风险研究，以及对这些药物设定监管限制的潜在需要研究。

2.4 小结

医疗废水在不同的地理区域有不同的特点，这些特点包括监测物理化学参数、生物污染物、无机污染物和有机污染物。

与城市污水相比，医疗废水的物理化学参数证明了这些设施作为有机/无机负荷源的相关性。一些研究报告指出，医疗废水的物理化学参数通常比城市污水高 2~3 倍，如 BOD_5、COD 和 TSS。

医疗废水的细菌学特征通常是通过确定粪便污染（如大肠杆菌）来进行的，而不太常见的是通过分析其他细菌和病毒（如肠道病毒）来进行。医疗机构消耗大量的水（每张床位 200~1200L/d），由于稀释程度较高，因此粪便污染通常与城市污水的相关性较小。据报道，肠道病毒的情况正好相反，医疗废水中的肠道病毒浓度要高出 2~3 倍。

医疗废水中的重金属特征表明，钆和铂的浓度最高可达 300μg/L。

药物残留物特征表明，它们存在于不同地理区域运营的综合医院产生的流出物中，并与 12 个治疗类别相关。在这些治疗类别中，止痛药、抗菌药、抗感染药、造影剂和细胞抑制剂的总比例最高（>40%）。其他相关的治疗类别包括抗癫痫药、消炎药、精神镇静剂和 β 阻滞剂（20%）。除了一些个别情况，医疗废水中检测到的大多数药物的最大浓度都小于 10μg/L。

专科医院和病房的污水特征/消耗模式证明了不同医院之间不同范围的药品的相关性。

一些研究对不同地理区域、不同规模和不同治疗类型的医院的药物及其他化学残留物的总质量负荷进行了估计。报告的总质量负荷为 1.5~310g/d。除医疗机构的特点外，污染物在污水处理厂进水中是否存在还与污水管网的规模和其他排放源的存在有关。根据对不同数量医院和不同进水量的污水管网进行的调查估计，污水处理厂进水中来自综合医院的药物和其他化学品残留物负荷可高达 65%。此外，对来自污水处理厂进水的水质分析表明，在较低的流量下，可以达到>80%。

医疗机构是一系列污染物的来源，这些污染物可以进入污水处理厂，无法处理，最终进入环境，对水生生物和水质产生潜在影响。为了将这些影响降至最低，建议在污水排放之前进行处理，当污水管道系统设计进水流量小于

10000m³/d，有多个医疗机构连接到管道系统，并且污水处理厂采用二级处理时，建议在污水排放之前先实施污水处理。此外，还需要进一步研究：①确定来自特定病房和专科医院的废水的特征；②评估较长时期（每月、每年）的浓度变化；③对废水中已经测量的许多污染物进行风险评估，以便可能列入优先/候选名单，随后列入具体的污染源管理规定。

参考文献

[1] Carraro E, Si B, Bertino C, Lorenzi E, Sa B, Gilli G (2016) Hospital effluents management: chemical, physical, microbiological risks and legislation in different countries. J Environ Manage 168:185-199

[2] El-Ogri F, Ouazzani N, Boraâm F, Mandi L (2016) A survey of wastewaters generated by a hospital in Marrakech city and their characterization. Desalin Water Treat 57(36):17061-17074

[3] Al AM, Verlicchi P, Voulvoulis N (2014) A framework for the assessment of the environmental risk posed by pharmaceuticals originating from hospital effluents. Sci Total Environ 493:54-64

[4] Verlicchi P, Al AM, Galletti A, Petrović M, Barceló D (2012) Hospital effluent: investigation of the concentrations and distribution of pharmaceuticals and environment risk assessment. Sci Total Environ 430:109-118

[5] Verlicchi P, Galletti A, Petrović M, Barceló D (2010) Hospital effluents as a source of emerging pollutants: an overview of micropollutants and sustainable treatment options. J Hydrol 389:416-428

[6] Oliveira TS, Murphy M, Mendola N, Wong V, Carlson D, Waring L (2015) Characterization of pharmaceuticals and personal care products in hospital effluent and waste water influent/effluent by direct-injection LC-MS-MS. Sci Total Environ 518-519:459-478

[7] Verlicchi P, Al AM, Zambello E (2015) What have we learned from worldwide experiences on the management and treatment of hospital effluent? - an overview and a discussion on perspectives. Sci Total Environ 514:467-491

[8] Verlicchi P, Al AM, Zambello E (2012) Occurrence of pharmaceutical compounds in urban wastewater: removal, mass load and environmental risk after a secondary treatment-a review. Sci Total Environ 429:123-155

[9] Hermann M, Olsson O, Fiehn R, Herrel R, Herrel M, Kümmerer K (2015) The significance of different health institutions and their respective contributions of active pharmaceutical ingredients to wastewater. Environ Int 85:61-76

[10] Luo Y, Guo W, Ngo HH, Nghiem LD, Hai FI, Zhang J, Liang S, Wang XC (2014) A review on the occurrence of micropollutants in the aquatic environment and their fate and removal during wastewater treatment. Sci Total Environ 473-474:619-641

[11] Santos L, Gros M, Rodriguez-Mozaz S, Delerue-Matos C, Pena A, Barceló D, Montenegro C (2013) Contribution of hospital effluents to the load of pharmaceuticals in urban wastewaters: identification of ecologically relevant pharmaceuticals. Sci Total Environ 461-462:302-316

[12] De Voogt P, Janex-Habibi M-L, Sacher F, Puijker L, Mons M (2009) Development of a common priority list of pharmaceuticals relevant for the water cycle. Water Sci Technol

59:1
- [13] Cizmas L, Sharma VK, Gray CM, McDonald TJ(2015)Pharmaceuticals and personal care products in waters: occurrence, toxicity, and risk. Environ Chem Lett. doi: 10.1007/s10311-015-0524-4
- [14] Brodin T, Fick J, Jonsson M, Klaminder J (2013) Dilute concentration of a psychiatric drug alter behavior of fish from natural populations. Science 339:814-815. doi: 10.1126/science.1226850
- [15] Galus M, Jeyaranjaan J, Smith E, Li H, Metcalfe C, Wilson JY (2013) Chronic effects of exposure to a pharmaceutical mixture and municipal wastewater in zebrafish. Aquat Toxicol 132-133:212-222
- [16] Galus M, Kirischian N, Higgins S, Purdy J, Chow J, Rangaranjan S, Li H, Metcalfe C, Wilson JY (2013) Chronic, low concentration exposure to pharmaceuticals impacts multiple organ systems in zebrafish. Aquat Toxicol 132-133:200-211
- [17] Parolini M, Pedrali A, Binelli A (2013) Application of a biomarker response index for ranking the toxicity of five pharmaceuticals and personal care products (PPCP) to the bivalve Dreissena polymorpha. Arch Environ Contam Toxicol 64:439-447
- [18] Boxall ABA, Rudd MA, Brooks BW, Caldwell DJ, Choi K, Hickmann S, Innes E, Ostapyk K, Staveley JP, Verslycke T (2012) Pharmaceuticals and personal care products in the environment: what are the big questions? Environ Health Perspect 120:1221-1229
- [19] Guardabassi L, Petersen A, Olsen JE, Dalsgaard A (1998) Antibiotic resistance in Acinetobacter spp. isolated from sewers receiving waste effluent from a hospital and a pharmaceutical plant. Appl Environ Microbiol 64(9):3499-3502
- [20] Kümmerer K (2001) Drugs in the environment: emission of drugs, diagnostic aids and disinfectants into wastewater by hospitals in relation to other sources-a review. Chemosphere 45(6-7):957-969
- [21] Kümmerer K, Helmers E (2000) Hospital effluents as a source of Gadolinium in the aquatic environment. Environ Sci Technol 34:573-577
- [22] Daouk S, Chèvre N, Vernaz N, Widmer C, Daali Y, Fleury-Souverain S (2016) Dynamics of active pharmaceutical ingredients loads in a Swiss university hospital wastewaters and prediction of the related environmental risk for the aquatic ecosystems. Sci Total Environ 537:244-253
- [23] Nour-eddine A, Lahcen B (2014) Estimate of the metallic contamination of the urban effluents by the effluents of the Mohamed V Hospital of Meknes. Eur Sci J 10(3):71-78
- [24] Amouei A, Asgharnia H, Fallah H, Faraji H, Barari R, Naghipour D(2015)Characteristics of effluent wastewater in hospitals of Babol University of Medical Sciences, Babol, Iran. Health Scope 4(2):e23222.1-4
- [25] Kümmerer K, Helmers E, Hubner P, Mascart G, Milandri M, Reinthaler F, Zwakenberg M (1999) European hospitals as a source for platinum in the environment in comparison with other sources. Sci Total Environ 225:155-165
- [26] Lenz K, Mahnik SN, Weissenbacher N, Mader RM, Krenn P, Hann S, Koellensperger G, Uhl M, Knasmüller S, Ferk F, Bursch W, Fuerhacker M (2007) Monitoring, removal and risk assessment of cytostatic drugs in hospital wastewater. Water Sci Technol 56(12):141-149
- [27] Escher BI, Baumgartner R, Koller M, Treyer K, Linert J, McArdell CS (2011) Environmental toxicology and risk assessment of pharmaceuticals from hospital wastewater. Water Res 45:75-92
- [28] Lin AY-C, Yu T-H, Lin C-F (2008) Pharmaceutical contamination in residential, industri-

al, and agricultural waste streams: risk to aqueous environments in Taiwan. Chemosphere 74:131-141

[29] Kovalova L, Siegrist H, Singer H, Wittmer A, McArdell C (2012) Hospital wastewater treatment by membrane bioreactor: performance and efficiency for organic micropollutant elimination. Environ Sci Technol 46:1536-1545

[30] Mahnik SN, Lenz K, Weissenbacher N, Mader RM, Fuerhacker M (2007) Fate of 5-fluorouracil, doxorubicin, epirubicin, and daunorubicin in hospital wastewater and their elimination by activated sludge and treatment in a membrane-bio-reactor system. Chemosphere 66:30-37

[31] Lopes de Souza SM, Carvalho de Vasconcelos E, Dziedzic M (2009) Environmental risk assessment of antibiotics: an intensive care unit analysis. Chemosphere:962-967

[32] Ort C, Lawrence MG, Reungoat J, Eaglesham G, Carter S, Keller J (2010) Determining the fraction of pharmaceutical residues in wastewater originating from a hospital. Water Res 44:605-615

[33] Ferrando-Climent L, Rodriguez-Mozaz S, Barceló D (2014) Incidence of anticancer drugs in an aquatic urban system: Fromhospital effluents through urban wastewater to natural environment. Environ Pollut 193:216-223

[34] Verlicchi P, Galletti A, Al Aukidy M (2013) Hospital wastewaters: Quali-quantitative characterization and strategies for their management and treatment. In: Sharma SK, Sanghi R (eds) Wastewater reuse and management. Springer, New York

[35] Azuma T, Arima N, Tsukada A, Hirami S, Matsuoka R, Moriwake R, Ishiuchi H, Inoyama T, Teranishi Y, Yamaoka M, Mino Y, Hayashi T, Fujita Y, Masada M (2016) Detection of pharmaceuticals and phytochemicals together with theirmetabolites in hospital effluents in Japan, and their contribution to sewage treatment plant influents. Sci Total Environ 548-549:189-197

[36] Verlicchi P, Galletti A, Masotti L (2010) Management of Hospital Wastewaters: the case of the effluent of a large hospital situated in a small town. Water Sci Technol 61(10):2507-2519

[37] Verlicchi P, Zambello E (2016) Predicted and measured concentrations of pharmaceuticals in hospital effluents. Examination of the strengths and weaknesses of the two approaches through the analysis of a case study. Sci Total Environ 565:82-94

[38] Lienert J, Güdel K, Escher BI (2007) Screening method for ecotoxicological hazard assessment of 42 pharmaceuticals considering human metabolism and excretory routes. Environ Sci Technol 41(12):4471-4478

[39] Riazul HM, Metcalfe C, Li H, Parker W (2012) Discharge of pharmaceuticals into municipal sewers from hospitals and long-term care facilities. Water quality research. J Canada 47(2):140-152

[40] Kleywegt S, Pileggi V, Lam YM, Elises A, Puddicomb A, Purba G, Di Caro J, Fletcher T (2016) The contribution of pharmaceutically active compounds from healthcare facilities to a receiving sewage treatment plant in Canada. Environ Toxicol Chem 35(4):850-862

[41] World Health Organisation (WHO) (2014). In: Chartier Y, Emmanuel Y, Pieper U, Prüss A, Rushbrook P, Stringer R, Townend W, Wilburn S, Zghondi R (eds) Safe management of wastes from health-care activities, 2 edn. Available at the web site http://www. searo. who. int/srilanka/documents/safe_management_of_wastes_from_healthcare_activities. pdf? ua=1. Accessed 26 Feb 2017

第 3 章

医疗废水的生态毒性

Yves Perrodin and Frédéric Orias

摘要：近 10 年来，医疗废水生态毒性特征的研究关注几个不同方面。最初，主要是收集医院使用的生态毒性物质（消毒剂、洗涤剂、药品等）的资料。随后，在不同的医院进行了系统性的废水生态毒性试验。这些数据表明，医疗废水普遍具有较高的生态毒性，而且在一天和一年的时间内，其毒性波动相当大。此外，某些药物在生物体和营养链中的生物累积作用已经得到证实，这会加大这些物质的健康风险。医疗废水中这些分子间的相互作用也一直是研究的主题。所有这些数据的收集使研究人员和管理人员能够在世界各地的不同医院进行第一次生态毒理学风险评估研究。为了进一步完善医疗废水生态毒性特征，并巩固所制定的生态毒性风险评价方法，现在有必要完成这些工作。

关键词：生态风险评价；生态毒性；医疗废水；药物；污染物。

目 录

3.1 引言
3.2 医疗废水中物质的生态毒性
    3.2.1 物质的鉴定和生态毒性
    3.2.2 不同治疗组医疗废水中残留药物生态毒性贡献
3.3 医疗废水生态毒性的实验室检测
    3.3.1 实验室检测结果综述
    3.3.2 医疗废水生态毒性的变化与所用测定生物和样品过滤的关系
    3.3.3 医疗废水生态毒性随时间的变化
3.4 医疗废水中毒性物质的相互作用
3.5 生物累积在医疗废水生态毒性中的作用
    3.5.1 医疗废水中生物累积性药物的鉴定及优先次序
    3.5.2 医疗废水中生物累积药物的实验室表征
3.6 医疗废水的生态毒理风险评价

3.6.1　PEC/PNEC 法
3.6.2　评估生物累积的方法
3.7　小结
参考文献

3.1　引言

近 10 年来，医疗废水生态毒性的研究取得了长足的进展。

最初，主要是收集医院使用的生态毒性物质（消毒剂、洗涤剂、药品等）的资料，这些物质可以在医疗废水中发现，或者借助化学分析方法的进步，直接测量其在废水中的浓度。

随后，在世界各地的不同医院对整个废水进行生态毒性试验。这些试验是使用多种生物检定方法（或生态毒性试验）进行的。它们使人们更好地了解这些废水的一般生态毒性水平，并使评估其在一天和一整年的活动过程中的变化情况成为可能。它们还可以描述不同处理方法对这些废水的效果。

最后，结合生活在排放了医疗废水的河流中水生生物的暴露浓度和这些物质的毒性效应浓度，使得对各种情况的生态毒性风险评估得以实现，并为这些废水的管理提供了参考。

本章将详细介绍这些研究工作。

3.2　医疗废水中物质的生态毒性

3.2.1　物质的鉴定和生态毒性

在 2013 年发表的一篇综述文章中，Orias 等[1]将 1990～2013 年间出版的 30 篇出版物中测定的所有医疗废水浓度值，以及国际数据库可获得的所有生态毒性数据和在医疗废水中检测到物质的出版物进行了分组。

这项综合工作表明，研究的 297 种物质中，包括几乎所有治疗组中都存在的 240 种残留药物（PR，表 3-1），有 190 种被实验室至少检测到一次。医疗废水中这些物质的浓度范围极广，浓度为 0.1ng/L～10mg/L。关于残留药物，浓度范围也很宽，但稍微有一些限制，浓度为 0.1ng/L（如他莫昔芬、非那雄胺）至几毫克/升（如碘必利多、碘酰胺）。

关于医疗废水中物质的生态毒性，收集的数据促进确立了 261 个 PNEC（预测无影响浓度），其中 204 个数值基于国际数据库（如美国环保署生态毒理数据库[3]、Wikipharma 数据库[4]）和科学文献中的试验数据，61 个数值基于理论方法（ECOSAR 方法[5]）。

表 3-1　解剖和治疗分类系统的分类、代码及数据来源[2]
（未检测到化合物的组用黑体表示）

ATC 分类	治 疗 组
A	消化道与新陈代谢
B	**血液和造血器官**
C	心血管系统
D	皮肤
G	生殖泌尿系统与性激素
H	**系统激素制剂，不包括性激素和胰岛素**
J	全身用抗感染药
L	抗肿瘤和免疫调节剂
M	肌肉骨骼系统
N	神经系统
P	**抗寄生虫产品、杀虫剂和驱虫剂**
R	呼吸系统
S	感觉器官
V	其他

这种合成表明相关物质的生态毒性值有相当大的可变性：最小 PNEC 接近 0.01pg/L，最大 PNEC 接近 1mg/L。

2016 年更新的新生态毒性数据涉及 7 种物质。在这 7 种物质中，只能计算出一个新的 PNEC（表 3-2）。该 PNEC 的计算规则与 Orias 和 Perrodin 在 2013 年制定的规则相同[1]。

为了识别医疗废水中生态毒性贡献最大的物质，Orias 和 Perrodin[6] 提出计算每种物质的生态毒性危害系数（HQ），同时通过 PNEC 考虑其生态毒性和在医疗废水中测量的最大浓度（MEC_{max}）。

$$HQ = \frac{MEC_{max}}{PNEC}$$

因此，基于此方法能够确定医疗废水中哪些药物是最危险的。可计算出 127 个 HQ 值，其中 50 个 HQ 值低于 1，62 个 HQ 值为 1~1000。表 3-3 列出了 15 种最危险的药物，即 HQ 值高于 1000 并根据现有生态毒理学数据估算得到的药物。

3.2.2　不同治疗组医疗废水中残留药物生态毒性贡献

根据 Orias 和 Perrodin 的研究[1]，医疗废水中药物在不同治疗组中几乎都

表 3-2 2013 年以来医疗废水中存在物质的生态毒性数据

ATC类	No. CAS	化合物	MEC_{max}/(μg/L)	端点		生物体	测量值	参考文献	外推因素	PNEC/(μg/L)
D	86386-73-4	氟康唑	3.445	LOEC	数量增长	P. subcapitata	3.06mg/L			
				LC50	停止流通	T. platyurus	>100000 μg/L			
				LC25	死亡率	D. rerio	>306mg/L	美国环保局	1000	0.306
				LOEL	致畸性	D. rerio	306 μg/L			
				LC50	死亡率	O. latipes	>100000 μg/L			
N	93413-69-5	万拉法新	0.811	LOEC	蠕动速率	U. cinerea	31.3 μg/L		NA	NA
				LOEC	末尾分离	N. ostrina	1.57mg/L	Wikipharma		
				EC50 48h	停止流通	D. magna	141 μg/L			
				LOEC	末尾分离	C. funebralis	157 μg/L			
J	63527-52-6	头孢噻肟	0.413	LC25	死亡率	D. rerio	486 μmol/L	美国环保局	NA	NA
				LOEL	发展		1000 μmol/L			
N	76-74-4	戊巴比妥	0.15	LC50	死亡率	D. rerio	>10mmol/L	美国环保局	NA	NA
J	196618-13-0	奥司他韦	0.025	EC50	死亡率	Quinquelaophonte sp.	>2.5mg/L	Wikipharma	NA	NA
V	737-31-5	泛影酸盐	348.7	NOEC	数量增长	Ciliate	0.001mol/L	美国环保署	NA	NA
C	137862-53-4	缬沙坦	3.032	NOEC 72h	生长抑制	D. subspicatus	85mg/L	美国环保署	NA	NA

注:NA 表示未检出。

表 3-3 医疗废水中危险药品 HQ 值（数据来源于文献 [6]）

ATC 分类	药物	HQ 值
N	对偶氮苯	1162
N	舒必利	1353
J	氧氟沙星	2000
J	磺胺吡啶	2057
J	甲氧苄啶	2585
G	雌酮	2593
N	利多卡因	3499
M	双氯芬酸	3500
N	氯丙嗪	4136
G	17-α-炔雌醇	10800
J	诺氟沙星	27500
G	17-β-雌二醇	28750
L	5-氟尿嘧啶	122000
D	克霉唑	220000
J	氨苄西林	508000

有代表性，而抗生素是被检测到最多的（图 3-1）。事实上，在检测到的 162 种药物中，1/3 是抗生素。用于神经系统和心血管系统的药物占据检出数量的第二位和第三位，分别占检测到残留药物的 15% 和 13%。

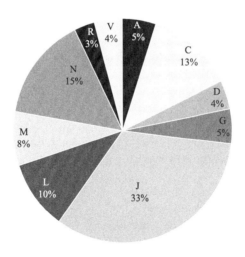

图 3-1 治疗组（ATC）在医疗废水中检测出的残留药物分布（$n=162$）

描述了医疗废水中发现药物的每个治疗组特征之后，Orias 和 Perrodin[6] 研究了哪些治疗组含有最多的危险药物，其目的是确定少数治疗组是否包含大多数危险的药物。然而，他们观察到残留药物的表现非常相似，其 HQ 值高于 1，但与神经系统相关的药物比例显著增加。

尽管如此，按治疗组划分的最危险药物（HQ＞1000）的分布（图 3-2）是完全相同的，其中"J"和"N"占据了分布的最大份额。然而，心血管组的消散和强烈的激素表现，与医疗废水中发现的该组分子数量有关。

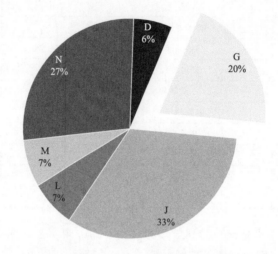

图 3-2　治疗组（ATC 分类）在医疗废水中检测出的高危险残留药物（HQ＞1000）分布（$n=15$）

3.3　医疗废水生态毒性的实验室检测

3.3.1　实验室检测结果综述

在 2013 年的综述中，除了"物质"方法外，Orias 等[1]汇集了所有关于生态毒性"整体"分析的可用数据。他们收集了所有将测试生物暴露在浓度不断增加的医疗废水中，并直接检测废水生态毒性的研究。研究表明，关于生态毒性的实验室检测数据仅来源于 12 个医疗机构排放的废水，并且仅涉及 25 项生态毒性试验。此外，被测试的生物种类非常有限，其中近一半的测试集中在大型甲壳动物水蚤身上。至于生态毒性值，由于测试生物功能的差异，废水生态毒性试验值变化很大。因此，一些废水对某一特定的生物体来说根本没有毒性，而对其他生物体产生微弱毒性。

这种方法考虑到了废水的整体生态毒性，在研究污水处理厂降低医疗废水的生态毒性以及监测生态毒性随时间的变化方面具有优势。

3.3.2 医疗废水生态毒性的变化与所用测定生物和样品过滤的关系

对医疗废水进行的生态毒理学特性研究表明，使用的检测生物不同，生态毒理反应通常有很大差异[7~10]。

例如，Boillot等[11]对里昂一家医院的医疗废水的研究显示，EC20（20%效应浓度）为0.7%（萼花臂尾轮虫的繁殖）~100%（小浮萍的生长）。

此外，未经处理和过滤的样品（大型蚤和小浮萍）的生物测定结果显示，所研究废水的特定阶段具有很强的生态毒性[11]。这意味着在生物测试中不需要过滤，就可以表征医疗废水的生态毒性本质。

3.3.3 医疗废水生态毒性随时间的变化

3.3.3.1 正常一天中的变化

为了研究在常规一天内，医疗废水的生态毒性变化，对法国里昂市一家医院的废水进行了研究[11]。

在2006年开展的一次活动期间，为确定医疗废水的特征而采取的抽样程序如下：根据1天中5个时段，采集5个周期样本，分别为下午1~5点、下午5~晚上11点、晚上11~第二天早上5点、早上5~上午9点和上午9~下午1点。

生物测定中包括微甲壳类动物大蚤（48h的迁移抑制）、费氏弧菌（30min的发光抑制）和藻类拟水蚤（72h的生长抑制）。

结果表明（表3-4），夜间采集的样品比白天采集的样品生态毒性小，其中上午9点~下午1点活动期对应的样品生态毒性最大。

表3-4 法国里昂医疗废水生态毒性日变化[11]

项目	活动期				
	1~5pm	5~11pm	11pm~5am	5~9am	9am~1pm
EC20,4h,微水蚤/%HWW	14	45	>100	48	5
EC20,30min,藻类拟水蚤/%HWW	22	25	65	21	4
EC20,72h,费氏弧菌/%HWW	17	38	95	25	7

注：am表示上午；pm表示下午；EC20表示20%效应浓度；HWW表示医疗废水。

3.3.3.2 一年内的变化

许多证据证明，一年以来，医疗废水的生态毒性发生了相当大的变化[12~14]。例如，图 3-3 为法国 SIPIBEL 试验点的医疗废水生态毒性[15]。它显示了 2013 年 1 月和 2013 年 11 月采样期间，医疗废水呈现高生态毒性；2013 年 2 月采样期间，医疗废水呈现低生态毒性，其他采样日期处于中间状态。

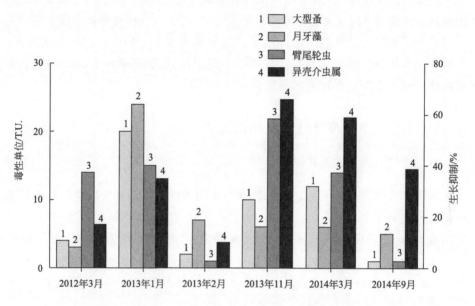

图 3-3　法国 SIPIBEL 试验点的医疗废水生态毒性[15]
毒性单位：水蚤、月牙藻和臂尾轮虫。生长抑制：异壳介虫属

3.4　医疗废水中毒性物质的相互作用

使用"物质"方法对医疗废水中生态毒性进行表征时，没有考虑到鸡尾酒效应的存在，这些废水中的分子可以相互作用，产生协同效应或拮抗现象。

为了确定这些潜在的影响并更好地了解它们的起源，许多学者进行了研究。

Boillot[16]研究了消毒剂和表面活性剂的二元混合物相互作用对微水蚤的流动性抑制现象。她特别研究了医疗废水中常见的下列物质的混合物：①消毒剂，如戊二醛和次氯酸钠；②表面活性剂，如十二烷基硫酸钠（阴离子）、Triton X-100（非离子）和十六烷基三甲基溴化铵（阳离子）。结果表明，这些混合物对大型蚤的迁移率没有明显的拮抗或协同作用。

此外，Panouillières 等[17]研究了乙酸这种越来越多地用来代替次氯酸钠的消毒剂和上述相同表面活性剂组成的二元混合物的潜在相互作用。结果表明，这些混合物中的分子对微水蚤的迁移率没有明显的拮抗或协同作用。而这种缺乏显著的协同或拮抗现象与从事有害物质相互作用研究的作者得到的结果一般是一致的[18~22]。

3.5 生物累积在医疗废水生态毒性中的作用

一些药物具有在生物体和营养链中累积的特性。这种现象最终会导致药物在体内高到足以产生有害毒性的浓度。

3.5.1 医疗废水中生物累积性药物的鉴定及优先次序

为了识别和对医疗废水中存在的生物累积性药物进行优先排序，Jean 等[23]列出了法国里昂市医院使用的所有药物。然后，他们搜索了这些医院使用的 966 种药物中生物累积性最强的药物。根据模拟的生物累积因子，他们初步确定了 70 种特定生物累积分子清单。考虑到其他标准（消耗量、低生物降解性等），该清单中列出的对水生生态系统风险最大的药物后来被减至 14 种。

所有治疗类药物都列在优先药物清单中，特别是用于心脏系统的药物（尼卡地平和乙胺碘呋酮）和具有抗生素效力的药物（泰利霉素）等广泛使用的药物。他们还选择了其他消耗较少但潜在影响较大的药物，如性激素（炔雌醇和炔诺孕酮）和用于治疗癌症的药物（米托坦或三苯氧胺）。

3.5.2 医疗废水中生物累积药物的实验室表征

基于研究的复杂性和高成本，到目前为止，很少有人专注于残留药物的生物累积试验研究。在上述清单中的 14 种优先药物中[23]，Orias 等选择三苯氧胺来进行生物累积研究[24~26]。

这一选择是根据以下几个特点做出的：①这种物质在理论上具有相当大的生物累积性；②有监测生物体内该物质的分析方法；③是环境中已经发现的物质。

理论上当生物累积因子（BCF）等于 370000 时，存在分析方法，能够检测出三苯氧胺在水中接近 1μg/L 的浓度，并且在环境中可达到 100μg/L 的浓度级。因此，三苯氧胺完全符合重点分析生物累积的标准。

这些研究工作首先集中三苯氧胺在三种不同营养级生物中的富集：①单细胞藻类（月牙藻）作为主要生产者；②无脊椎动物（大型蚤）作为初级消费者；③脊椎动物（鱼类）作为次级消费者。作者还研究了三苯氧胺是否可以通过食物进行生物累积，通过将食物链的前两个环节生物体暴露在受污染的食物中来进行试验。

这些研究的结果证实了三苯氧胺在所有被研究的生物体（藻类、水蚤和鱼类）中的生物富集能力非常高[24~26]。此外，当大型蚤暴露在受污染的食物中以及浸泡在受污染的水中时，其生物累积因子明显更高[26]。另外，用斑马鱼证明了三苯氧胺在鱼类不同器官中的浓度不同。斑马鱼性腺被认为是生物富集三苯氧胺最多的器官。

所有这些研究工作都表明，三苯氧胺（和其他生物累积分子）对水生生态系统的潜在影响与它在生物体和营养链中的生物累积有关。在三苯氧胺案例中需要注意的是，它是一种众所周知的内分泌干扰物。因此，这类物质对鱼类种群产生了长期影响，即使在非常低的浓度下也是如此：这些脊椎动物在实验室中暴露的最高浓度几乎是在环境中观察到的浓度的 1/40。

3.6 医疗废水的生态毒理风险评价

3.6.1 PEC/PNEC 法

国际文献中所列的医疗废水生态毒理风险评估通常基于 PEC/PNEC（预测环境浓度/预测无影响浓度）法。这个比值是在指定环境（场景）中为指定医院计算的，当 PEC/PNEC＞1 时可以认为有显著风险。系数越大，风险越大。

基于这种方法的研究结果显示了国际水平上的对比情况，这取决于医院的规模，所用表面活性剂、消毒剂和药物的性质，以及向自然环境排放医疗废水的情况（污水处理效率，收纳水体的枯水期流量等）[7,10,13,27~30]。

3.6.2 评估生物累积的方法

该领域的首批研究之一是由 Brackers de Hugo 等[31]在 2013 年对米托坦的研究。米托坦是一种生物累积因子非常高的物质，其生物累积因子为 7330。

为了研究这种药物对水生生态系统中一个代表性动物模型的毒性，作者采用了一种基于鱼类细胞谱系的体外分析方法。这些细胞被用作鱼体内培养基的模型，当药物集中在鱼的组织中时，鱼体内培养基就会反映动物体内的浓度水平。

两个分析终点分布为：通过细胞死亡判定的细胞毒性和通过测量原发性DNA损伤判定的遗传毒性。

细胞毒性的临界值（虹鳟鱼鳃细胞系 RTG W1 的 CL_{10} 为 6mg/L，光若花鲻肝细胞系 PLHC 的 CL_{10} 为 18g/L）远远高于水生环境中可以观察到的浓度。

基于这个指标，鱼类暴露于环境中的米托坦时所面临的风险可能是有限的。然而遗传毒性的结果显示，很多较弱的效应浓度同样接近现实环境，具有不可忽视的风险。最后，作者总结了在评估与药物分子相关的生态毒理学风险时要考虑生物累积。

3.7 小结

这些工作首次显示了医疗废水整体上具有的强烈生态毒性。这种生态毒性平均高于城市污水的生态毒性。它与毒性分子的存在有关，这些毒性分子的 PNEC 非常低（最具有生态毒性的 PNEC<1ng/L）。这些生态毒性分子属于许多化学物质，包括消毒剂（活性氯、戊二醛等）、表面活性剂（阳离子和非离子表面活性剂）和某些药物残留（大多数治疗组中存在生态毒性分子）。

废水的整体生态毒性是不同物质之间相互作用的鸡尾酒效应的结果，可导致相加、协同或拮抗现象。此外，目前已经证明了其中一些物质的生物累积，增加了与这些物质相关的风险。

所有这些数据使研究人员和管理人员能够在世界各地的不同医院进行生态毒理学风险评估。现在有必要完成这些工作，以巩固为生态毒理学风险评估制定的方法。本研究主要涉及：①医疗废水中存在的物质之间的相互作用和由此产生的鸡尾酒效应；②某些药物在生物体和营养链中的生物累积及其对水生生态系统的影响。

参考文献

[1] Orias F, Perrodin Y (2013) Characterisation of the ecotoxicity of hospital effluents: a review. Sci Total Environ 454-455:250-276
[2] WHO Collaborating Centre for Drug Statistics Methodology (WCCDS) (2013) Guidelines for ATC classification and DDD assignment. WCCDS Oslo, p. 284.
[3] EPA ECOTOX Database. http://www.epa.gov/ecotox/. Accessed 20 July 2016
[4] Molander L, Agerstrand M, Ruden C (2009) WikiPharma-a freely available, easily accessible, interactive and comprehensive database for environmental effect data for pharmaceuti-

cals. Regul Toxicol Pharmacol 55:367-371
[5] Sanderson H,Johnson DJ,Wilson CJ,Brain RA,Solomon KR (2003) Probabilistic hazard assessment of environmentally occurring pharmaceuticals toxicity to fish, daphnids and algae by ECOSAR screening. Toxicol Lett 144:383-395
[6] Orias F,Perrodin Y (2014) Pharmaceuticals in hospital wastewater: their ecotoxicity and contribution to the environmental hazard of the effluent. Chemosphere 115:31-39
[7] Emmanuel E,Perrodin Y,Keck G,Blanchard JM,Vermande P (2005) Ecotoxicological risk assessment of hospital wastewater: a proposed framework for raw effluents discharging into urban sewer network. J Hazard Mater 117:1-11. doi:10.1016/j.jhazmat.2004.08.032
[8] Berto J,Rochenbach GC,Barreiros MAB,Corra AXR,Peluso-Silva S,Radetski CM (2009) Physico-chemical,microbiological and ecotoxicological evaluation of a septic tank/Fenton reaction combination for the treatment of hospital wastewaters. Ecotoxicol Environ Saf 72:1076-1081
[9] Zgorska A,Arendarczyk A,Grabinska-Sota E (2011) Toxicity assessment of hospital wastewater by the use of a biotest battery. Arch Environ Prot 37:55-61
[10] Perrodin Y,Christine B,Sylvie B,Alain D,Jean-Luc B-K,Cécile C-O,Audrey R,Elodie B (2013) A priori assessment of ecotoxicological risks linked to building a hospital. Chemosphere 90:1037-1046. doi:10.1016/j.chemosphere.2012.08.049
[11] Boillot C,Bazin C,Tissot-Guerraz F,Droguet J,Perraud M,Cetre JC,Trepo D,Perrodin Y (2008) Daily physicochemical,microbiological and ecotoxicological fluctuations of a hospital effluent according to technical and care activities. Sci Total Environ 403:113-129
[12] Santos LHMLM,Gros M,Rodriguez-Mozaz S,Delerue-Matos C,Pena A,Barceló D,Montenegro MCBSM (2013) Contribution of hospital effluents to the load of pharmaceuticals in urban wastewaters: identification of ecologically relevant pharmaceuticals. Sci Total Environ 461-462:302-316. doi:10.1016/j.scitotenv.2013.04.077
[13] Perrodin Y,Bazin C,Orias F,Wigh A,Bastide T,Berlioz-Barbier A,Vulliet E,Wiest L (2016) A posteriori assessment of ecotoxicological risks linked to building a hospital. Chemosphere 144:440-445
[14] Verlicchi P,Zambello E (2016) Predicted and measured concentrations of pharmaceuticals in hospital effluents. Examination of the strengths and weaknesses of the two approaches through the analysis of a case study. Sci Total Environ 565:82-94. doi:10.1016/j.scitotenv.2016.04.165
[15] Perrodin Y,Levi Y,Orias F,Brosselin V,Bony S,Devaux A,Bazin C,Huteau V,Bimbot M(2015)Outils et méthodes pour le suivi de l'écotoxicité des effluents hospitaliers et urbains: application au site pilote《SIPIBEL》. Communication orale. In: Conférence Internationale《Eau et Santé: les médicaments dans le cycle urbain de l'Eau》,Geneva,27-28 Mar 2015
[16] Boillot C (2008) Évaluation des risques écotoxicologiques liés aux rejets d'effluents hospitaliers dans les milieux aquatiques. Contribution à l'amélioration de la phase "caractérisation des effets." INSA de Lyon et LSE-ENTPE,Villeurbanne et Vaulx en Velin
[17] Panouillères M,Boillot C,Perrodin Y (2007) Study of the combined effects of a peracetic acidbased disinfectant and surfactants contained in hospital effluents on Daphnia Magna. Ecotoxicology 16:327-340
[18] Marking LL (1977) Method for assessing additive toxicity of chemical mixtures. AquaticTox Hazard Eval 634:99-108

[19] EIFAC (1980) Report on combined effects on freshwater fish and other aquatic life of mixtures of toxicants in water. EIFAC Technical Papers no 37, Rome
[20] Ross H, Warne MS (1997) Most chemical mixtures have additive aquatic toxicity. Presented at the proceedings of the third annual conference of the Australasian Society for Ecotoxicology, p 21
[21] Deneer JW (2000) Toxicity of mixtures of pesticides in aquatic systems. Pest Manag Sci 56: 516-520
[22] Mercier T (2002) Avis de la Commission d'Étude de la Toxicité concernant les mélanges de produits phytopharmaceutiques. Réponses aux questions faisant l'objet d'une saisine de la Commission par la Direction Générale de l'Alimentation (No. projet v10). INRA, Versailles
[23] Jean J, Perrodin Y, Pivot C, Trepo D, Perraud M, Droguet J, Tissot-Guerraz F, Locher F (2012) Identification and prioritization of bioaccumulable pharmaceutical substances discharged in hospital effluents. J Environ Manag 103: 113-121
[24] Orias F, Simon L, Yves PY (2015) Experimental assessment of bioconcentration of ^{15}N tamoxifen in *Pseudokirchneriella subcapitata*. Chemosphere 122: 251-256
[25] Orias F, Simon L, Mialdea G, Clair A, Brosselin V, Perrodin Y (2015) Bioconcentration of ^{15}N tamoxifen at environmental concentration in liver, gonad and muscle of *Danio rerio*. Ecotoxicol Environ Saf 120: 457-462
[26] Orias F, Simon L, Perrodin Y (2015c) Respective contributions of diet and medium to the bioaccumulation of pharmaceutical compound in the first levels of an aquatic trophic web: monitoring of ^{15}N tamoxifen in *D. magna* and *P. subcapitata*. Environ Sci Pollut R 22: 20207-20214
[27] Al Aukidy M, Verlicchi P, Voulvoulis N (2014) A framework for the assessment of the environmental risk posed by pharmaceuticals originating from hospital effluents. Sci Total Environ 493: 54-64
[28] Daouk S, Chèvre N, Vernaz N, Widmer C, Daali Y, Fleury-Souverain S (2016) Dynamics of active pharmaceutical ingredients loads in a Swiss university hospital wastewaters and prediction of the related environmental risk for the aquatic ecosystems. Sci Total Environ 547: 244-253. doi: 10. 1016/j. scitotenv. 2015. 12. 117
[29] Escher BI, Baumgartner R, Koller M, Treyer K, Judit L, McArdell CS (2011) Environmental toxicology and risk assessment of pharmaceuticals from hospital wastewater. Water Res 45: 75-92
[30] Verlicchi P, Al Aukidy M, Galletti A, Petrovic M, Barceló D (2012) Hospital effluent: investigation of the concentrations and distribution of pharmaceuticals and environmental risk assessment. Sci Total Environ 430: 109-118
[31] Brackers de Hugo A, Sylvie B, Alain D, Jérôme G, Yves P (2013) Ecotoxicological risk assessment linked to the discharge by hospitals of bio-accumulative pharmaceuticals into aquatic media: the case of mitotane. Chemosphere 93: 2365-2372. doi: 10. 1016/j. chemosphere. 2013. 08. 034

第4章

医疗废水中活性药物成分的优先排序

Silwan Daouk，Nathalie Chèvre，Nathalie Vernaz，
Youssef Daali，Sandrine Fleury Souverain

摘要：目前使用的活性药物成分（API）产生大量的残留物质，研究表明其会进入水生生态系统，并对生物有潜在的不利影响。在与活性药物成分相关的环境政策中，优先排序方法对于监管和监督都是有用的工具。在过去十年中，活性药物成分的使用量大大增加，而现有的不同方法可能导致物质之间存在很大差异。本章旨在讨论在医院背景下进行的研究。或许比结果本身更重要的是，对所选标准集的方法以及它们的优点和相关不确定性的讨论。一个关于瑞士大学医院的活性药物成分优先顺序的案例研究提出了两种不同的方法：基于排序的OPBT方法（发生率、持久性、生物累积性和毒性）和环境风险评估（ERA），并计算了风险熵（RQ）。ERA的研究结果与医院中基于ERA的活性药物成分优先排序研究结果相结合，显著表明了几种化合物对水生生态系统具有高风险（RQ>1），包括抗生素（环丙沙星、阿莫西林、哌拉西林、阿奇霉素）、消炎药（双氯芬酸、美沙拉嗪）、激素雌二醇和降糖药二甲双胍。然而，只有抗生素环丙沙星普遍被认为是有问题的。最后，根据文献综述和案例研究结果，确定了医院活性药物成分优先排序的最关键问题：消耗量数据的处理、专家判断的参与、与预测环境浓度（PEC）计算相关的不确定性，以及危害评估质量。尽管应用于医院的优先排序方法在实践中可能是繁重的，而且许多相关不确定性仍然存在，但它们仍是通过监控程序建立优先分子清单并进行理论风险评估的重要工具。

关键词：环境风险评估；医疗废水；药物；预测环境浓度；优先顺序。

目 录

4.1　绪论
4.2　活性药物成分优先排序方法

  4.2.1 方法概述
  4.2.2 医疗废水优先处理排序研究应用
4.3 日内瓦大学医院：瑞士案例研究
  4.3.1 设置和消耗数据采集
  4.3.2 优先排序
  4.3.3 敏感性分析
  4.3.4 讨论
4.4 结论和观点
参考文献

4.1 绪论

  目前，许多活性药物成分（API）被大量使用，它们会进入水生生态系统，从而对生物产生潜在的不利影响[1~3]。一旦进入环境中，药物残留就会对野生动物造成一些不良影响，如合成激素[3,4]导致雄性鱼类雌性化，或非甾体抗炎药双氯芬酸对鳟鱼的器官造成损害[5]。

  地表水中的活性药物来源多种多样：它们可能来自人类和动物的使用、废物处置和工业制造[2,6]。一般来说，城市污水处理厂（WWTP）将居民日常使用的活性药物成分带入水生生态系统，是产生活性药物环境污染的主要来源[7,8]。几十年来，城市污水中均含有药物残留[9]。然而，人们最近才开始逐渐关注医院和医疗设施，因为它们产生的废水是环境污染的来源之一[10~12]。根据管理对象来源的差异将它们进行区分[10,13]，其中医疗废水平均仅占城市污水活性药物成分的一小部分：<10%[2]、<15%[11]和20%~25%[12]。另外，根据化合物类型和流域内病床与居民比的不同，这一占比为3%~74%[14]。

  目前使用的所有原料药在3000~5000种之间[15~17]，无法在监测活动中全部进行测量，也无法对其环境风险进行评估。因此，对它们进行优先排序是必要的，有必要根据一套选定的标准建立需要监测物质的优先列表。由此，由40名国际专家组成的小组将优先排序确定为药物生态毒理学和环境风险评价的第二个重要问题[15]。过去15年来，应用于活性药物成分优先排序方法的使用有所增加，但由于目标不同，各研究在方法上存在很大差异。实际上，它们的研究重点在以下方面有所不同：空间变异性[18,19]；某些特定类型的药物如兽药[20,21]或抗癌药物[18,22]；以及针对医疗废水的分析[23,48]。

  本章首先概述了目前在医疗废水和更广泛的环境中使用的不同优先排序方法。之后，以瑞士一家大型医院的案例研究来解释这些方法，将得到的优先顺序表进行详细分析并与其他研究进行比较。最后，对医院应用活性药物成分优先排序时最重要的参数进行定义和讨论。

4.2 活性药物成分优先排序方法

4.2.1 方法概述

一般情况下，活性药物成分优先排序方法基于消耗数据以及简化的环境和人类健康风险评价结果[11,24,25]。考虑的因素包括环境持久性、生物累积潜力和影响[26~29]。因此，药品优先清单的制定在很大程度上取决于这三个因素相关可用数据的数量和质量[13,30]。一些研究还考虑了作用的方式[31]或程序的分析可行性[7]。因此，所选标准的相关性非常重要，可能导致一项研究与另一项研究在方法上存在重大差异，也可能导致结果中存在许多不确定性[30,32]。

一种常用的排序方法是欧盟在化学品注册、评估、授权和限制（REACH）框架内提出的持久性、生物累积和毒性（PBT）方法。这种方法还应用了与药物有关的具体研究，包括根据物质的 PBT 性质计算关注等级[28,33,34]。然而，相关试验数据仍然很少，导致缺乏关于 PBT 特性和药物在环境中行为的实际信息[34]。

这导致研究人员要使用定量结构-活动关系（QSAR）模型等计算工具来预测缺失的试验数据[35]。然而，计算值不能取代试验值[27,36,37]。尽管如此，使用两种不同的 QSAR 模型对 1200 多种活性药物进行优先排序的结果表明，它们的结果是一致的（86%）[34]。更重要的是，一些被关注的优先化合物，如克霉唑、舍曲林、氯雷他定或咪康唑，与先前的研究结果一致，并且已经在环境中被检测到[28,36]。

欧盟药品管理局（European Medicines Agency）在进行新药的预批准阶段提出了另一种药品优先排序的方法，用于审批居民使用的新药品[25]。欧盟、中东和非洲指南要求对 2006 年以来引入欧盟市场的新化合物进行环境风险评估[25]。值得强调的是，在该日期之前注册的活性药物成分的环境风险没有得到适当评估或根本没有得到评估[34]。该环境风险评估程序包括两个阶段：暴露评估（第一阶段）和环境健康及影响分析（第二阶段）。该程序已被一些作者采用，并根据研究的具体需要进行了修改[13,26,29]。

第一阶段包括 PBT 方法和计算接收地表水（PEC_{sw}）中预测环境浓度（PEC），其计算方法如下。

$$PEC_{sw} = \frac{DOSE_{ai} \times F_{pen}}{WW_{inhab} \times DIL} \tag{4-1}$$

式中，$DOSE_{ai}$ 为每个居民每日消耗的最大剂量；F_{pen} 为市场渗透率；WW_{inhab} 为每个居民每日产生的废水量；DIL 为稀释因子，代表地表水中废水的稀释度。因此，PEC_{sw} 不考虑污水处理厂的降解或滞留，也不考虑患者的新陈代谢。此外，欧盟、中东和非洲指南中还提出 F_{pen} 的默认值为 0.01，WW_{inhab} 的默认值为 200L/(人·d)，DIL 的默认值为 10。

F_{pen} 也可根据世界卫生组织提出的消耗数据和限定日剂量（DDD）值计算。因此，通过使用从 QSAR 建模中获得的 PBT 属性和许多默认值得出的 PEC_{sw}，遵循指南的程序可能是不现实的。然而，如果第一阶段的结果显示所述活性成分具有生物累积趋势（$LogK_{ow} > 4.5$）或表现出高于 10ng/L 的 PEC，则需要进行第二阶段评估。

第二阶段计算环境风险熵（RQ）即 PEC 和 PNEC 之间的比值。

$$RQ = \frac{PEC}{PNEC} \tag{4-2}$$

PNEC 通过评估因子（AF）乘以非观测影响浓度（NOEC）来计算，NOEC 是根据对几个物种进行的生态毒理学试验计算得出的。根据受试物种的数量，AF 可以在 10~1000 之间变化[38]。

2008 年，Besse 和 Garric[26] 回顾了来自 8 个不同国家的研究，这些研究确定了 2000~2008 年间欧盟和美国对环境问题影响最严重的药品化合物。他们指出，尽管用于确定暴露的方法类似，即 PEC 计算，但用于评估 PNEC 的方法存在一些重要差异，从而难以对结果进行适当比较。例如，PNEC 可以与急性或慢性毒性试验相关联，并且研究已经表明，与活性药物成分相关的急性风险可以忽略不计，但由于缺乏生态毒理学数据，无法排除其慢性风险[36]。因此，基于急性毒性试验的 ERA 研究不能反映长期暴露于亚急性水平的风险。

最近，Mansour 等[39] 在更广泛的环境下分析了 33 项研究，并讨论了使用的不同标准：销售值、暴露数据（测量的环境浓度、MEC 或 PEC 值）、毒性数据、药理学数据、物理化学特性、污水处理厂去除效率和其他标准。他们指出，几乎所有的优先顺序研究都是在北美、欧盟和中国进行的，世界其他地区的优先顺序清单可能因所消耗的药物类型、污水处理系统和气候条件不同而有所不同。他们对黎巴嫩最常消耗的活性药物进行了优先排序，这种国际化的研究可能会继续增加。

在欧盟，从监管角度出发，优先排序研究被用于制定监控策略[40]，最近有人提议将一些药物与 10 种高度优先化合物一起列入观察名单[41]。最突出的活性药物是非甾体抗炎药双氯芬酸、雌激素（E1）、17-β-雌二醇（E2）和 17-α-乙炔基雌二醇（EE2），以及大环内酯类抗生素红霉素、阿奇霉素和克拉霉素。事实上，双氯芬酸对鳟鱼肾脏的明显有害作用[5] 和在鱼类中观察到的内分泌干扰问题[3,4] 已经被提到。由于抗菌特性及其在耐药性传播中的作用，抗生素被认为是水生环境中最危险的药物类别之一[42]。尽管双氯芬酸和激素在医疗废水中的浓度不太可能很高，但抗生素残留已被证明是环境中耐药性传播的主要驱动因素[43,44]。

4.2.2 医疗废水优先处理排序研究应用

优先排序方法也可以应用于医疗废水,但需要调整。PBT 方法适合用于医院消耗的活性药物,但在进行环境风险评估与计算预测浓度或风险熵时,通常会考虑使用一些不同的参数。医疗废水中的预测浓度(PEC_{HWW})是通过将排放质量,即消耗质量(M)乘以排泄因子(F_{excr})再除以废水体积(V)得出的[13,29,36,38]。

$$PEC_{HWW} = \frac{MF_{excr}}{V} \tag{4-3}$$

废水量是不容易评估的,通常用消耗的水量代替废水量。排放因子被认为是尿液和粪便中排泄物的总和,但不考虑代谢物。一些作者认为葡萄糖醛酸结合物会在环境中分解,因此在计算中应该考虑到这一点[45]。然而,葡萄糖醛酸键是不稳定的,它们在水环境中的行为是未知的。一些化合物的葡萄糖醛酸结合物已经在地表水中被检测到[46]。

考虑污水处理厂的去除率(R)和医疗废水在流域内的稀释度(DIL),接收地表水(PEC_{sw})的预测浓度计算式如下[13,29,36]。

$$PEC_{sw} = \frac{MF_{excr}(1-R)}{V \times DIL} \tag{4-4}$$

根据欧盟指南[25],污水处理厂的药品稀释因子(DIL)通常固定在 10。这一系数的本质是城市污水被稀释到受纳水体生态系统中的倍数,而医疗废水不是这样,它首先在城市污水管网中被稀释。Kümmerer[42]认为,城市污水中医疗废水的稀释比后者在河流或湖泊的稀释更为显著,并提出稀释因子为 100,经计算接近实际[36]。

计算医疗废水的暴露风险是不现实的,因为医院下水道中不存在生物体的暴露,所以建议计算危险系数(HQ)[47]。因此,在考虑水环境稀释的情况下,要计算医疗废水的 HQ(HQ_{HWW})和地表水的 HQ(HQ_{RQSW})。一般来说,$RQ_{SW} \geqslant 1$ 表示所考虑的活性药物成分对水生生态系统构成高风险,$0.1 < RQ_{SW} < 1$ 表示中等风险,$RQ_{SW} < 0.1$ 表示低风险[48]。$HQ_{HWW} \geqslant 1$ 仅表示所评估的活性药物成分对医疗废水的环境危害有显著贡献。

据我们所知,只有少数研究将优先顺序法应用于医院的活性药物成分毒性研究(表 4-1)。根据专家判断所定义的限制因素,优先顺序通常适用于包括 15~250 种物质的一组物质。事实上,无论是在优先顺序确定之前还是之后,对于活性药物成分的纳入与排除,专家判断都是常用的,而且选择的标准也明显不同,包括先前指出的化合物、报告的测量环境浓度(MEC),或是关注具有生物累积潜力的药物[27]或抗癌药物[22]。其他优先考虑的标准包括通过排放

表 4-1 关于医院活性药物成分优先顺序的非详尽研究列表

参考文献	国家	医院数量	药品数量	药品类型	标准 消耗数据来源	化合物纳入/排除的专家判断标准	排放因子	PEC	毒性	物理化学性质	污水处理厂去除率
Booker 等[22]	英国	31	65	抗癌药	英格兰西北部医院调查	MEC	X	X	—	K_{ow}, K_{oc}	X
Daouk 等[23]	中国	1	71	全部	日内瓦大学医院药房	(1)活性药物成分消耗量>1kg/年 (2)PENC值可获得	X	X	PNEC	K_{ow}	X
Helwig 等[12]	荷兰、中国、黎巴嫩、英国、法国	7	15	全部	不同医院的年度处方数据	(1)高消耗 (2)被其他研究确定的 (3)原来的列表 (4)已被检测到的	—	MEC	PNEC	K_d, 生物降解	—
Jean 等[27]	法国	1	70	生物累积性	里昂民用医院药房	潜在生物累积性	X	—	—	BCF, 生物降解	—
Helwig 等[54]	英国	不确定	250(41个医院)	除了X射线造影剂	苏格兰国家卫生服务和医院药物利用数据	排除	X	X	PENC	—	X
Guo 等[40]	英国	不确定	146(20个医院)		英格兰、苏格兰和威尔士的处方成本数据和英国非专利制造商协会的数据	(1)排除12种超出范围的化合物 (2)增加柜台上有的23种化合物	X	X	PENC	K_{oc}, K_{ow}, K_d, pK_a, BCF, FssPC	X

注：F_{exct} 表示排放因子；PEC 表示预测环境浓度；MEC 表示测量环境浓度；PNEC 表示预测无影响浓度；BCF 表示生物浓缩因子；K_{ow} 表示辛醇-水分配系数；K_{oc} 表示有机碳分配系数；pK_a 为酸解离常数；FssPC 表示鱼血浆中稳态浓度；WWTP 表示污水处理厂；X 表示考虑；—表示不考虑。

因子（F_{excr}）表示的人体代谢、根据药物特性（pK_a、K_{oc}、K_{ow} 等）表示的环境行为、污水处理厂的去除效率以及通过 PNEC 值表示的对生物体的潜在影响。

下面将介绍我们的优先排序研究结果，本研究在之前已经发表，是在瑞士的一家大型医院中进行的[23]。本研究结果将与其他研究进行比较，并讨论所用方法和标准方面的差异。

4.3 日内瓦大学医院：瑞士案例研究

4.3.1 设置和消耗数据采集

日内瓦大学医院（HUG）是瑞士非常著名的医院之一。它包括 8 个不同的院区（综合院区、儿科院区、精神病院区、产科院区等）和大约 40 个其他医疗设施，提供初级到三级护理。2012 年全院共有 8443 名全职工作人员和 1908 张床位，共记录了 48112 名住院病人（住院治疗 671709 天）和超过 86 万名门诊病人。医院的平均用水量约为 $760m^3/d$。

2012 年，住院部和门诊处方中分发的药品汇总数据首先是通过"Business Object®"软件从医院药房数据库中获得的。这些数据与不同医疗部门向药房订购以及退还的治疗患者的药物量（由于库存和交货错误、出院或死亡患者等）相对应。通过转换这些活性药物成分的总单位剂量（UD）（单位为克），同时考虑到活性药物成分的剂量，得到活性药物成分年住院消耗量的近似值[27]。此外，由于药房数据是传送数据，缺乏考虑患者依从性、院外消耗或其他因素，这些数据可能与实际的消耗不同[27]。为了保密所有健康信息都被删除了，以创建符合瑞士数据保护法规的匿名分析数据库。

根据消耗数据，2012 年该医院共消耗活性药物成分 4301kg。假设 100％的给药是在医院里进行的，其结果是每个病人平均消耗 90g 药物。然而，同时考虑门诊消耗后，实际每个病人的平均消耗量为 4.8g。因此，考虑门诊消耗是很重要的，根据化合物的性质，门诊消耗是总消耗的重要部分。事实上，门诊治疗已经显著增加，在某些情况下，只有 20％的门诊病人处方药在医院排放[49]。Weissbrodt 等[50]研究显示，医院处方药中 50％的含碘 X 射线造影剂和 70％的抗肿瘤药物在病人家中排放。关于系统性抗病毒药物，它们是在日内瓦大学医院里专门开出的，就像在城市药房一样，但它们很可能被门诊病人在家里排放[11,51]。

一般来说，抗生素是医院中最常用的一类药物[10,11]，但在本研究的病例中，止痛药（31.3％）比抗生素（11.4％）占比更多，其次是抗病毒药物（6.4％）和消炎药（4.9％）。与另一家瑞士医院相比，抗病毒药物和抗生素的排放比例较高，而含碘 X 射线造影剂和泻药的排放比例较低[36,51]。这可能是因为两家医院的规模不同（分别是 338 张床位和 1908 张床位），以及州医院与大学医院在处方和医疗活动上的差异所致。

4.3.2 优先排序

4.3.2.1 PBT 方法

日内瓦大学医院使用的活性药物成分优先排序方法改进自先前的研究[26,27,29]。在 2012 年该医院药房开出的约 1000 种活性药物成分中，首次发现单位剂量（UD）超过 10000 的活性药物成分只有 150 种。2012 年仅有 84 种活性药物成分的销量超过 1kg。该研究的目的是获得一份优先监测化合物清单，因此消耗量较少的活性药物成分被认为在医疗废水中无法检测到。然而，抗肿瘤和免疫调节药物［代码 L，根据解剖治疗分类（ATC）］由于其固有毒性，将其加入了 UD 超过 10000 的活性药物成分优先清单中，因此共有约 100 种活性药物成分被列入优先清单。基于发生率（O）、持久性（P）、生物累积性（B）和环境毒性（T）4 个标准，每种活性药物成分都有 4 个等级。将 4 个标准的等级相加，根据数据的重要性进行加权，得到最终等级。事实上，为了将数据权重考虑进去，研究中将不同标准的等级乘以一个权重因子：如果没有数据可用，该因子等于 1；如果采用 QSAR 方法建模得到 PNEC 或 $LogK_{ow}$，则该因子等于 2；如果得到可用试验值，则该因子等于 3。

主要优先化合物包括非甾体抗炎药（布洛芬、双氯芬酸和甲芬那酸）、抗病毒药物（利托那韦、雷特格韦）、抗抑郁药（舍曲林）、麻醉药和镇痛药（利多卡因、加巴喷丁、异丙酚）以及抗生素（磺胺甲噁唑、甲氧苄啶、环丙沙星和甲硝唑）、心血管系统药物（美托洛尔、奥沙西泮）和抗肿瘤药物（紫杉醇）。利托那韦以前被认为是一种污染严重的医药化合物[36]，舍曲林对水生生物有不良影响[3]，被研究者认为是优先关注化合物[26,28]。值得注意的是，考虑到数据权重，在名单的前 20 名中只有 55% 的化合物仍然存在。这意味着根据数据权重进行加权会改变大约一半化合物的重要性顺序。更多细节见 Daouk 等的研究[23]。

4.3.2.2 环境风险评价

在医疗废水预测浓度最高的 20 种活性药物成分中，共鉴定出 8 种抗生素和 5 种抗病毒药物。值得注意的是，PEC_{HWW} 的计算假设药物消耗全部发生在医院。考虑到门诊病人会排出部分药物，因此它们肯定被高估了[11]。此外，该计算假定废水体积（V）等于已知耗水量（760m^3）。在本研究的案例中，最常使用的活性药物成分（扑热息痛、布洛芬以及抗生素甲硝唑、环丙沙星和磺胺甲噁唑）的预测负荷与实测负荷一致，但其他活性药物成分的预测负荷被高估或低估（图 4-1）。

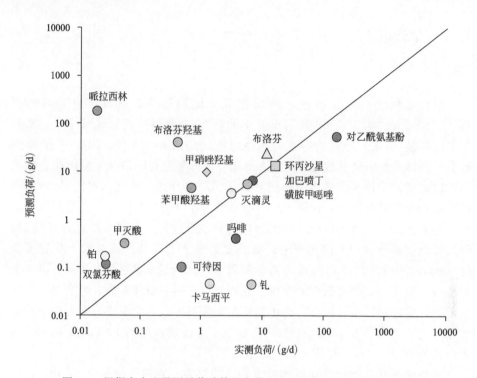

图 4-1　根据废水流量测量值计算的负荷与根据用水量预测的负荷比较

一般来说，与实测浓度（MEC）相比，预测环境浓度（PEC）通常会被高估[11,28]，主要原因是废水量测量和排泄因子相关预测结果的不确定性[52]。其他因素也会造成对浓度的高估，例如保留或降解过程。事实上，尽管羟基代谢物的排泄用于预测环境浓度和负荷，但与测量值相比，其结果被高估了。一种可能的解释是，由于化学不稳定或生物降解趋势，其在废水中会迅速转化。抗生素哌拉西林可能也是如此，虽然在另一项研究中被确定为有问题的化合物[54]，但却极少被检测到，而且处于痕量分析范围[53]。遗憾的是，在文献中没有找到任何信息。

镇痛药吗啡和可待因以及抗癫痫药物卡马西平和钆的浓度被低估了。Daouk 等更详细地描述了一些可能的解释，如病人在医院外服用药物并在医院内排泄[53]。然而，高估比低估更为常见[52]。

在本研究的案例中，城市网络中医疗废水的稀释系数为 296（将医院用水量除以 2012 年的城市废水量得到），第二次受纳水体稀释系数为 10（稀释因子＝

2960）。因此，PEC_{SW} 仅代表医院的贡献，不考虑城市内消耗。PEC_{SW} 强调在淡水环境中发现抗生素药物哌拉西林（69ng/L）和阿莫西林（33ng/L）以及抗糖尿病药物二甲双胍（32ng/L）的可能性很大。在本研究的案例中，下游河流的地表水样本浓度低于预测环境浓度[55]。这是因为预测环境浓度仅考虑医院消耗（而非市内消耗），因此仅代表医院部分的活性药物成分。

医疗废水的危险系数（HQ_{HWW}）变化范围较大（$10^{-3} \sim 10^3$），71 个 HQ_{HWW} 中，有 32 个值大于 1（45%）。十种最危险的化合物分别是环丙沙星、阿莫西林、甲氧苄啶、5-氟尿嘧啶、布洛芬、利多卡因、磺胺甲噁唑、扑热息痛、利托那韦和洛匹那韦（表 4-2）。这些结果与之前的研究一致[47,56]。尽管不同医院的处方药可能不同，但大量消耗的活性药物成分，很可能会产生环境危害。因此，HQ_{HWW} 可以帮助医院管理者和地方当局确定优先化合物，并制定战略，以减少它们在水生生态系统的排放量。

表 4-2 几项评估医院活性药物成分环境风险的研究筛选出的 20 种优先化合物

序号	慢性 PNEC/所有营养水平和适当的 AF（Daouk 等[23]）	慢性 PNEC/所有营养水平和适当的 AF（Helwig 等[54]）	急性 PNEC/低营养水平（Guo 等[40]）	慢性 PNEC/低营养水平（Guo 等[40]）
1	环丙沙星*	阿莫西林*	阿莫西林*	双氯芬酸
2	阿莫西林	哌拉西林	克拉霉素*	阿托伐他汀*
3	甲氧苄啶	氟氯西林	环丙沙星*	雌二醇*
4	5-氟尿嘧啶/卡培他滨	青霉素 V	阿奇霉素	美沙拉嗪*
5	磺胺甲噁唑	他唑巴坦	二甲双胍	奥美拉唑*
6	利托那韦	红霉素*	美沙拉秦*	扑热息痛
7	布洛芬	酮康唑	扑热息痛	梅贝韦林
8	利多卡因	环丙沙星*	苯妥英钠	柳氮磺吡啶
9	加巴喷丁	土霉素*	N-乙酰-5 氨基水杨酸	可待因
10	洛匹那韦	普萘洛尔	奥美拉唑	氟西汀
11	异丙酚	克霉唑	亚氨醌	阿奇霉素
12	异环磷酰胺	萘普生	霉酚酸	地尔硫卓
13	奥沙西泮	氨氯地平	诺舍特拉林	甲芬那酸
14	氯氮平	文拉法辛	柳氮磺吡啶	雷尼替丁
15	雷特格韦	二甲双胍	雷尼替丁	克拉霉素
16	西酞普兰	炔雌醇	土霉素	特比萘芬
17	哌拉西林	聚维酮碘	高香草酸	二甲双胍

续表

序号	慢性 PNEC/所有营养水平和适当的 AF(Daouk 等[23])	慢性 PNEC/所有营养水平和适当的 AF(Helwig 等[54])	急性 PNEC/低营养水平(Guo 等[40])	慢性 PNEC/低营养水平(Guo 等[40])
18	霉酚酸	硫酸亚铁	羧基斯坦	依托多拉克
19	双氯芬酸	别嘌呤醇	梅贝韦林	羧甲司坦
20	埃法维伦兹	氟西汀	丙醇	阿替洛尔

注：RQ>1 的化合物用星号（*）突出显示。

地表水环境风险系数（RQ_{SW}）的计算结果表明，仅医院部分的环丙沙星就可能对水生生态系统构成高风险（$RQ_{SW}>1$）。通过测量进一步证实了这一观点[53]，并符合之前在瑞士另一家医院获得的结果[57]。抗生素阿莫西林、甲氧苄啶、磺胺甲噁唑、细胞抑制性氟尿嘧啶和抗病毒药利托那韦具有中等风险（$RQ_{SW}>0.1$）。

20 种最优先的化合物与其他研究结果一致（表 4-2）。De Voogt 等[58]将磺胺甲噁唑、环丙沙星和布洛芬确定为水循环的优先药物。Escher 等认为利托那韦是一种危险的医药化合物[36]。Helwig 等进行监测后发现，利多卡因、阿莫西林、环丙沙星和磺胺甲噁唑为典型的医药化合物[12]，进入水生生态系统后可能会造成污染[47,59,60]。

甲氧苄啶通常与磺胺甲噁唑联合使用，Valcarcel 等认为这样存在问题[59]。据预测，5-氟尿嘧啶（5-FU）和卡培他滨在欧盟地表水中的浓度较低[61]，但研究者并未将它们结合起来考虑。卡培他滨是一种能够在体内酶转化为 5-FU 的前药，因此应与 5-FU 一起考虑。由于不会大量排放，卡培他滨不在 OPBT 方法的优先化合物之列，但它会对水生物种造成环境风险（$RQ_{SW}=40.2$）。

4.3.3 敏感性分析

对 34 种活性药物成分进行了敏感性分析，以评估与所考虑的不同参数相关的预测风险熵的变化情况：消耗量、排泄因子（F_{excr}）、污水处理厂的去除效率（R）、医院用水量和 PNEC 值[23]。一般而言，F_{excr} 和生态毒理学数据（PNEC 值）可能影响大多数 RQ 的最终值，而活性药物成分消耗量（M）和 R 的影响较小，用水量的影响较小。实际上，随着排泄因子的变化，RQ 值变化高达一个数量级；而随着 PNEC 值的不确定性，RQ 值变化高达三个数量级[23]。在本研究的案例中，细胞抑制剂和抗病毒药物的排泄因子以及细胞抑制剂和抗生素的 PNEC 值是不确定的。活性药物成分月消耗量的变化对 RQ 值的影响是显著相关的：高消耗的活性药物成分如消炎药（布洛芬）或镇痛药

（扑热息痛）表现出比最不常用的细胞抑制药（甲氨蝶呤、表阿霉素）低得多的变化。最后，根据最坏情况（M 和 F_{excr} 取最大值，V、R、PNEC 取最小值），5 种化合物显示高风险，4 种化合物显示出中等风险，而根据平均情况，1 种化合物显示出高风险，5 种化合物显示出中等风险。

4.3.4 讨论

4.3.4.1 方法比较

使用不同方法对日内瓦大学医院活性药物成分消耗量研究而得到的最优先化合物比较表明，3 种药物（40%）是被三种不同方法同时检出，此外有 12 种药物（60%）是被至少两种方法所检出。ERA 方法更强调抗生素（前 5 名中有 4 种），而 PBT 排名更多的是非甾体消炎药（前 5 名中有 3 种）。这种差异可以解释为 ERA 没有考虑生物累积潜力。此外，27 种物质的 PNEC 值不可用，因此，在 ERA 中没有考虑这种情况。我们认为这两种方法是互补的，应进行综合评价。一种可能的做法是增加 OPBT 和 ERA 方法的等级。在本研究中，非甾体消炎药布洛芬成为最优先的化合物，双氯芬酸、甲芬那酸、抗抑郁药舍曲林和抗生素磺胺甲噁唑排在前 5 位[23]。抗病毒药物（利托那韦和雷特格拉韦）、镇痛药（利多卡因和丙泊酚）和抗生素（甲氧苄啶、阿莫西林、环丙沙星和甲硝唑）也被两种方法同时列入前 20 名。据 Al-Aukidy 等报道，9 种化合物（布洛芬、扑热息痛、双氯芬酸、环丙沙星、磺胺甲噁唑、甲氧苄啶、甲硝唑、美托洛尔和卡马西平）至少已经在两项不同的研究中被列为优先化合物[48]。

值得强调的是，这些优先顺序有一些缺点：它们只处理消耗最多的药物（>1kg/年）；许多 PNEC 和 $\log K_{ow}$ 值是通过 QSAR 模型获得的，排泄因子固定为平均值。然而，尽管这是一种理论上的方法，但重点关注的优先化合物——非甾体消炎药、抗病毒药物、抗抑郁药舍曲林、镇静药异丙酚和/或抗生素磺胺甲噁唑、甲氧苄啶、环丙沙星和阿莫西林与之前的研究结果一致[11,14,26,36]。

4.3.4.2 与其他研究比较

此后，将 ERA 方法得到的优先化合物与医院中使用 ERA 方法得到的其他优先排序的结果进行比较（表 4-2）。总之，根据我们从日内瓦大学医院的中心药房获得的消耗数据，32 种活性药物成分的危险系数（HQ_{HWW}）>1[23]。然而，考虑到地表水中的稀释度，只有抗生素环丙沙星的危险系数大于 1。当考虑到城市和医院的消耗时，15 种被测的活性药物成分中有 7 种 RQ>1，分别为环丙沙星、布洛芬、哌拉西林、甲芬那酸、双氯芬酸、加巴喷丁和磺胺甲噁唑[53]。

Helwig 等[54]从苏格兰医院和社区药房获得消耗数据，考虑到城市和医院的消耗，9 种抗生素的 RQ 均大于 1，包括阿莫西林、哌拉西林、氟氯西林、青霉素 V、他唑巴坦、红霉素、酮康唑、环丙沙星和土霉素（表 4-2）。这并不奇怪，在过去十年中抗菌药物的 PNEC 值很低[54]。此外，他们还观察到，医院对一半 RQ 大于 1 的活性药物成分的贡献率很高。

Guo 等[40]分析了英国（英格兰、苏格兰和威尔士）社区或医院使用的 146 种活性药物成分，分别计算了其在不同环境区间的暴露比率（PEC）和对不同营养水平（PNEC）活生物体的危害。还邀请了 40 名国际专家鉴定使用率低但可能引起高度关注的化合物。专家判断排除了碳酸钙、硫酸亚铁等 12 种使用量大但不属于本项目研究范围的物质（表 4-1）。他们为水生生态系统鉴定了 13 种 RQ 大于 1 的化合物。这些化合物主要是抗生素（阿莫西林、克拉霉素、环丙沙星、阿奇霉素）、消炎药（双氯芬酸、美沙拉嗪）、降糖药（二甲双胍）、抗抑郁药（阿米替林）、阿托伐他汀及其代谢物、奥美拉唑和雌二醇（表 4-2）。

尽管由于所用参数的差异，这种比较应谨慎考虑，但它允许优先活性药物成分的补充鉴定包括抗生素（环丙沙星、阿莫西林、哌拉西林、阿奇霉素）、消炎药（双氯芬酸、美沙拉嗪）、激素雌二醇和降糖药二甲双胍。然而，环丙沙星是这三项研究中唯一被鉴定认为存在很大问题的化合物。

4.4 结论和观点

尽管各国和医院之间普遍存在差异，但根据文献和日内瓦的案例研究，本研究确定以下关于医院药品优先排序的五个关键问题。

(1) 访问消耗数据　尽管消耗数据的可用性和质量在过去几年有所改善，但由于数据处理和转换的烦琐，仍然存在许多不确定性[54]。值得注意的是，医院不太可能提供他们的消耗数据，这些数据是以他们的用药量进行计算的，可用性通常是有限的。此外，由于存在许多不同的药物处方制度，因此每个医院的处方药清单可能有所不同。事实上，至少在瑞士，专家委员会经常对药物清单进行评估，并选择允许的候选药物。

(2) 消耗数据的质量和处理　为了提取可用于活性药物成分优先级划分和/或环境风险评估的数据，需要烦琐而耗时的操作。事实上，药物数据并不容易满足环境评估的需要，而且转化为单位时间活性成分克数也不容易。

(3) 专家判断　专家用于化合物选择和排除的标准在确定优先顺序之前或之后是有很大变化的［先前强调突出化合物、之后环境测量浓度（MEC）

等］，从而在已确定的优先化合物列表中导致一些重大差异。

（4）与 PEC 模型相关的不确定性　当应用于医疗废水和地表水时，PEC 模型可以在监测活动的选择过程中提供帮助，并允许计算风险熵，但它们有很强的局限性或相关的不确定性。

① 100% 消耗假设。交付的数据是完全消耗量的假设是导致不确定性的原因之一。此外，消耗量的季节性变化很难考虑，而且对于抗生素等化合物来说，会对浓度产生强烈影响[62]。

② 废水量。正如我们所讨论的，水的消耗量通常被认为等于废水量，但事实并非总是如此。此外，当测量废水量时，测量技术也有较大的不确定性[52,53]。

③ 排泄因子。人体的新陈代谢对每个人是完全不同的，人体对活性药物成分的代谢在不同病人身上是不可复制的。因此，应考虑到排泄因子值是具有高度内在不确定性的平均值。Verlicchi 和 Zambello[52]将排泄因子作为不确定性的主要来源，并通过对所述案例研究的敏感性分析进行了确定。

④ 当地稀释系数。对医疗废水排放到城市污水，医疗废水排放到地表水，以及 ERA 方法的相关不确定性，使用的稀释速率通常无法根据当地水文条件进行适当计算。

⑤ 降解。物质在通过城市污水管网和地表水运输过程中，通常被认为是保守的传质，以及少数可用的污水处理厂去除率相关数据的极大变化性，都是导致不确定性的原因。

（5）危害/风险评估质量　虽然近几年来生态毒理学数据的可得性和质量有所提高，但仍存在许多不足，导致在 PNEC 计算中存在较大的不确定性。事实上，由于它们的计算方式，PNEC 值很可能是高度可变的，与风险熵相关的不确定性高度依赖于这些 PNEC 值。本书案例研究的敏感性分析强调了这一点。

因此，应用于医院的优先排序方法在实践中可能很难运用，而且上面详述的许多不确定因素都与上述不同问题有关。尽管如此，当处理现在使用的大量活性药物成分时，优先排序方法是必不可少的过程。它们确实允许从理论上确定每种药品对环境的威胁程度，并为监测项目建立优先物质清单。因此，优先排序方法有助于为监管和监督目的制定活性药物成分环境政策。

未来，关于医院使用的活性药物成分的优先排序方法肯定会越来越多。然而，生态药物警戒是一个相对较新的研究领域，在方法上必须适应水质监测的新挑战。活性药物成分残留物的环境风险评估研究确实必须考虑长期暴露在亚急性水平的风险，以及水生态系统中污染混合物的风险。此外，人们普遍强调原生化合物和对水生生物的风险，而很少考虑代谢物和土壤或沉积物的风险。以生物技术为基础的药物（单克隆抗体和疫苗）的最新发展必将导致一些方法上的调整。因此,随着绿色药品的发展,欧盟药品评估局(EMEA)提出的欧盟指南的更新将是必要的。

致谢: 在此感谢日内瓦大学医院(HUG)的 R. Aebersold、P. Bonnabry、P. Dayer、A. Perrier 和 A. Samson,以及日内瓦州水生态服务中心(SECOE)的 M. Enggist 和 F. Pasquini 在该项目中的支持。

参考文献

[1] Daughton CG, Ternes TA (1999) Pharmaceuticals and personal care products in the environment: agents of subtle change? Environ Health Perspect 107(Suppl 6):907-938

[2] Kümmerer K (2010) Pharmaceuticals in the environment. Annu Rev Environ Resour 35:57-75

[3] Santos LHMLM, Araújo AN, Fachini A, et al (2010) Ecotoxicological aspects related to the presence of pharmaceuticals in the aquatic environment. J Hazard Mater 175:45-95

[4] Fent K, Weston AA, Caminada D (2006) Ecotoxicology of human pharmaceuticals. Aquat Toxicol 76:122-159

[5] Hoeger B, Kollner B, Dietrich DR, et al (2005) Water-borne diclofenac affects kidney and gill integrity and selected immune parameters in brown trout (Salmo trutta f. fario). Aquat Toxicol (Amsterdam, Netherlands) 75:53-64

[6] Daughton CG (2003) Cradle-to-cradle stewardship of drugs for minimizing their environmental disposition while promoting human health. II. Drug disposal, waste reduction, and future directions. Environ Health Perspect 111:775-785

[7] Götz C, Stamm C, Fenner K, et al (2010) Targeting aquatic microcontaminants for monitoring: exposure categorization and application to the Swiss situation. Environ Sci Pollut Res 17:341-354

[8] Michael I, Rizzo L, Mcardell CS, et al (2013) Urban wastewater treatment plants as hotspots for the release of antibiotics in the environment: a review. Water Res 47:957-995

[9] Richardson ML, Bowron JM (1985) The fate of pharmaceutical chemicals in the aquatic environment. J Pharm Pharmacol 37:1-12

[10] Kümmerer K (2001) Drugs in the environment: emission of drugs, diagnostic aids and disinfectants into wastewater by hospitals in relation to other sources-a review. Chemosphere 45:957-969

[11] Le Corre KS, Ort C, Kateley D, et al (2012) Consumption-based approach for assessing the contribution of hospitals towards the load of pharmaceutical residues in municipal wastewater. Environ Int 45:99-111

[12] Helwig K, Hunter C, Maclachlan J, et al (2013) Micropollutant point sources in the built environment: identification and monitoring of priority pharmaceutical substances in hospital effluents. J Environ Anal Toxicol 3:177

[13] Mullot J-U (2009) Modélisation des flux de médicaments dans les effluents hospitaliers, vol 11. Faculté de Pharmacie de Chatenay-Malabry, Paris-Sud, p 334. http://www.lspe.upsud.fr/These%20Ju%20Mullot.pdf. Accessed Feb 2017

[14] Santos LHMLM, Gros M, Rodriguez-Mozaz S, et al (2013) Contribution of hospital efflu-

[15] Boxall AB, Rudd MA, Brooks BW, et al (2012) Pharmaceuticals and personal care products in the environment: what are the big questions? Environ Health Perspect 120: 1221-1229

[16] Hughes SR, Kay P, Brown LE (2013) Global synthesis and critical evaluation of pharmaceutical data sets collected from river systems. Environ Sci Technol 47: 661-677

[17] Donnachie RL, Johnson AC, Sumpter JP (2016) A rational approach to selecting and ranking some pharmaceuticals of concern for the aquatic environment and their relative importance compared with other chemicals. Environ Toxicol Chem/SETAC 35: 1021-1027

[18] Oldenkamp R, Huijbregts MJ, Hollander A, et al (2013) Spatially explicit prioritization of human antibiotics and antineoplastics in Europe. Environ Int 51: 13-26

[19] Oldenkamp R, Huijbregts MA, Ragas AM (2016) The influence of uncertainty and locationspecific conditions on the environmental prioritisation of human pharmaceuticals in Europe. Environ Int 91: 301-311

[20] Kim Y, Jung J, Kim M, et al (2008) Prioritizing veterinary pharmaceuticals for aquatic environment in Korea. Environ Toxicol Pharmacol 26: 167-176

[21] Wang N, Guo X, Shan Z, et al (2014) Prioritization of veterinary medicines in China's environment. Hum Ecol Risk Assess Int J 20: 1313-1328

[22] Booker V, Halsall C, Llewellyn N, et al (2014) Prioritising anticancer drugs for environmental monitoring and risk assessment purposes. Sci Total Environ 473-474: 159-170

[23] Daouk S, Chevre N, Vernaz N, et al (2015) Prioritization methodology for the monitoring of active pharmaceutical ingredients in hospital effluents. J Environ Manag 160: 324-332

[24] De Jongh CM, Kooij PJF, De Voogt P, et al (2012) Screening and human health risk assessment of pharmaceuticals and their transformation products in Dutch surface waters and drinking water. Sci Total Environ 427-428: 70-77

[25] EMEA (2006) Guideline on the environmental risk assessment of medicinal products for human use. European Medicines Agency, London, p. 12

[26] Besse J-P, Garric J (2008) Human pharmaceuticals in surface waters: implementation of a prioritization methodology and application to the French situation. Toxicol Lett 176: 104-123

[27] Jean J, Perrodin Y, Pivot C, et al (2012) Identification and prioritization of bioaccumulable pharmaceutical substances discharged in hospital effluents. J Environ Manag 103: 113-121

[28] Ortiz De Garcia S, Pinto GP, Garcia-Encina PA, et al (2013) Ranking of concern, based on environmental indexes, for pharmaceutical and personal care products: an application to the Spanish case. J Environ Manag 129: 384-397

[29] Perazzolo C, Morasch B, Kohn T, et al (2010) Occurrence and fate of micropollutants in the Vidy Bay of Lake Geneva, Switzerland. Part I: Priority list for environmental risk assessment of pharmaceuticals. Environ Toxicol Chem/SETAC 29: 1649-1657

[30] Coutu S, Rossi L, Barry DA, et al (2012) Methodology to account for uncertainties and tradeoffs in pharmaceutical environmental hazard assessment. J Environ Manag 98: 183-190

[31] Christen V, Hickmann S, Rechenberg B, et al (2010) Highly active human pharmaceuticals in aquatic systems: a concept for their identification based on their mode of action. Aquat Toxicol 96: 167-181

[32] Morais SA, Delerue-Matos C, Gabarrell X (2014) An uncertainty and sensitivity analysis

[33] applied to the prioritisation of pharmaceuticals as surface water contaminants from wastewater treatment plant direct emissions. Sci Total Environ 490:342-350

[33] Wennmalm Å, Gunnarsson B (2009) Pharmaceutical management through environmental product labeling in Sweden. Environ Int 35:775-777

[34] Sangion A, Gramatica P (2016) PBT assessment and prioritization of contaminants of emerging concern: pharmaceuticals. Environ Res 147:297-306

[35] Pavan M, Worth AP (2008) Publicly-accessible QSAR software tools developed by the Joint Research Centre. SAR QSAR Environ Res 19:785-799

[36] Escher BI, Baumgartner R, Koller M, et al (2011) Environmental toxicology and risk assessment of pharmaceuticals from hospital wastewater. Water Res 45:75-92

[37] Orias F, Perrodin Y (2013) Characterisation of the ecotoxicity of hospital effluents: a review. Sci Total Environ 454-455:250-276

[38] European Commission E (2003) Technical guidance document on risk assessment. TGD part II. European Chemical Bureau, Institute for Health and Consumer Protection, Ispra

[39] Mansour F, Al-Hindi M, Saad W, et al (2016) Environmental risk analysis and prioritization of pharmaceuticals in a developing world context. Sci Total Environ 557-558:31-43

[40] Guo J, Sinclair CJ, Selby K, et al (2016) Toxicological and ecotoxicological risk-based prioritization of pharmaceuticals in the natural environment. Environ Toxicol Chem/SETAC 35:1550-1559

[41] Carvalho RN, Ceriani L, Ippolito A et al(2015)Development of the first watch list under the environmental quality standards directive. In: Sustainability EEJRCIfEa. Publications Office of the European Union, Luxembourg, p 166

[42] Kümmerer K (2009) Antibiotics in the aquatic environment-a review-part I. Chemosphere 75:417-434

[43] Czekalski N, Berthold T, Caucci S, et al (2012) Increased levels of multiresistant bacteria and resistance genes after wastewater treatment and their dissemination into Lake Geneva, Switzerland. Front Microbiol 3:106

[44] Laffite A, Kilunga PI, Kayembe JM et al (2016) Hospital effluents are one of several sources of metal, antibiotic resistance genes, and bacterial markers disseminated in Sub-Saharan urban rivers. Front Microbiol 7:1128. doi:10. 3389/fmicb. 2016. 01128. Accessed Feb 2017

[45] Besse J-P, Kausch-Barreto C, Garric J (2008) Exposure assessment of pharmaceuticals and their metabolites in the aquatic environment: application to the French situation and preliminary prioritization. Hum Ecol Risk Assess Int J 14:665-695

[46] Bonvin F, Chèvre N, Rutler R, et al (2012) Pharmaceuticals and their human metabolites in Lake Geneva: occurrence, fate and ecotoxicological relevance. Arch Sci 65:143-155

[47] Orias F, Perrodin Y (2014) Pharmaceuticals in hospital wastewater: their ecotoxicity and contribution to the environmental hazard of the effluent. Chemosphere 115:31-39

[48] Al Aukidy M, Verlicchi P, Voulvoulis N (2014) A framework for the assessment of the environmental risk posed by pharmaceuticals originating from hospital effluents. Sci Total Environ 493:54-64

[49] Besse JP, Latour JF, Garric J (2012) Anticancer drugs in surface waters: what can we say about the occurrence and environmental significance of cytotoxic, cytostatic and endocrine therapy drugs? Environ Int 39:73-86

[50] Weissbrodt D, Kovalova L, Ort C, et al (2009) Mass flows of X-ray contrast media and cytostatics in hospital wastewater. Environ Sci Technol 43:4810-4817

[51] Mcardell C, Kovalova L, Siegrist H, et al (2011) Input and elimination of pharmaceuticals

[52] Verlicchi P, Zambello E (2016) Predicted and measured concentrations of pharmaceuticals in hospital effluents. Examination of the strengths and weaknesses of the two approaches through the analysis of a case study. Sci Total Environ 565: 82-94

[53] Daouk S, Chevre N, Vernaz N, et al (2016) Dynamics of active pharmaceutical ingredients loads in a Swiss university hospital wastewaters and prediction of the related environmental risk for the aquatic ecosystems. Sci Total Environ 547: 244-253

[54] Helwig K, Hunter C, Mcnaughtan M, et al (2016) Ranking prescribed pharmaceuticals in terms of environmental risk: inclusion of hospital data and the importance of regular review. Environ Toxicol Chem/SETAC 35: 1043-1050

[55] Ortelli D, Edder P, Rapin F et al (2011) Métaux et micropolluants organiques dans les rivières et les eaux du Léman. Rapp Comm Int Prot Eaux Léman contre Pollut (CIPEL) Campagne 2010: 65-86

[56] Verlicchi P, Al Aukidy M, Galletti A, et al (2012) Hospital effluent: investigation of the concentrations and distribution of pharmaceuticals and environmental risk assessment. Sci Total Environ 430: 109-118

[57] Chèvre N, Coutu S, Margot J, et al (2013) Substance flow analysis as a tool for mitigating the impact of pharmaceuticals on the aquatic system. Water Res 47: 2995-3005

[58] De Voogt P, Sacher F, Janex-Habibi M, et al (2008) Development of an international priority list of pharmaceuticals relevant for the water cycle. Water Sci Technol 59: 39-46

[59] Valcarcel Y, Gonzalez Alonso S, Rodriguez-Gil JL, et al (2011) Detection of pharmaceutically active compounds in the rivers and tap water of the Madrid Region (Spain) and potential ecotoxicological risk. Chemosphere 84: 1336-1348

[60] Verlicchi P, Al Aukidy M, Zambello E (2012) Occurrence of pharmaceutical compounds in urban wastewater: removal, mass load and environmental risk after a secondary treatment-a review. Sci Total Environ 429: 123-155

[61] Johnson AC, Oldenkamp R, Dumont E, et al (2013) Predicting concentrations of the cytostatic drugs cyclophosphamide, carboplatin, 5-fluorouracil, and capecitabine throughout the sewage effluents and surface waters of Europe. Environ Toxicol Chem 32: 1954-1961

[62] Coutu S, Wyrsch V, Wynn HK, et al (2013) Temporal dynamics of antibiotics in wastewater treatment plant influent. Sci Total Environ 458-460: 20-26

第5章

医疗废水中造影剂、细胞抑制剂和抗生素的存在及风险

Carlos Escudero-Oñate, Laura Ferrando-Climent, Sara Rodríguez-Mozaz, and Lúcia H. M. L. M. Santos

摘要：过去的20年间，水体中药物活性化合物（PhACs）的存在引发了越来越多的关注，被广泛认为是一个新兴的环境问题。为了应对这一威胁，监管机构和欧盟委员会实施了 PhACs 环境风险评估（ERA）的监管框架。医院排放的抗生素耐药体和大量病原体是城市环境系统中药物成分的主要来源之一。尽管污水通常被收集并输送到污水处理厂，但后续各种药物成分被排放到环境中，证明这些设施中采用的常规处理方法并不完全有效。本章探讨了医疗废水中三种常见药物类别：细胞抑制剂、抗生素和造影剂的存在及其环境风险。

关键词：抗生素；抗生素耐药性；造影剂；细胞抑制剂；医院；风险评估。

目 录

5.1 引言
5.2 造影剂的存在情况
  5.2.1 碘系造影剂
  5.2.2 钆系造影剂
5.3 细胞抑制剂的存在情况
5.4 抗生素的存在情况
  5.4.1 氟喹诺酮类抗生素
  5.4.2 大环内酯类抗生素
  5.4.3 磺胺类抗生素
  5.4.4 四环素类抗生素
  5.4.5 β-内酰胺类抗生素
  5.4.6 林可酰胺类抗生素

  5.4.7 其他抗生素
5.5 风险评估
  5.5.1 抗生素耐药性
5.6 小结
参考文献

5.1　引言

  环境中的药物活性化合物（PhAC）如抗生素、止痛药和精神病药物等，对水质是一种严重威胁[1~9]。作为一种新兴污染物（CEC），近几十年来 PhAC 引起了全球科学界的关注。目前只有很少的法规涉及这类微量污染物在环境中的排放问题。目前正在努力制定新的政策以解决环境中 PhAC 不断产生的问题，并为控制这些物质的排放建立一个框架。欧盟在 2015 年 3 月 20 日第 2015/495 号决定下的第 2008/105/EC 号指令中，制定了一份用于欧盟的污染物监控清单，将那些具有重大风险的物质列入优先污染物控制清单[10]。在该清单中可以看到一些大环内酯类抗生素，如红霉素或非甾体抗炎药（NSAID）双氯芬酸。对 PhAC 的环境归宿和环境影响进行的严格评估将有助于将来法规的实施，并可成为一种有效的水质管理方法。

  众所周知，医院是城市污水中微量污染物（尤其是药物成分）的重要来源[7,9,11-23]。医院定期向城市下水道排放大量化合物，包括活性药物及其代谢物、化学物质、重金属、消毒剂和灭菌剂、个人护理产品、内分泌干扰物质、内窥镜和其他仪器的专用洗涤剂、放射性标记物如碘造影剂[8]，甚至可能包含非法药物。

  传统的污水处理技术只能部分地去除污水中的污染物，而对一些污染物甚至没有去除效果[6,12,24-30]。这类污染物在水环境中会对自然生命构成威胁，这是十分令人担忧的[4,5,31]。虽然化工生产、医药制造和冶金等工业部门的污水在排入城市下水道系统之前经过了工厂污水处理系统处理，但没有强制要求医院对其污水进行专门的预处理。而事实上医疗废水属于有毒有害污水，因此在进入城市下水道系统之前，也应先在医院进行处理[7]。

  本章介绍了医疗废水中常见的三类重要药物：抗生素、细胞抑制剂和造影剂的存在情况，还讨论了它们排入水环境中后可能产生的环境影响。

5.2　造影剂的存在情况

  造影剂是一种含碘、钡或钆等化合物的物质，可用于在医疗成像诊断。其基本原理是：这些药剂可增大目标解剖结构与周围环境对辐射吸收的差异。这些物质广泛应用于医疗诊断过程中的身体组织可视化,特别是显示出难以确定的两个相邻组织与血液或其他生理液体接触的组织之间的界面。造影剂具有许多功能,包括提高计算机断层扫描的灵敏度,增强组织间的分化,提供特定的生化信息,以及评估组织和器官的功能表现[32]。

与用于治疗目的的药物相反,造影剂为无生物活性物质。因此到目前为止,人们认为它们几乎没有生态毒性。

5.2.1 碘系造影剂

自 20 世纪 50 年代初开始使用三碘苯衍生物以来,碘系造影剂的用量一直高于任何其他造影剂[33]。全球医院在一年的时间里大约会进行超过 6 亿次的 X 射线检查,其中约 7500 万次会使用碘系造影剂[34]。这类分子之所以能在 X 射线中成像,主要是由于碘的独特性质:碘元素的原子序数很高,因此比生物组织的 X 射线衰减程度更高。大多数碘系造影剂是中性或带负电的,容易与生物结构建立相互作用。目前使用的碘系造影剂主要有四种[33]。

(1) 离子单体 单环三碘化苯,带有含苯取代基的羧酸盐(碘酞酸盐、泛影酸盐)。

(2) 离子二聚体 2 个连在一起的三碘化苯环,其中至少 1 个含羧酸基团被至少 1 个苯环(碘克酸)取代。

(3) 非离子单体 单环三碘化苯,不含羧基苯取代基(碘海醇、碘普罗胺、碘佛醇、碘伯醇、碘昔兰)。

(4) 非离子二聚体 2 个连在一起的三碘化苯环,在任何苯取代基(碘化钠)中不含羧酸官能团。

尽管这些物质在医院设施中大量使用,但有关其产生和排放的研究至今仍然很少。

Weissbrodt 等[22]在瑞士一家医院进行了碘系造影剂的物质流分析。发现造影剂的总排放量为 255~1259g/d,日间变化较大,并在放射治疗量最大的当天达到极大值。作者认为,基于医院对碘系造影剂的严格管理,放射治疗设施可能是造影剂污染水环境的主要来源之一。

Kuroda 等[35]开发了一个模型,用于预测瑞士污水处理厂和河流中几种药物化合物的质量流量和浓度。作者发现瑞士每年药物的总消耗量为 16064kg,其中包括泛影葡胺、碘比醇、碘海醇、碘美普尔、碘帕醇、碘普罗胺和碘羟拉酸。

5.2.2 钆系造影剂

镧系造影剂由于其独特的磁学特性而被广泛应用于核磁共振成像(MRI)中。

在镧系元素中，应用最广泛的元素是钆（Gd）。然而，这种阳离子的游离形式是有剧毒的，部分原因是其与 Ca^{2+} 半径相似（Gd^{3+} 为 0.099nm；Ca^{2+} 为 0.100nm）[32]。由于只有 1% 的差异，Gd^{3+} 可以与 Ca^{2+} 竞争并影响多种生理过程。许多镧系元素如钆能与不同的多胺羧酸形成高度稳定的无毒螯合型配合物[32,36]。

造影剂通常是高浓度的（0.5～1.0mol/L），因此，每次使用时平均约有 1.2g 钆用于典型 MRI 患者，这导致环境中人为的钆排放量非常高[36]。值得注意的是，目前修订的文献指出，在 MRI 中作为造影剂所使用的钆是迄今为止该金属排入环境中最主要的人为来源。

Kümmerer 和 Helmers[37] 进行的一项研究表明，一家德国医院每年钆的总排放量为 2.1～4.2kg，理论上其污水中的钆浓度为 8.5～30.1μg/L。作者根据柏林市 MRI 仪的数量，估算了柏林市每年钆的环境排放量约为 67.7kg。从柏林和德国总人口数之比推断，德国每年的钆总排放量为 1355kg。

Künnemeyer 等[36] 探讨了德国医疗废水和城市污水处理厂不同单元中钆螯合物的存在情况。患者在医院中心大楼的放射科接受检查，然后被送回位于双塔楼的病房。作者测量了双塔楼中两楼各自的造影剂浓度，结果表明造影剂的浓度分别为 0.10μg/L（低于作者使用的 HILIC/ICP-MS 法的检测限）和 3.30μg/L。另一项在瑞士一家医院进行的研究中，Kuroda 等[35] 估计出每年钆的排放量为 157kg。

Goulle 等[13] 利用电感耦合等离子体质谱技术对法国一家医院医疗废水中的多种金属进行监测，以量化其排放对城市污染的影响。作者对污水中的金属进行了 29 天的跟踪研究，发现其浓度在工作日和非工作日存在显著差异。在工作日内，钆的平均浓度为 3.25μg/L，在非工作日内，钆的浓度降至 0.21μg/L，29 天内的平均浓度为 2.44μg/L。作者还对污水处理厂的污水中钆的浓度进行检测，发现钆在污水处理系统去除效果很不理想。超过 88% 的城市污水中的钆没有被去除，而是通过塞纳河排放到环境中。经统计，该医院每年有 4kg 以上的钆排进河流中。

5.3 细胞抑制剂的存在情况

癌症患者的大量增加导致了药物消耗量的增加，可以预见在未来几年内该类物质向环境的排放量会快速增长。

化疗药物是一类用于治疗癌症的特殊化合物。这类药物通常被称为抗癌药物或细胞抑制剂，这些物质已被证明在生物体中具有强大的细胞毒性、遗传毒性、致突变性、致癌、内分泌干扰和致畸作用，这是因为这些药物主要是通过干扰 DNA 合成来破坏或阻止细胞增殖的。化疗使用强有力的化学物质杀死体内快速生长的细胞，这些物质可以单独或联合使用来治疗多种癌症疾病。

细胞抑制剂包括许多属于不同化学家族的化合物。根据作用方式、化学结构、与其他药物的关系以及是否是天然来源等因素，可以将它们分为不同类别。例如，一些抗癌药物尽管其作用方式有所不同，但是因为它们来自同一种草本植物，可以被归类在一起。

根据不同医疗卫生组织（世界卫生组织、西班牙医院药学学会、梅奥医学中心、美国癌症协会和欧盟癌症研究协会）的规定，细胞抑制剂按作用方式可分为十类：

① 烷基化剂（环磷酰胺、氯霉素、异环磷酰胺、顺铂、卡铂、达卡巴嗪、丙卡巴肼等）；

② 抗代谢药（阿糖胞苷、替加氟、氟尿苷、氮杂胺、硫鸟嘌呤、咪唑硫嘌呤、甲氨蝶呤、5-氟尿嘧啶等）；

③ 抗肿瘤抗生素（博来霉素、丝裂霉素C、环丙沙星、柔红霉素、阿霉素、表阿霉素等）；

④ 拓扑异构酶抑制剂（拓扑替康、伊立替康、依托泊苷、替尼泊苷等）；

⑤ 有丝分裂抑制剂（长春新碱、紫杉醇、多西他赛等）；

⑥ 皮质类固醇（泼尼松、甲基强的松龙等）；

⑦ 其他化疗药物（L-天冬酰胺酶）；

⑧ 激素（氟维司群、三苯氧胺、阿那曲唑、甲地孕酮等）；

⑨ 抗肿瘤抗反转录病毒药物（利托那韦、沙奎那韦、印地那韦、奈非那韦和阿扎那韦）；

⑩ 免疫治疗药物（利妥昔单抗、阿仑单抗、沙利度胺、来奈度胺等）。

针对化疗相关的最新科学进展，主要是基于更具针对性的治疗方案研究，或者是基于癌症疾病的预防。然而，本章中描述的许多传统药物，由于其在大量癌症治疗中的良好效果，到目前为止仍大量使用。

有关环境中细胞抑制剂的研究非常新颖，此前少有研究者对此进行研究[12,23,24,26,27,29,37-45]。研究发现，污水和自然样本中的细胞抑制剂浓度与其他常见药物相比是非常低的。迄今为止，文献报道的大多数研究都是针对污水开展的，特别是处理作为这些微量污染物相关潜在来源的医疗废水。

表5-1总结了文献中这些药物在医疗废水中的数据。没有发现这些化合物在地表水、地下水、饮用水、活性污泥和天然沉积物中的信息。只有15项研究报告了医疗废水中抗癌药物的排放情况。其中西班牙5项、德国3项、中国2项、法国2项、瑞士1项、英国1项和奥地利1项。大多数研究都对其中一种或两种化合物进行了评估。Yin等（2009年）在中国21家医院的排水中检测出6种抗癌化合物[47]。Ferrando-Climent等[24]研究了10种典型的细胞抑制剂在西班牙医疗废水中的存在情况。Ferrando-Climent和他的同事利用相关分析方法在从医院至污水处理厂最后直到地表水的城市污水系统中跟踪了10种药物的行为[12,24]。Negereira

等[21]评估了西班牙市政和医疗废水中13种抗癌药物和4种代谢物的存在情况。

在西班牙，环磷酰胺和异环磷酰胺是研究最多的抗癌药物，也是消耗最多的抗癌药物[54]。城市污水和医疗废水中环磷酰胺的含量分别为6～143ng/L和19～4500ng/L（表5-1）[42,43,48]。由于可用的研究数量有限导致浓度范围较宽，这与相对低消耗药物在污水浓度的可变性相一致。只有极少数情况下，一些抗癌药物才被检测出相对较高的浓度水平，如在医疗废水中检测到5-氟尿嘧啶浓度高达124000ng/L[50]。而Ferrando-Climent等分析的几乎所有医院样本中都发现了三苯氧胺，其浓度范围为26～970ng/L[11,12,24]。

表5-1 医疗废水中细胞抑制剂的研究进展

细胞抑制剂	浓度/(ng/L)	国家	床位数/个	参考文献
阿那曲唑	0.3～3.7	中国	n.a.	[46]
硫唑嘌呤	15	中国	n.a	[47]
	19～187	西班牙	400	[24]
	blq～188	西班牙	400	[12]
环磷酰胺	146	德国	n.a.	[43]
	19～4500	德国	n.a.	[42]
	30～900	法国	n.a.	[48]
	5300	西班牙	n.a.	[41]
	6～2000	中国	n.a	[47]
	25～200	西班牙	400	[24]
	36～43	西班牙	400	[12]
羧磷酰胺	TI	西班牙	400	[24]
铂化合物①	3000～250000	奥地利	n.a.	[18]
	350	法国	n.a	[13]
	1700	奥地利	n.a.	[49]
	<30	法国	n.a.	[48]
柔红霉素	<60	奥地利	n.a.	[50]
多西他赛	nd～175	西班牙	400	[24]
	nd～79	西班牙	400	[12]
阿霉素	260～1350	奥地利	n.a.	[50]
阿霉素醇	<10	中国	n.a.	[47]
依托泊苷	5～380	中国	n.a.	[47]
	110～300	法国	n.a.	[48]
	nd～83	西班牙	400	[24]
	nd～714	西班牙	400	[12]

续表

细胞抑制剂	浓度/(ng/L)	国家	床位数/个	参考文献
5-氟尿嘧啶	8600~124000	奥地利	n.a.	[51]
	<5.0~27	瑞士	n.a.	[52]
	20000~122000	奥地利	n.a.	[50]
2,2'-二氟脱氧尿苷(m)	<9.0~840	瑞士	n.a.	[52]
吉西他滨	<0.9~38	瑞士	n.a.	[52]
异环磷酰胺	24	德国	n.a.	[43]
	6~1914	德国	n.a.	[27]
	4~10647	中国	n.a.	[47]
	blq	西班牙	400	[24]
	nd~228	西班牙	400	[12]
来曲唑	0.20~2.38	中国	n.a.	[46]
甲氨蝶呤	1000	英国	n.a.	[53]
	2~4689	中国	n.a.	[47]
	nd~23	西班牙	400	[24]
	nd~19	西班牙	400	[12]
紫杉醇	nd~99	西班牙	400	[24]
	blq~100	西班牙	400	[12]
羟基紫杉醇	TI	西班牙	400	[24]
	nd	西班牙	n.a.	[21]
甲苄肼	<5	中国	n.a.	[47]
三苯氧胺	0.2~8.2	中国	n.a.	[46]
	26~94	西班牙	400	[24]
	36~170	西班牙	400	[12]
	45~970	西班牙	400	[11]
羟基三苯氧胺(m)	blq	西班牙	n.a.	[21]
	TI	西班牙	400	[24]
4,4'-二羟基去甲基三苯氧胺(m)	TI	西班牙	400	[24]
长春新碱	<20	中国	n.a.	[47]
	blq~49	西班牙	400	[24]
	blq	西班牙	400	[12]

① 这类化合物包括几种化合物，如顺铂、卡铂、奥昔洛铂和/或洛巴铂，通常被估计为总铂浓度。

注：nd 表示未检测；n.a. 表示不可用；TI 表示初步鉴定；blq 表示低于定量限；m 表示人类代谢物。

必须强调的是，大多数抗癌药物从未在地表水中进行过分析。只有 Ferrando-Climent 等研究了西班牙东北部特河中 10 种细胞抑制剂的存在情况[12]。

此外，关于人类细胞抑制物代谢物在水环境中的信息存在巨大的差异。到目前为止，只有三项研究报告医疗废水中存在人类代谢物。Ferrando-Climent 等[24]初步确定了西班牙赫罗纳 Trueta 医院医疗废水中的羟基三苯氧胺、4,4'-二羟基去甲基三苯氧胺和羧磷酰胺的存在。Kovalova 等[55]报道了 2,2'-二氟脱氧尿苷（5-氟尿嘧啶的人类代谢物）的浓度为 840ng/L。Negereira 等也报告了紫杉醇和三苯氧胺等人类代谢在污水中的存在[21]。

根据最新的文献资料可以得出的结论是，关于抗癌药物的来源、归宿和存在方面的信息极其缺少。确定污染物的主要来源是医疗废水还是城市污水是一项具有挑战性和艰巨性的任务。事实上，目前还没有一项研究能全面收集到整个城市水循环中具有代表性的抗癌药物的存在情况。由于缺乏适合于环境应用的分析方法，导致缺乏这些化合物在环境中的含量信息[24,47,52]。抗癌药物属于不同的化学物质，开发一种多组分痕量分析方法是一项分析学上的挑战。此外，通常通过昂贵的合成方法生产的化疗药物具有特殊的健康和安全危害，使得大多数环境实验室难以对这些化合物进行常规分析。对分析人员进行细胞毒性处理的培训受到特殊和昂贵的安全条件（细胞毒性处理分析员培训、个人防护设备、生物安全柜或类似类别的防护罩、残留物的特定存放容器等）限制。

5.4 抗生素的存在情况

医疗废水被认为是药物进入城市污水甚至水环境的重要来源[9]。其中，抗生素是医疗废水中最常被检测到的药物之一[7,56,57]，主要是因为其在尿液中，或者偶尔以粪便、代谢物的形式排泄到污水中。

医疗废水中抗生素的存在受到不同因素的影响，如医院规模、床位密度，病房和就诊项目的数量及类型，住院和门诊患者的数量及其临床情况，抗生素处方习惯的差异、国家和季节因素等[9,58,59]。氟喹诺酮、大环内酯类、磺胺类、β-内酰胺类抗生素和林可酰胺类抗生素与甲氧苄啶、甲硝唑等，是医疗废水中最常见的抗生素种类[9]。

通常来说，抗生素在医疗废水中的浓度比城市污水中的浓度高，能达到几百克/升[60~62]。

有多项研究报告了世界各地医疗废水中抗生素的存在情况（表 5-2），然而大多数现有数据涉及发达国家和地区（如欧洲、美国）。环丙沙星、氧氟沙星、克拉霉素、磺胺甲噁唑、甲氧苄啶和甲硝唑等抗生素是医疗废水中最常见的抗生素（表 5-2），其含量分别高达 101μg/L[61]、37μg/L[7]、14μg/L[7]、37.3μg/L[63]、95.1μg/L[63] 和 130.4μg/L[62]。

表 5-2　世界各地医疗废水中抗生素的存在实例

抗生素	浓度/(ng/L)	国家/地区	床位数/个	参考文献
	大环内酯类			
红霉素	1350±2300	美国	250	[59]
	60±40		250	
	20		350~450	
	260±220		350~450	
	80±80		600	
	<5~140	瑞士	346	[75]
	330~520	丹麦	—①	[82]
	<16~1075	葡萄牙	1456	[56]
	n.d.~22.2		350	
	n.d.~913		110	
	47.8~7545		96	
	60~320	意大利	300	[7]
	80~230		900	
	470	韩国②	813~2743	[73]
	261±12	中国	—①	[72]
	13±1		—①	
	10~30	西班牙	75	[78]
	27000(最大值)	德国	—①	[65]
红霉素-H₂O③	2160±3520	美国	250	[59]
	60		250	
	70		350~450	
	20		350~450	
	50±50		600	
	827±47	中国	—①	[72]
	448±65		—①	
	610~840	丹麦	—①	[82]
	83000(最大值)	德国	—①	[65]
阿奇霉素	20.1~59.9	西班牙	400	[68]
	85~113	西班牙	400	[66]

续表

抗生素	浓度/(ng/L)	国家/地区	床位数/个	参考文献
阿奇霉素	139±156	瑞士	346	[15]
	110±180	瑞士	346	[75]
	1600~2500	丹麦	—①	[82]
	1227~7351	葡萄牙	1456	[56]
	89.2~4492		350	
	<25~376		110	
	<25~2665		96	
	<7.4~110	意大利	300	[7]
	45~1040		900	
克拉霉素	22±9	沙特阿拉伯	300	[83]
	78~498	西班牙	1000	[74]
	167.3~941.1	西班牙	400	[68]
	1420±1450	美国	250	[59]
	250±230	西班牙	250	[66]
	630±800		300	
	140±20		350~450	
	10		350~450	
	210±120		600	
	113~973		400	
	2555±1558	瑞士	346	[15]
	1280±840	瑞士	346	[75]
	1300~1800	丹麦	—①	[82]
	2.56~199	葡萄牙	1456	[56]
	n.d.~45.6		350	
	n.d.~960		110	
	n.d.~165		96	
	20~140	意大利	300	[7]
	50~14000		900	
	2000(最大值)	德国	—①	[65]
交沙霉素	<3~12	意大利	300	[7]
	<3~15		900	

续表

抗生素	浓度/(ng/L)	国家/地区	床位数/个	参考文献
罗红霉素	130~160	丹麦	—①	[82]
	23	瑞士	346	[15]
	<5~140	意大利	900	[7]
	1180±69	中国	—①	[72]
	2189±362		—①	
	1000(最大值)	德国	—①	[65]
螺旋霉素	200~2200	越南	220	[62]
	200~1700		520	
	<2~40	意大利	300	[7]
	<3~110		900	
林可酰胺				
克林霉素	184~1465	西班牙	400	[66]
	24~31	丹麦	—①	[82]
	983±945	瑞士	346	[15]
	1160±1180	瑞士	346	[75]
林可霉素	80	美国	250	[59]
	40±10		350~450	
	20±10		600	
	119	西班牙	400	[66]
	240~48400	科里布	813~2743	[73]
	2000	美国	—①	[69]
	300		—①	
	174±18	中国	—①	[72]
	63±17		—①	
(氟)喹诺酮				
氧氟沙星	800~7400	越南	220	[62]
	1600~19800		520	
	4750~14377.8	西班牙	400	[68]
	1547~4778	西班牙	1000	[74]
	2978~10368	西班牙	400	[66]
	48~660	印度	350	[67]
	26~230		570	

续表

抗生素	浓度/(ng/L)	国家/地区	床位数/个	参考文献
氧氟沙星	3135~24811	葡萄牙	1456	[56]
	1986~12865	葡萄牙	350	
	n.d.~662		110	
	13000~22000	意大利	300	[7]
	3300~37000		900	
	4240±221	中国	—①	[72]
	3440±429		—①	
	2340±365		—①	
	1600±225		—①	
	25500	美国	—①	[69]
	34500		—①	
	35500		—①	
	4900		—①	
	200~7600	瑞典	—①	[61]
	31000(最大值)	德国	—①	[65]
环丙沙星	46200±30600	法国	450	[70]
	970~3390	法国	1100	[84]
	5600~53300	越南	220	[62]
	600~40200		520	
	8305.1~13779.7	西班牙	400	[68]
	5329~7494		400	[66]
	259~1530	印度	350	[67]
	214~868		570	
	10000~15000	意大利	300	[7]
	1400~26000		900	
	31980±14060	瑞士	346	[15]
	15700±8000	瑞士	346	[75]
	6000~7600	丹麦	—①	[82]
	2259~38689	葡萄牙	1456	[56]
	457~13344		350	
	120~1334		110	
	101~2000		96	
	3080	韩国②	813~2743	[73]

续表

抗生素	浓度/(ng/L)	国家/地区	床位数/个	参考文献
	136±26	中国	—①	[72]
	217±41	中国	—①	[72]
	11±2	中国	—①	[72]
	7000±100	越南	—①	[71]
	10900±800	越南	—①	[71]
	1200±200	越南	—①	[71]
环丙沙星	2100±100	越南	—①	[71]
	1100±100	越南	—①	[71]
	25800±8100	越南	—①	[71]
	<38~54049	挪威	1200	[57]
	<38~39843	挪威	—①	[57]
	2000	美国	—①	[69]
	850	美国	—①	[69]
	3600~101000	瑞典	—①	[61]
	51000(最大值)	德国	—①	[65]
依诺沙星	330~480	意大利	300	[7]
	58~450	意大利	900	[7]
左氧氟沙星	51~750	印度	350	[67]
	61~150	印度	570	[67]
	190±39	中国	—①	[72]
洛美沙星	1162±285	中国	—①	[72]
	313±52	中国	—①	[72]
	327	西班牙	400	[66]
	160	印度	570	[67]
	3140±1820	瑞士	346	[75]
	5933±3390	瑞士	346	[15]
诺氟沙星	40~100	意大利	300	[7]
	23~510	意大利	900	[7]
	303±41	中国	—①	[72]
	1620±242	中国	—①	[72]
	136±28	中国	—①	[72]

续表

抗生素	浓度/(ng/L)	国家/地区	床位数/个	参考文献
诺氟沙星	15200±300	越南	—①	[71]
	3400±400	越南	—①	[71]
	13600±300	越南	—①	[71]
	8400±2500	越南	—①	[71]
	44000(最大值)	德国	—①	[65]
磺胺类				
磺胺嘧啶	9~137	西班牙	1000	[74]
	50±40	美国	300	[59]
	2330±6640	瑞士	346	[75]
	380~630	丹麦	—①	[82]
	1896±4003	瑞士	346	[15]
	29~33	意大利	300	[7]
	77~380	意大利	900	[7]
	48±2	中国	—①	[72]
	253±47	中国	—①	[72]
乙酰磺胺嘧啶	110~150	丹麦	—①	[82]
磺胺甲噁唑	200~20300	越南	220	[62]
	100~18900	越南	520	[62]
	190.2~4816.7	西班牙	400	[68]
	970±190	美国	250	[59]
	2170±970	美国	250	[59]
	490±400	美国	300	[59]
	2150±1350	美国	350~450	[59]
	490±770	美国	350~450	[59]
	1520±380	美国	600	[59]
	65~200	西班牙	400	[66]
	21~2240	印度	570	[67]
	3230±4700	瑞士	346	[75]
	12000~16000	丹麦	—①	[82]
	3476±4588	瑞士	346	[15]
	307~8714	葡萄牙	1456	[56]
	191~5524	葡萄牙	350	[56]
	41.0~1288	葡萄牙	110	[56]
	n.d.~695	葡萄牙	96	[56]

续表

抗生素	浓度/(ng/L)	国家/地区	床位数/个	参考文献
磺胺甲噁唑	3000～6500	意大利	300	[7]
	900～3400		900	
	613±3	中国	—①	[72]
	195±42		—①	
	1060±178		—①	
	12500～37300	巴西	—①	[63]
	108～3840	韩国②	813～2743	[73]
	<4～1375	挪威	1200	[57]
	<4～4107		—①	
	800	美国	—①	[69]
	2100		—①	
	400		—①	
	400～12800	瑞典	—①	[61]
	6000(最大值)	德国	—①	[65]
N-乙酰磺胺甲噁唑	59±14	沙特阿拉伯	300	[83]
	455±440	瑞士	346	[75]
	59～79	丹麦	—①	[82]
	2394±2261	瑞士	346	[15]
磺胺吡啶	251	瑞士	346	[15]
磺胺甲二唑	1500～600	丹麦	—①	[82]
磺胺二甲嘧啶	<2～14	意大利	300	[7]
	<4～30		900	
四环素类				
地美环素	<3～52	挪威	—①	[57]
强力霉素	100～270	意大利	300	[7]
	<15～970		900	
	600～6700	瑞典	—①	[61]
	<5～403	挪威	1200	[57]
	<5～336		—①	
	8100	葡萄牙	—①	[60]
四环素	<7～26	意大利	300	[7]
	<9～33		900	

续表

抗生素	浓度/(ng/L)	国家/地区	床位数/个	参考文献
四环素	<15~1537	挪威	1200	[57]
	<15~4178		—①	
	42200~158000	葡萄牙	—①	[60]
	54700		—①	
	23200~29200		—①	
差向四环素	17500	葡萄牙	—①	[60]
	18900		—①	
土霉素	300~1300	意大利	300	[7]
	<7~100		900	
	<12~3743	挪威	1200	[57]
	<12~2294		—①	
二甲胺四环素	317790	葡萄牙	—①	[60]
	531700		—①	
金霉素	20~60	意大利	300	[7]
	<8~94		900	
	222	科里布	813~2743	[73]
	<6~69	挪威	—①	[57]
异氯四环素	17±1	中国	—①	[72]
	20±5		—①	
β-内酰胺类				
青霉素类				
阿莫西林	<31.6~218	西班牙	400	[66]
	33~43	丹麦	—①	[82]
青霉素G	5200	美国	—①	[69]
	850		—①	
头孢菌素类				
头孢他啶	2600~5000	越南	220	[62]
头孢噻肟	143.7~240.4	西班牙	400	[68]
	89	西班牙	400	[66]
头孢唑啉	<49.2~83.4	西班牙	400	[68]
头孢呋辛	150~210	丹麦	—①	[82]
其他抗生素				

续表

抗生素	浓度/(ng/L)	国家/地区	床位数/个	参考文献
甲氧苄啶	100～4300	越南	220	[62]
	100～7100	越南	520	
	1596～4791	西班牙	1000	[74]
	136.6～3826	西班牙	400	[68]
	970±540	美国	250	[59]
	1320±460		250	
	1060±730		300	
	970±260		350～450	
	380±430		350～450	
	930±210		600	
	50～216	西班牙	400	[66]
	3800～4900	丹麦	—①	[82]
	3650～11300	巴西	—①	[63]
	19～95100	科里布	813～2743	[73]
	370±370	瑞士	346	[75]
	930±890		346	[15]
	837～3963	葡萄牙	1456	[56]
	30.5～1182		350	
	12.5～1089		110	
	n.d.～122		96	
	800～1800	意大利	300	[7]
	68～860		900	
	174±15	中国	—①	[72]
	92±36		—①	
	61±22		—①	
	50～14993	挪威	1200	[57]
	<2～11899		—①	
	5000	美国	—①	[69]
	2900		—①	
	10～30	西班牙	75	[78]
	600～7600	瑞典	—①	[61]
	6000(最大值)	德国	—①	[65]

续表

抗生素	浓度/(ng/L)	国家/地区	床位数/个	参考文献
甲硝唑	100~16400	越南	220	[62]
	100~130400		520	
	67~643	西班牙	400	[66]
	6.7~417	印度	350	[67]
	9.2~127		570	
	1860±2030	瑞士	346	[75]
	3388±1322	瑞士	346	[15]
	n.d.~12315	葡萄牙	1456	[56]
	<12~1569		350	
	<12~4315		110	
	<12~5008		96	
	330~1640	意大利	300	[7]
	260~1100		900	
	1800~9400	西班牙	75	[78]
	100~90200	瑞典	—①	[61]
羟基甲硝唑	150~887	西班牙	400	[66]
	n.d.~11344	葡萄牙	1456	[56]
	n.d.~2125		350	
	n.d.~523		110	
	n.d.~990		96	
氯霉素	<9~36	意大利	300	[7]
	<4~10		900	
硝呋嗪	100~2560	意大利	300	[7]
	100~330		900	

① 数据不用。
② 四家医院的合成数据。
③ 代谢物。
注：n.d. 表示未检测到。

除抗生素外，医疗废水中还发现了一些代谢产物，如 N-乙酰磺胺甲噁唑[15,64]、红霉素[59,65]或羟基甲硝唑[56,66]。通常，医疗废水中抗生素的浓度呈季节性变化，在冬季检测到的浓度高于夏季[7,67]。

5.4.1 氟喹诺酮类抗生素

氟喹诺酮类抗生素是医疗废水中最常见的一类抗生素。据报道，它们在欧洲[7,56,57,68-70]、北美洲[69]和亚洲[62,67,71,72]都有分布。其中，环丙沙星、氧氟沙星和诺氟沙星最常见，其浓度分别为＜38ng/L[57]～101μg/L[61]；＜26ng/L[67]～37μg/L[7]；＜23ng/L[7]～44μg/L[65]。据报道，依诺沙星、左氧氟沙星和洛美沙星的含量分别高达480ng/L[7]、750ng/L[67]和1162ng/L[72]。

5.4.2 大环内酯类抗生素

医疗废水中常见的另一类抗生素是大环内酯类抗生素。其中，克拉霉素、红霉素和阿奇霉素最为常见，其浓度分别为22ng/L[56]～14μg/L[7]；＜16ng/L[56]～27μg/L[65]；＜7.4ng/L[56]～7351ng/L，除了以上的大环内酯类抗生素外，医疗废水中还有罗红霉素、螺旋霉素和交沙霉素，其含量可分别高达15ng/L[7]、2189ng/L[72]和2200ng/L[62]。

5.4.3 磺胺类抗生素

磺胺甲噁唑是医疗废水中最常见的磺胺类抗生素。在欧洲[7,56,68]、北美洲[59]、南美[63]以及亚洲[62,73]的医疗废水中都发现了磺胺甲噁唑，其浓度为＜4ng/L[57]～37.3μg/L[63]。而磺胺嘧啶是被检测到的浓度第二高的磺胺类抗生素（9～2330ng/L）[74,75]。

5.4.4 四环素类抗生素

四环素、强力霉素、土霉素和金霉素是在医疗废水中发现的四环素类抗生素（表5-2）。它们主要在欧盟国家被检测到，浓度分别高达158μg/L[60]、6700ng/L[61]、3743ng/L[56]和222ng/L[73]。

5.4.5 β-内酰胺类抗生素

β-内酰胺类抗生素分为青霉素类和头孢菌素类。这类抗生素只在少数几个国家和地区的医疗废水中被发现，即西班牙[66,68]、丹麦[64]、美国[69]和越南[62]。尽管β-内酰胺类抗生素是许多国家消费最多的抗生素之一[77]，但它们被检测到的频率较低，这可能是由于细菌中存在的酶快速降解β-内酰胺环，或是它们容易水解，随后进行脱羧过程[62,77]。两组医疗废水中检测到的β-内酰胺类抗生素的最高浓度相似，青霉素（青霉素G）[69]和头孢菌素（头孢他啶）[62]的最高浓度都约为5μg/L。

5.4.6　林可酰胺类抗生素

林可霉素和克林霉素是医疗废水中最常见的两种林可酰胺类抗生素（表 5-2），检测到的最大浓度分别为 48.4μg/L（韩国）[73] 和 1465ng/L（西班牙）[66]。

5.4.7　其他抗生素

除了上述种类的抗生素外，还有另外两种抗生素——甲氧苄啶和甲硝唑经常出现在医疗废水中。由于临床中甲氧苄啶常与磺胺甲噁唑合用，如果按照同样的方式进行检测，预计磺胺甲噁唑在医疗废水中也会被高浓度检出。甲氧苄啶在欧洲[15,61,68,74]、北美洲[59,69]、南美洲[63]以及亚洲[62,72]的医疗废水均检测出，其浓度为＜2ng/L～15μg/L[57]。在欧洲[56,61,78]和亚洲[62,67]的医疗废水中报告甲硝唑的存在，最大浓度达到 130.4μg/L[62]。

尽管在医疗废水中检测到高浓度的抗生素，但这并不意味着抗生素对城市污水负荷有很大的影响，因为医院的污水流量远低于污水处理厂。事实上，抗生素进入城市污水的负荷因物质而异，但对某些抗生素而言，医疗废水的贡献可能非常重要，特别是克拉霉素、环丙沙星和甲硝唑，多位作者证明医疗废水是城市污水中这些物质的主要来源[7,57,79,80]，最大贡献率分别高达 94％、272％和 84％。以下研究报告中描述了医疗废水中的抗生素对城市污水该类物质的贡献：Santos 等[56]发现在葡萄牙城市污水中 41％的抗生素来自四家医院的污水；而在挪威，根据抗生素种类的不同，医疗废水的贡献率为 1％（磺胺甲噁唑和四环素）～272％（环丙沙星）[57]。澳大利亚一家医院也有类似情况，其对抗生素负荷的贡献率为 5％（头孢氨苄和磺胺甲噁唑）～56％（罗红霉素）[81]；在意大利[7]、瑞士[80]和德国[79]发现了医疗废水中几种抗生素的贡献率也与上述情况类似。

5.5　风险评估

经处理和未处理的医疗废水被排放到受纳水体中会给水体带来大量的污染物。因此，除评估医疗废水中抗生素、细胞抑制剂和造影剂的存在情况外，评估其存在可能对水生生物造成的风险也是十分重要的。

如前所述，与用于治疗目的的药物相反，造影剂是作为生物非活性物质开发的。考虑到这一关键特性，预计该类物质的生态毒性较低。Steger 等[85]在研究中发现，碘普罗胺的浓度高达 10g/L 时在短期内对水生物种或费氏弧菌不会产生毒性。在慢性试验中,未观察到浓度高达 1g/L 的造影剂对大型蚤产生任何影响。作者计算出碘普罗胺的 PEC/PNEC 低于 0.0002,这表明碘普罗胺的使用对环境造成的风险极低。在另一项研究中,Steger Harmann 等[86]进一步研究了碘普罗胺的环境归宿,并证明该物质在污水处理中经历初级降解,初级产物(在丙二醇残余物释放后获得)显示出比母体化合物的光解速度更快。作者对主要降解产物进行了短期毒性试验,并证明在高达 1g/L 的浓度下对大型蚤没有影响。作者也评估了此化合物对淡水藻的毒性,在初始剂量为 500mg/L 的情况下,72h 后生长率仅下降了 2%。由此得出结论,碘普罗胺降解的主要产物对任何受试生物体都没有毒性。作者还在 96h 的急性毒性试验中探讨了副产物对斑马鱼的毒性,并证明其在 100mg/L 浓度下无毒害作用。

与造影剂相反的是细胞抑制剂。一般来说,细胞抑制剂被认为是非常危险的化合物,因为它们是用于杀死细胞或引起细胞严重损伤的。这些过程可能会导致副作用,如急性疾病以及暴露在这些过程中生物体(内分泌系统、免疫系统等)正常功能的改变。利用细胞毒性物质(如 5-氟尿嘧啶)进行生态毒理学研究发现,在藻类和细菌检测中的最小毒作用浓度(LOEC)约为 $10\mu g/L$,接近一些污水中细胞抑制剂的浓度[87]。在另一个研究中,淡水鱼中三苯氧胺的 LOEC 为 $5.6\mu g/L$[88],这个浓度比现有污水中的检出浓度(约 $0.2\mu g/L$)高一个数量级[11,12,24]。最近的研究还显示,医院样本中的细胞抑制剂混合物具有严重的毒性作用,甚至比单独药物的预期毒性之和还要高[42,89]。因此,在探讨药物在水中的鸡尾酒效应时,不应忽视潜在的协同作用。此外,一些研究者指出,经常向医疗废水中排放的药物物质,可以根据其在水生环境中的生物累积潜力进行评估。针对抗癌药物三苯氧胺,基于其生物浓缩潜力(当化学物质的来源仅为水时,化学物质在生物体内的积聚)、消耗数据、生物降解性和排泄因子的有力证据,Jean 等将其列入优先化合物清单[14]。有研究者指出,有必要在不同营养水平物种中测量包括三苯氧胺在内 PhAC 的累积剂量水平。最后,Ferrando Climent 等[12]发现环丙沙星(细胞毒性抗生素)和三苯氧胺在进入地表水时对水环境构成潜在危害,因此在它们进入城市污水系统(医疗废水和污水处理厂)之前对其控制和清除是使它们远离自然环境的关键。

一些研究评估了医疗废水中检测到的抗生素对水生生物的风险程度[7,56,80,90],表明潜在的风险是针对特定地点的,取决于污水中的化合物浓度、化合物毒性或这两个参数的结合[90,91]。

抗生素被认为是医疗废水中最值得关注的药物和造成医疗废水高环境风险的主要因素[7,74,91]。

通过预测环境浓度(PEC)或测量环境浓度(MEC)与预测无影响浓度(PNEC)之间的比例,计算不同抗生素的危害熵(HQ)或风险熵(RQ),从而对医疗废水中抗生素的环境风险进行评价。当使用 MEC 值时,遵循最坏情况的方法，采用医疗废水中检测到的最高浓度。通常情况下，会考虑对三种不同的营养水平生物（藻类、水蚤和鱼类）的影响。藻类对抗生素的毒性作用最为敏感，然而抗生素可能对所有营养水平生物造成危害，进而对整个水生生态系统构成威胁[56]。

像氧氟沙星、克拉霉素和甲氧苄啶这样的抗生素以及红霉素、磺胺甲噁唑和环丙沙星经常被鉴定为对水生生物具有高风险的物质（HQ＞1）[7,56,57,74,80,90]。事实上，Frederic 和 Yves[90]发现氧氟沙星、甲氧苄啶、诺氟沙星和磺胺吡啶的 HQ＞1000，而 Mendoza 等[74]则发现在西班牙巴伦西亚的一家医院，氧氟沙星、甲氧苄啶和克拉霉素的 HQ＞10。

在巴西一家医院进行的一项研究检测了属于七种不同类别抗生素（青霉素类、头孢菌素类、碳青霉烯类、氨基糖苷类、大环内酯类、喹诺酮类和磺胺类）的 31 种抗生素，结果表明，14 种抗生素具有高环境风险，15 种抗生素具有中等环境风险，只有 2 种抗生素显示出低环境风险（苯齐青霉素和磺胺甲噁唑）[92]。头孢菌素类、大环内酯类、甲氧苄啶类是环境风险较高的抗生素。由于环丙沙星、氧氟沙星、磺胺甲噁唑、阿奇霉素、克拉霉素和甲硝唑 6 种抗生素具有较高的环境风险，建议将其列入 10 种对水生生物具有潜在危险性的药物清单中，并应纳入今后医疗废水的监测计划中[56]。

最后，抗生素在水环境中以混合物的形式出现，既可以是属于同一类抗生素的不同化合物的混合物，通过类似的机制发挥作用，也可以是不同的治疗药物的混合物，它们可能具有协同或加合作用，显示出比单一化合物毒性之和更大的毒性[56,80,92]。

5.5.1 抗生素耐药性

医疗废水的另一个风险来源与抗生素的存在有关，包括抗生素耐药菌（ARB）和抗性基因（ARG）的潜在生长和释放[93]。抗生素的过度使用和滥用导致了 ARB 的出现，削弱了抗菌治疗有效性，因为感染性微生物对常用抗生素产生了耐药性[94]。事实上，ARB 的出现和传播被世界卫生组织列为 21 世纪对公众健康的三大威胁之一[93]。

总体来说，在传统污水处理厂中，抗生素[56,68]和 ARB、ARG[95-97]的去除率较低。因此，污水处理厂成为环境中这些新出现污染物的来源，有助于抗生素耐药性的传播，最终转移到鱼类和其他动物体内的病原体中[98,99]。

正如本章所述，医院对新出现的污染物，包括抗生素、ARB 和 ARG，在污水处理系统中以及最终在环境中的大量负荷负有很大责任。许多研究对医疗废水中是否存在这种类型的污染进行了调查，并且近年来在医疗废水中发现了许多对几种抗生素耐药的 ARG 或 ARB[68,84,100-105]。这其中许多研究指出医疗废水是抗生素耐药性传播的热点。医疗废水（浓度高于城市污水）中的抗菌剂对 ARB 产生持续的选择性压力。抗生素残留也可能诱导细菌向其他对抗生素耐药的基因突变[58,106]。因此，与城市污水相比，医疗废水对特定耐抗生素分子的耐药性传播的风险似乎更高。然而其他一些研究显示，来自不同医院的样本中的总 ARG 浓度存在显著差异，居住区样本中的 ARB 总量和 ARG 总量高于医院样本[68,100]。此外，其他作者还评估了未经处理的医疗废水在进入地表水时对传播抗生素耐药性的贡献。这是在巴西的一项特殊研究案例[100]，医疗废水被排入城市污水系统，并未经处理排入河流。本研究结果显示，医疗废水中细菌对抗生素的耐药性虽高于自然环境，但其相应的遗传图谱并未显示出任何遗传相似性。

在不久的将来，越来越多的研究将对抗菌药物的使用和耐药性进行监测，这将有助于确定趋势，评估环境风险，在抗菌药物的使用和耐药性之间建立联系，并揭示 ARG 的传播途径[98,107]。这也将有助于评估人类和环境的潜在风险，并防止抗生素耐药性的演变。事实上，一些作者已经研究了非常规污水处理技术在去除和灭活医疗废水中 ARG 方面的应用[108,109]。由于一些作者强烈支持在这类污水的源头进行污水处理，预计在这方面将进行更多的研究工作[93,110]。

5.6 小结

药物化合物会对水环境造成严重威胁，正如本章所指出的，医疗废水被视为医院污染的主要来源。一般情况下，医疗废水不经过特殊处理而直接排入城市下水道，按城市污水处理厂常规处理方案处理。而传统的污水处理厂并不能有效地去除大部分药物化合物，因此，这些物质最终随着处理后的污水进入环境。

虽然造影剂不具有生物活性，但其他药物如细胞毒性药物和抗生素的应用会对细胞和细菌造成严重损害。

因此，这些物质在环境中的排放会在不同营养水平的一系列生物体中引起各种不利影响。事实上，一些研究已经证明，细胞抑制剂在接近目前污水中的浓度水平可造成生物毒性，当多种细胞抑制剂混合出现时，由于协同效应，其毒性会增加。抗生素在医疗废水中的浓度水平非常高，具有对细菌固有的杀灭能力，由于细菌的适应潜力，也可能发展抗生素耐药性。因此，抗生素是本章所考虑的那些新出现的污染物中最应当引起关注的药物。抗生素已被证明对水生生态系统的所有营养水平都构成高风险，而且与细胞抑制剂一样，它们的毒性可以在混合时显著增强。

为了评估医疗废水造成的环境风险，应采取全面和整体的方法，包括在这种复杂基质中存在的所有不同的相关物质，并处理污染物混合的协同和拮抗作用。应特别注意医疗废水作为发展和传播抗生素耐药性的载体，这是一个日益重要的问题，也是全世界关注的热点问题。

因此，医院成为医疗废水污染的重点关注对象。在医院建立污水处理厂，可以减少微量污染物向城市污水系统的排放，从而最大限度地减少其破坏环境的可能性。

致谢：本研究得到了西班牙经济和竞争力部 H2PHARMA（CTM2013-48545-C2-R）和 StARE（JPIW2013-089-C02-02）项目的资助。本研究还得到了加泰罗尼亚委员会的部分支持（综合研究小组：加泰罗尼亚水研究所 2014 SGR 291）和欧盟区域发展基金（ERDF）提供的支持。S.-Rodriguez-Mozaz 对 Ramon y Cajal 计划（RYC-2014-16707）表示感谢，Lúcia H. M. L. M. Santos 对 Juan de la Cierva 计划（FJCI-2014-22377）表示感谢。

参考文献

[1] Aga DS (ed) (2008) Fate of pharmaceuticals in the environment and in water treatment systems. Taylor & Francis, CRC Press, Boca Raton, FL

[2] Barceló D, Petrovic M (eds) (2007) Pharmaceutical and personal care products in the environment-monitoring surface water pollutants. Analytical and bioanalytical chemistry, vol 387. Springer, New York

[3] Barceló D, Petrovic M (eds) (2008) Emerging contaminants from industrial and municipal waste. Removal technologies. In: Hutzinger O, Barceló D, Kostianoy A (eds) The handbook of environmental chemistry, vol S2. Springer, New York

[4] ABA B, Rudd MA, Brooks BW, et al (2012) Pharmaceuticals and personal care products in the environment: what are the big questions? Environ Health Perspect 120(9): 1221-1229

[5] Farré M, Perez S, Kantiani L, et al (2008) Fate and toxicity of emerging pollutants, their metabolites and transformation products in aquatic environment. Trac-Trends Anal Chem 27 (11): 991-1007

[6] Fatta-Kassinos D, Kümmerer K (2010) Pharmaceuticals in the environment: sources, fate, effects and risks. Environ Sci Pollut Res 17(2): 519-521

[7] Verlicchi, P., M. AlAukidy, A. Gallettiet al. Hospital effluent: investigation of the concentrations and distribution of pharmaceuticals and environmental risk assessment. Sci Total Environ, 2012. 430(0): p. 109-118.

[8] Verlicchi P, Al Aukidy M, Jelic A, et al (2014) Comparison of measured and predicted concentrations of selected pharmaceuticals in wastewater and surface water: a case study of a catchment area in the Po Valley (Italy). Sci Total Environ 470-471(0): 844-854

[9] Verlicchi P, Galletti A, Petrovic M, et al (2010) Hospital effluents as a source of emerging pollutants: an overview of micropollutants and sustainable treatment options. J Hydrol 389 (3-4): 416-428

[10] The European Commission (2015)Commission Implementing Decision (EU) 2015/495 establishing a watch list of substances for Union-wide monitoring in the field of water policy pursuant to Directive 2008/105/EC of the European Parliament and of the Council. Off J Eur Union. L78/40

[11] Ferrando-Climent L, Cruz-Morató C, Marco-Urrea E, et al(2015)Non conventional biological treatment based on Trametes versicolor for the elimination of recalcitrant anticancer drugs in hospital wastewater. Chemosphere 136:9-19

[12] Ferrando-Climent, L. , S. Rodriguez-Mozaz and D. Barceló, Incidence of anticancer drugs in an aquatic urban system: from hospital effluents through urban wastewater to natural environment. Environ Pollut, 2014. 193(0): p. 216-223.

[13] Goulle JP, Saussereau E, Mahieu L, et al (2012) Importance of anthropogenic metals in hospital and urban wastewater: its significance for the environment. Bull Environ Contam Toxicol 89(6):1220-1224

[14] Jean J, Perrodin Y, Pivot C, et al (2012) Identification and prioritization of bioaccumulable pharmaceutical substances discharged in hospital effluents. J Environ Manage 103: 113-121

[15] Kovalova L, Siegrist H, Singer H, et al (2012) Hospital wastewater treatment by membrane bioreactor: performance and efficiency for organic micropollutant elimination. Environ Sci Technol 46(3):1536-1545

[16] Langford KH, Thomas KV (2009) Determination of pharmaceutical compounds in hospital effluents and their contribution to wastewater treatment works. Environ Int 35(5):766-770

[17] Le Corre KS, Ort C, Kateley D, et al (2012) Consumption-based approach for assessing the contribution of hospitals towards the load of pharmaceutical residues in municipal wastewater. Environ Int 45:99-111

[18] Lenz K, Mahnik S, Weissenbacher N, et al (2007) Monitoring, removal and risk assessment of cytostatic drugs in hospital wastewater. Water Sci Technol 56(12):141-149

[19] Mahnik SN, Rizovski B, Fuerhacker M, et al (2004) Determination of 5-fluorouracil in hospital effluents. Anal Bioanal Chem 380(1):31-35

[20] Mullot J-U (2009) Modélisation des flux de médicaments dans les effluents hospitaliers. Université Paris-SUD 11, Paris

[21] Negreira N, de Alda ML, Barceló D (2014) Cytostatic drugs and metabolites in municipal and hospital wastewaters in Spain: filtration, occurrence, and environmental risk. Sci Total Environ 497-498:68-77

[22] Weissbrodt D, Kovalova L, Ort C, et al (2009) Mass flows of X-ray contrast media andcytostatics in hospital wastewater. Environ Sci Technol 43(13):4810-4817

[23] Yin J, Shao B, Zhang J, et al (2009) A preliminary study on the occurrence of cytostatic drugsin hospital effluents in Beijing, China. Bull Environ Contam Toxicol 84(1):39-45

[24] Ferrando-Climent L, Rodriguez-Mozaz S, Barceló D (2013) Development of a UPLC-MS/MS method for the determination of 10 anticancer drugs in hospital and urban wastewaters, and its application for the screening of human metabolites assisted by information dependant acquisition tool (IDA) in sewage samples. Anal Bioanal Chem 405 (18):5937-5952

[25] Gagnon C, Lajeunesse A (2008) Persistence and fate of highly soluble pharmaceutical products in various types of municipal wastewater treatment plants. In: Zamorano M, Brebbia CA, Kungolos AG (eds) Waste management and the environment IV, WIT transactions on ecology and the environment, vol 109. WIT Press, Southampton, pp 799-807

[26] Kümmerer K, Al-Ahmad A (1997)Biodegradability of the anti-tumour agents 5-fluorouracil, cytarabine, and gemcitabine: impact of the chemical structure and synergistic toxicity with hospital effluent. Acta Hydrochim Hydrobiol 25(4):166-172

[27] Kümmerer K, Steger-Hartmann T, Meyer M (1997)Biodegradability of the anti-tumour agent ifosfamide and its occurrence in hospital effluents and communal sewage. Water Res 31(11):2705-2710

[28] Verlicchi, P. , A. Galletti, M. Petrovic et al. Removal of selected pharmaceuticals from domestic wastewater in an activated sludge system followed by a horizontal subsurface flow bed. Analysis of their respective contributions. Sci Total Environ, 2013. 454-455(0): p. 411-425.

[29] Zhang, J. , V. W. C. Chang, A. Gianni et al. Removal of cytostatic drugs from aquatic environment: a review. Sci Total Environ, 2013. 445-446(0): p. 281-298.

[30] Wang Y, Ho SH, Cheng CL, et al (2016) Perspectives on the feasibility of using microalgae for industrial wastewater treatment. Bioresour Technol 222:485-497

[31] Besse J-P, Latour J-F, Garric J (2012) Anticancer drugs in surface waters: what can we sayabout the occurrence and environmental significance of cytotoxic, cytostatic and endocrine therapy drugs? Environ Int 39(1):73-86

[32] Lusic H, Grinstaff MW (2013) X-ray computed tomography contrast agents. Chem Rev 113 (3): 10. 1021/cr200358s

[33] Pasternak JJ, Williamson EE (2012) Clinical pharmacology, uses, and adverse reactions of iodinated contrast agents: aprimer for the non-radiologist. Mayo Clin Proc 87(4):390-402

[34] Christiansen C (2005) X-ray contrast media-an overview. Toxicology 209(2):185-187

[35] Kuroda K, Itten R, Kovalova L, et al (2016) Hospital-use pharmaceuticals in Swiss watersmodeled at high spatial resolution. Environ Sci Technol 50(9):4742-4751

[36] Künnemeyer J, Terborg L, Meermann B, et al (2009) Speciation analysis of gadolinium chelates in hospital effluents and wastewater treatment plant sewage by a novel HILIC/ICPMS method. Environ Sci Technol 43(8):2884-2890

[37] Kümmerer K, Al-Ahmad A, Bertram B, et al (2000) Biodegradability of antineoplastic compounds in screening tests: influence of glucosidation and of stereochemistry.Chemosphere 40(7):767-773

[38] Buerge IJ, Buser H-R, Poiger T, et al (2006) Occurrence and fate of the cytostatic drugscyclophosphamide and ifosfamide in wastewater and surface waters. Environ Sci Technol 40 (23):7242-7250

[39] Ferlay J, Autier P, Boniol M, et al (2007) Estimates of the cancer incidence and mortality inEurope in 2006. Ann Oncol 18(3):581-592

[40] Ferrando-Climent L, Reid MJ, Rodriguez-Mozaz S, et al (2016) Identification of markers ofcancer in urban sewage through the use of a suspect screening approach. J Pharm Biomed Anal 129:571-580

[41] Gómez-Canela C, Cortés-Francisco N, Oliva X, et al (2012) Occurrence of cyclophosphamide and epirubicin in wastewaters by direct injection analysis-liquid chromatography-highresolution mass spectrometry. Environ Sci Pollut Res 19(8):3210-3218

[42] Steger-Hartmann T, Kummerer K, Hartmann A (1997)Biological degradation of cyclophosphamide and its occurrence in sewage water. Ecotoxicol Environ Saf 36(2):174-179

[43] Steger-Hartmann T, Kümmerer K, Schecker J (1996) Trace analysis of the antineoplastics ifosfamide and cyclophosphamide in sewage water by twostep solid-phase extraction and gas chromatography-mass spectrometry. J Chromatogr A 726(1-2):179-184

[44] Ternes TA (1998) Occurrence of drugs in German sewage treatment plants and rivers.

Water Res 32(11):3245-3260
[45] Yin J,Yang Y,Li K,et al (2010) Analysis of anticancer drugs in sewage water by selective SPE and UPLC-ESI-MS-MS. J Chromatogr Sci 48(10):781-789
[46] Liu X,Zhang J,Yin J,et al (2010) Analysis of hormone antagonists in clinical and municipal wastewater by isotopic dilution liquid chromatography tandem mass spectrometry. Anal Bioanal Chem 396(8):2977-2985
[47] Yin J,Shao B,Zhang J,et al (2010) A preliminary study on the occurrence of cytostatic drugsin hospital effluents in Beijing,China. Bull Environ Contam Toxicol 84(1):39-45
[48] Catastini C,Mullot J,Boukari S et al (2008) Identification de molecules anticancereuses dansles effluents hospitaliers, vol 39. Paris,France,Association Scientifique Europenne pour L' Eau et la Sante,Paris
[49] Hann S,Stefánka Z,Lenz K,Stingeder G,et al (2005) Novel separation method for highly sensitive speciation of cancerostatic platinum compounds by HPLC-ICP-MS. Anal Bioanal Chem 381(2):405-412
[50] Mahnik SN,Lenz K,Weissenbacher N,et al (2007) Fate of 5-fluorouracil,doxorubicin, epirubicin,and daunorubicin in hospital wastewater and their elimination by activated sludge and treatment in a membrane-bio-reactor system. Chemosphere 66(1):30-37
[51] Mahnik SN,Rizovski B,Fuerhacker M,et al (2006) Development of an analytical method forthe determination of anthracyclines in hospital effluents. Chemosphere 65(8):1419-1425
[52] Kovalova L,McArdell CS,Hollender J (2009) Challenge of high polarity and low concentrations in analysis of cytostatics and metabolites in wastewater by hydrophilic interaction chromatography/tandem mass spectrometry. J Chromatogr A 1216(7):1100-1108
[53] Aherne G,English J,Marks V (1985) The role of immunoassay in the analysis of microcontaminants in water samples. Ecotoxicol Environ Saf 9(1):79-83
[54] Ortiz de García S,Pinto Pinto G,García Encina P,et al (2013) Consumption and occurrence of pharmaceutical and personal care products in the aquatic environment in Spain. Sci Total Environ 444:451-465
[55] KovalovaL (2009) Cytostatics in the aquatic environment:analysis,occurrence,and possibilities for removal. Doctoral Dissertation
[56] Santos, L. H. M. L. M. , M. Gros, S. Rodriguez-Mozaz, et al. , Contribution of hospital effluents tothe load of pharmaceuticals in urban wastewaters: identification of ecologically relevant pharmaceuticals. Sci Total Environ, 2013. 461-462(0): p. 302-316.
[57] Thomas KV,Dye C,Schlabach M,et al (2007) Source to sink tracking of selected human pharmaceuticals from two Oslo city hospitals and a wastewater treatment works. J Environ Monit 9(12):1410-1418
[58] Carraro E,Bonetta S,Bertino C,et al (2016) Hospital effluents management:chemical, physical,microbiological risks and legislation in different countries. J Environ Manage 168:185-199
[59] Oliveira TS,Murphy M,Mendola N,et al(2015)Characterization of pharmaceuticals and personal care products in hospital effluent and waste water influent/effluent by direct-injection LC-MS-MS. Sci Total Environ 518-519:459-478
[60] Pena A,Paulo M,Silva LJG,et al (2010) Tetracycline antibiotics in hospital and municipal wastewaters:a pilot study in Portugal. Anal Bioanal Chem 396(8):2929-2936
[61] Lindberg R,Jarnheimer P-A,Olsen B,et al (2004) Determination of antibiotic substances in hospital sewage water using solid phase extraction and liquid chromatography/mass spectrometry and group analogue internal standards. Chemosphere 57(10):1479-1488
[62] Lien L,Hoa N,Chuc N,et al (2016) Antibiotics in wastewater of a rural and an Urban

[63] Brenner CGB, Mallmann CA, Arsand DR, et al (2011) Determination of sulfamethoxazole and trimethoprim and their metabolites in hospital effluent. Clean (Weinh) 39(1): 28-34

[64] Nielsen U, Hastrup C, Klausen MM, et al (2013) Removal of APIs and bacteria from hospital wastewater by MBR plus O(3), O(3)+ H(2)O(2), PAC or ClO(2). Water Sci Technol J Int Assoc Water Pollut Res 67(4): 854-862

[65] Ohlsen K, Ternes T, Werner G, et al (2003) Impact of antibiotics on conjugational resistance gene transfer in Staphylococcus aureus in sewage. Environ Microbiol 5(8): 711-716

[66] Gros M, Rodriguez-Mozaz S, Barcelo D (2013) Rapid analysis of multiclass antibiotic residues and some of their metabolites in hospital, urban wastewater and river water by ultra-high-performance liquid chromatography coupled to quadrupole-linear ion trap tandem mass spectrometry. J Chromatogr A 1292: 173-188

[67] Diwan V, Stålsby Lundborg C, Tamhankar AJ (2013) Seasonal and temporal variation in release of antibiotics in hospital wastewater: estimation using continuous and grab sampling. PLoS One 8(7): e68715

[68] Rodriguez-Mozaz S, Chamorro S, Marti E, et al(2015)Occurrence of antibiotics andantibiotic resistance genes in hospital and urban wastewaters and their impact on the receiving river. Water Res 69: 234-242

[69] Brown KD, Kulis J, Thomson B, et al (2006) Occurrence of antibiotics in hospital, residential, and dairy effluent, municipal wastewater, and the Rio Grande in New Mexico. Sci Total Environ 366(2-3): 772-783

[70] Chonova T, Keck F, Labanowski J, et al (2016) Separate treatment of hospital and urban wastewaters: a real scale comparison of effluents and their effect on microbial communities. Sci Total Environ 542(Part A): 965-975

[71] Duong HA, Pham NH, Nguyen HT, et al (2008) Occurrence, fate and antibiotic resistance of fluoroquinolone antibacterials in hospital wastewaters in Hanoi, Vietnam.Chemosphere 72 (6): 968-973

[72] Chang X, Meyer MT, Liu X, et al (2010) Determination of antibiotics in sewage from hospitals, nursery and slaughter house, wastewater treatment plant and source water in Chongqing region of three gorge reservoir in China. Environ Pollut 158(5): 1444-1450

[73] Sim W-J, Lee J-W, Lee E-S, et al (2011) Occurrence and distribution of pharmaceuticals in wastewater from households, livestock farms, hospitals and pharmaceutical manufactures. Chemosphere 82(2): 179-186

[74] Mendoza A, Aceña J, Pérez S, et al(2015)Pharmaceuticals and iodinated contrast media in a hospital wastewater: a case study to analyse their presence and characterise their environmental risk and hazard. Environ Res 140: 225-241

[75] Kovalova L, Siegrist H, von Gunten U, et al (2013) Elimination of micropollutants during post-treatment of hospital wastewater with powdered activated carbon, ozone, and UV. Environ Sci Technol 47(14): 7899-7908

[76] Li S-W, Lin AY-C(2015)Increased acute toxicity to fish caused by pharmaceuticals in hospital effluents in a pharmaceutical mixture and after solar irradiation. Chemosphere 139: 190-196

[77] Kummerer K (2009) Antibiotics in the aquatic environment-a review-part I. Chemosphere75(4): 417-434

[78] Gómez MJ, Petrovic M, Fernández-Alba AR, et al (2006) Determination of pharmaceuticals of various therapeutic classes by solid-phase extraction and liquid chromatography-

tandem mass spectrometry analysis in hospital effluent wastewaters. J Chromatogr A 1114(2):224-233

[79] Beier S, Cramer C, Köster S, et al (2011) Full scale membrane bioreactor treatment of hospital wastewater as forerunner for hot-spot wastewater treatment solutions in high density urban areas. Water Sci Technol 63(1):66-71

[80] Daouk S, Chèvre N, Vernaz N, et al (2016) Dynamics of active pharmaceutical ingredients loads in a Swiss university hospital wastewaters and prediction of the related environmental risk for the aquatic ecosystems. Sci Total Environ 547:244-253

[81] Ort C, Lawrence MG, Reungoat J, et al (2010) Determining the fraction of pharmaceutical residues in wastewater originating from a hospital. Water Res 44(2):605-615

[82] Nielsen U, Hastrup C, Klausen MM, et al (2013) Removal of APIs and bacteria from hospital wastewater by MBR plus O(3), O(3) + H(2)O(2), PAC or ClO(2). Water Sci Technol 67 (4):854-862

[83] Al Qarni H, Collier P, O'Keeffe J, et al (2016) Investigating the removal of some pharmaceutical compounds in hospital wastewater treatment plants operating in Saudi Arabia. Environ Sci Pollut Res 23(13):13003-13014

[84] Ory J, Bricheux G, Togola A, et al (2016) Ciprofloxacin residue and antibiotic-resistant biofilm bacteria in hospital effluent. Environ Pollut 214:635-645

[85] Steger-Hartmann T, Länge R, Schweinfurth H (1999) Environmental risk assessment for the widely used iodinated X-ray contrast agent iopromide (ultravist). Ecotoxicol Environ Saf 42(3):274-281

[86] Steger-Hartmann T, Länge R, Schweinfurth H, et al (2002) Investigations into the environmental fate and effects of iopromide (ultravist), a widely used iodinated X-ray contrast medium. Water Res 36(1):266-274

[87] Zounkova R, Odraska P, Dolezalova L, et al (2007) Ecotoxicity and genotoxicity assessment of cytostatic pharmaceuticals. Environ Toxicol Chem 26(10):2208-2214

[88] Williams TD, Caunter JE, Lillicrap AD, et al (2007) Evaluation of the reproductive effects of tamoxifen citrate in partial and full life-cycle studies using fathead minnows (Pimephales promelas). Environ Toxicol Chem 26(4):695-707

[89] Mater, N. ,F. Geret, L. Castillo, et al. , In vitro tests aiding ecological risk assessment of ciprofloxacin, tamoxifen and cyclophosphamide in range of concentrations released in hospital wastewater and surface water. Environ Int, 2014. 63(0): p. 191-200.

[90] Frédéric, O. and P. Yves, Pharmaceuticals in hospital wastewater: their ecotoxicity and contribution to the environmental hazard of the effluent. Chemosphere, 2014. 115(0): p. 31-39.

[91] Al Aukidy M, Verlicchi P, Voulvoulis N (2014) A framework for the assessment of the environmental risk posed by pharmaceuticals originating from hospital effluents. Sci Total Environ 493(0):54-64

[92] de Souza SML, de Vasconcelos EC, Dziedzic M, et al (2009) Environmental risk assessment of antibiotics: an intensive care unit analysis. Chemsphere 77(7):962-967

[93] Verlicchi P, Al Aukidy M, Zambello E(2015)What have we learned from world wide experiences on the management and treatment of hospital effluent? -an overview and a discussion on perspectives. Sci Total Environ 514:467-491

[94] Marti E, Variatza E, Balcazar JL (2014) The role of aquatic ecosystems as reservoirs of antibiotic resistance. Trends Microbiol 22(1):36-41

[95] Michael I, Rizzo L, McArdell CS, et al (2013) Urban wastewater treatment plants as hotspots for the release of antibiotics in the environment: a review. Water Res 47(3):

957-995

[96] Rizzo L, Manaia C, Merlin C, et al (2013) Urban wastewater treatment plants as hotspots for antibiotic resistant bacteria and genes spread into the environment: a review. Sci Total Environ 447: 345-360

[97] Manaia CM, Vaz-Moreira I, Nunes OC (2012) Antibiotic resistance in waste water and surface water and human health implications. In: Barceló D (ed) Emerging organic contaminants and human health. Springer, Berlin/Heidelberg, pp 173-212

[98] Sørum H (2008) Antibiotic resistance associated with veterinary drug use in fish farms. In: Lie Ø (ed) Improving farmed fish quality and safety. Woodhead Publishing, Cambridge, pp157-182

[99] Berendonk TU, Manaia CM, Merlin C, et al(2015)Tackling antibiotic resistance: the environmental framework. Nat Rev Microbiol 13: 310-317

[100] Li J, Cheng W, Xu L, et al(2015)Antibiotic-resistant genes and antibiotic-resistant bacteria in the effluent of urban residential areas, hospitals, and a municipal wastewater treatment plant system. Environ Sci Pollut Res 22: 4587-4596

[101] Yang CM, Lin MF, Liao PC, et al (2009) Comparison of antimicrobial resistance patterns between clinical and wastewater strains in a regional hospital in Taiwan. Lett Appl Microbiol 48: 560-565

[102] Fuentefria DB, Ferreira AE, Corção G (2011) Antibiotic-resistant Pseudomonas aeruginosa from hospital wastewater and superficial water: are they genetically related? J Environ Manage 92(1): 250-255

[103] Jakobsen L, Sandvang D, Hansen LH, et al (2008) Characterisation, dissemination and persistence of gentamicin resistant *Escherichia coli* from a Danish university hospital to the waste water environment. Environ Int 34(1): 108-115

[104] Korzeniewska E, Korzeniewska A, Harnisz M (2013) Antibiotic resistant *Escherichia coli* in hospital and municipal sewage and their emission to the environment. Ecotoxicol Environ Saf 91: 96-102

[105] Maheshwari M, Yaser NH, Naz S, et al (2016) Emergence of ciprofloxacin-resistant extended-spectrum β-lactamase-producing enteric bacteria in hospital wastewater and clinical sources. J Glob Antimicrob Resist 5: 22-25

[106] Varela AR, André S, Nunes OC, et al (2014) Insights into the relationship between antimicrobial residues and bacterial populations ina hospital-urban wastewater treatment plant system. Water Res 54: 327-336

[107] Devarajan N, Laffite A, Mulaji CK et al (2016) Occurrence of antibiotic resistance genes and bacterial markers in a tropical river receiving hospital and urban wastewaters. PLoS One 11, e0149211

[108] Lucas D, Badia-Fabregat M, Vicent T, et al (2016) Fungal treatment for the removal of antibiotics and antibiotic resistance genes in veterinary hospital wastewater. Chemosphere 152: 301-308

[109] Somensi CA, Souza ALF, Simionatto EL, et al(2015)Genetic material present in hospital wastewaters: evaluation of the efficiency of DNA denaturation by ozonolysis and ozonolysis/ sonolysis treatments. J Environ Manage 162: 74-80

[110] Pauwels B, Verstraete W (2006) The treatment of hospital wastewater: an appraisal. J Water Health 4(4): 405-416

第6章

医疗废水中的药物浓度和负荷：预测模型还是直接测量更准确

Paola Verlicchi

摘要：医疗废水中的药物浓度和负荷可以通过基于药物消耗量的预测模型或直接测量来获得。两种方法各有优缺点。本章介绍并比较了不同作者对医疗废水中大量药物浓度及负荷的预测和测量结果。然后讨论了影响预测值和测量值的主要因素，并估计了各模型参数（药物消耗量、排放因子和废水量）的变化范围。分别给出对预测浓度的灵敏度分析和对测量浓度的不确定性分析的结果（后者通过评估污水采样模式、化学分析和流量测量得出结果），并讨论两种方法中最关键的参数。研究结论为减少实测和预测数据的不确定性提出建议，从而提高了结果的准确性和可靠性。

关键词：消耗数据；测量浓度；药物；预测浓度；不确定性分析。

目 录

6.1 引言
6.2 医疗废水中 PhC 浓度和负荷预测模型的建立
6.3 医疗废水中药物的预测浓度和预测负荷研究概况
6.4 模型参数
  6.4.1 消耗数据
  6.4.2 排放因子
  6.4.3 流量预测
6.5 浓度和负荷的预测及测量结果比较
6.6 影响 PEC 和 PEL 的潜在因素
  6.6.1 医院内 PhC 消耗的预测
  6.6.2 年消耗变化
  6.6.3 药品消耗量与有效用量之间的差异
  6.6.4 用于评估 PEC 的排泄因子的不确定性

6.6.5　废水流量变化
6.6.6　未使用药品的不当处置（在生活垃圾中或通过厕所）
6.6.7　采样点前的污水处理系统的生物降解/转化或吸附过程
6.7　影响 MEC 和 MEL 的因素
6.7.1　采样方案
6.7.2　分析误差
6.7.3　排水管网布置及全天、周浓度波动
6.7.4　流量测量
6.7.5　取样和运输过程中的降解过程
6.8　预测、测量的浓度和负荷的不确定性
6.8.1　浓度和负荷预测的不确定性
6.8.2　浓度和负荷测量的不确定性
6.9　小结与展望
参考文献

缩写

HWW	医疗废水
ICM	碘系造影剂
MEC	测定浓度
MEL	测定负荷
PEC	预测浓度
PEL	预测负荷
PhC	药物化合物
WWTP	污水处理厂

6.1　引言

在过去的 15 年中，人们越来越重视提高对医疗废水中常规污染物（即 COD、BOD_5、悬浮物、含氮化合物和含磷化合物）和微量污染物（药物、洗涤剂、消毒剂、重金属、微生物和病毒）[1~4] 含量的认识程度，以便制定出更好的管理方法[5~7]、测试出最适当的处理方案[8]，并评估医疗废水中因药物化合物（PhC）残留所造成的环境风险[9,10]。

水环境（地表水和地下水、生活污水和医疗废水）中的药物仍然是不受控制的化合物。欧盟最近制定了包括可能被列入优先化合物清单的物质在内的监测清单，并对其进行定期监测[11,12]。目前该清单中包括 17-α-炔雌醇、17-β-雌二醇、雌激素、双氯芬酸、阿奇霉素、克拉霉素和红霉素。在目前和未来的调查中收集到的结果将决定这些化合物是否被列入优先化合物清单，并且将根据这些调查结果对监测清单提出新的建议。

在美国，可能被列入国家优先化合物清单的化合物是红霉素、雌激素、17-α-炔雌醇、17-β-雌二醇、马列宁、雌三醇、雌酮、甲川醇和炔诺酮[13]。

在瑞士，根据2006~2010年间的调查结果确定了优先化合物清单（包括22种药物和两种激素）。其主要目标是减少服务人口超过10万人的最大污水处理厂所释放的微污染总负荷。他们必须通过升级，包括采用末端处理［即臭氧氧化和粉末活性炭（PAC）］来保证减少80%的进水微污染负荷[14]。

医疗废水经常排入城市污水，并与其共同处理。科学家们正在就此做法造成的环境风险进行激烈的讨论[6,15,16]。

众所周知，为了更好地评估最适当的管理和治理方法，必须对医疗废水中的PhC浓度有深入且详尽的了解。可通过直接测量或模型预测其浓度这两种方法得到所需的化学特性。

这两种方法各有优缺点。本章介绍并讨论了用于预测医疗废水中PhC浓度和负荷的常用模型。在文献资料的基础上，对医疗废水中大量存在的PhC的预测浓度和测量浓度进行比较，提出了影响预测浓度和测量浓度的准确性及可靠性的因素，并对其不确定性进行了评价。本章最后提出了减少直接测量和预测模型的不确定性的建议。

6.2 医疗废水中 PhC 浓度和负荷预测模型的建立

Heberer 和 Feldmann[17]根据活性药物成分的消耗量和药物代谢数据，提出了一个预测活性药物成分负荷（周负荷）的模型。对于每种化合物，周负荷（kg/周）由式（6-1）估算。

$$M_{\text{tot week}} = \sum_{i=1}^{n} a_i b_i m_i s_i [(1-R_p) + R_p(x_p + x_c)]_i \times 10^{-6} \quad (6\text{-}1)$$

式中，a_i 为配方或品牌 i 每周分发的包装数量；b_i 为配方或品牌 i 的每个包装的单位数；m_i 为配方或品牌 i 的每单位有效成分的含量，mg；s_i 为配方或品牌 i 中活性成分的释放率；R_p 为吸收率，取决于品牌或配方 i 的应用模式；x_p 为活性化合物在吸附后作为母体化合物排出的部分；x_c 为作为结合物排出的比例，%。

由于 R_p、x_p 和 x_c 通常有一个最小至最大的范围，式（6-1）可改进为式（6-2）和式（6-3）。

$$\begin{aligned} M_{\text{tot week[min]}} = \sum_{i=1}^{n} a_i b_i m_i \times s_i [(1 - R_{p[\max]}) \\ + R_{p[\max]}(x_{p[\min]} + x_{c[\min]})]_i \times 10^{-6} \end{aligned} \quad (6\text{-}2)$$

$$M_{\text{tot week[max]}} = \sum_{i=1}^{n} a_i b_i m_i \\ \times s_i [(1-R_{\text{p[min]}}) + R_{\text{p[min]}}(x_{\text{p[max]}} + x_{\text{c[max]}})]_i \times 10^{-6} \tag{6-3}$$

通过评估得到了所研究废水中各活性成分预测负荷的极值。

在他们的调查中，Feldmann 和同事[17,18]根据式（6-4）所示的 7 个测量浓度 $c_{\text{d},i}$（24h 复合水样，μg/L）和每日污水流量（L/d），比较了所选 PhC （双氯芬酸、卡马西平和安咪唑）的预测负荷的极值。

$$M_{\text{meas week}} = \sum_{i=1}^{7} c_{\text{d},i} V_{\text{d},i} \times 10^{-9} \tag{6-4}$$

他们将回收率 REC（%）定义为每周测量负荷和预测负荷之间的比率。

$$\text{REC}_{[\min]} = \frac{M_{\text{meas week}}}{M_{\text{tot week[max]}}} \times 100\% \tag{6-5}$$

$$\text{REC}_{[\max]} = \frac{M_{\text{meas week}}}{M_{\text{tot week[min]}}} \times 100\% \tag{6-6}$$

2011 年，Escher 等[19]采用更简单的预测模型对医疗废水中的预测 PhC 浓度进行了首次评估。

$$\text{PEC}_{\text{HWW}} = \frac{MF}{Q_{\text{HWW}}} \tag{6-7}$$

式中，M 为调查期内医疗废水的活性成分量；F 为尿液和粪便中未改变的活性成分的排泄因子；Q_{HWW} 为同一调查期内医院产生的废水量。

M 是在不同配方或品牌中施用的活性成分的所有量 m_i 的总和；m_i 是根据每个配方或品牌的单位 U_i 的数量和每个单位 $m_{\text{U},i}$ 中的活性成分的量 i [式（6-8）]获得的。

$$M = \sum_{i=1}^{n} m_i = \sum_{i=1}^{n} U_i m_{\text{U},i} \tag{6-8}$$

这种方法比前一种方法更受欢迎，其他作者对这种方法的使用情况将在以下章节中介绍。

6.3　医疗废水中药物的预测浓度和预测负荷研究概况

关于医疗废水中 PhC 的预测浓度和负荷以及测量浓度和负荷的主要研究见表 6-1。该表还包括对采样方案进行严格分析的研究，并为估计 PEC 和 PEL 以及 MEC 和 MEL 的不确定性提供改进建议。本研究所涉及化合物见表 6-2。

表 6-1 医疗废水中药物 PEC、PEL、MEC 和 MEL 的主要研究

参考文献	主要内容
Kümmerer and Helmers[20]	本研究探讨弗赖堡大学医院(1700 张病床)医疗废水中对钆(Gd)浓度的测定与预测。MEC 是基于时间比例的复合水样——每 10min 从医院主排水管取样；在 24h 内每间隔 2h 取一份样品，一共取 12 份混合样品。PEC 基于医院内的年耗水量，并将现有的全国医院(德国医院 11 万张床位)Gd 消耗量数据缩减到弗莱堡医院(1700 张床位)。假定 Gd 的排泄因子为 0.9
Heberer and Feldmann[17]	作者提出了一个基于消耗量和药代动力学数据的医疗废水中药物负荷预测模型。它被应用于柏林一家军事医疗机构废水中的双氯芬酸和卡马西平。将 PEL 与 MEL 进行为期 1 周的比较
Mahnik, et al[21]	本研究根据奥地利维也纳大学医院肿瘤科住院病房的下水道系统中所含的物质，对选定的细胞抑制剂浓度进行评估。然后将其与在病房内配药的监测物质在同一时期测得的浓度进行比较
Feldmann, et al[18]	本研究将 Heberer 和 Feldmann[17] 中描述的模型应用于同一家军队医院，并在 1 周的时间内比较 PEL 和 MEL
Weissbrodt, et al[22]	这项研究是在瑞士一个拥有 415 张病床的十大医院之一中进行的，它调查了医疗废水中常见的细胞抑制剂和碘系造影剂(ICM)的发生情况。MEL 是基于 24h 流量比例的复合水样。PEL 是通过连续 9 天的实际消耗水平来评估的。通过对 MELs 和 PELs 的比较，作者确定了医疗废水管网中排出的选定化合物的量。所选化合物的负荷波动也会在当天和整个调查期间持续报告
De Souza, et al[23]	作者评估了巴西库里蒂巴一家医院重症监护室静脉注射抗生素的环境风险评估。在这个调查单位(16 张病床)中，抗生素消耗量占医院总消耗量(160 张病床)的 25%。作者还报告了这类抗生素一年内的消耗波动
Ort, et al[16]	研究的目的是通过直接测量，准确评估澳大利亚一家医院(190 张床位)排放的 PhC 负荷对相应污水处理厂进水负荷(集水区约 45000 名居民)中 59 种化合物负荷的影响。然后，将这一涉及有限时间段内的试验数据与现成的统计数据进行比较，评估同一类信息是否可以无需规划具体的监测活动，即可用于其他地点进行预测
Ort, et al[24,25] Ort and Gujer[26] Lai, et al[27]	前两项研究是评估废水中 PhC 的 MEC 和 MEL 不确定性，详细讨论了潜在的不确定性，并为减少不确定性在选择合适的采样频率和采样模式层面提供了指导。特别是表 SI_3A 和 SI_3B(在与 Ort 等链接的补充信息中[24])估算了由于采样模式不同于流量比例复合采样的参考模式而导致采样误差的增加 Ort 和 Gujer[26]讨论了采样模式，以获得下水道系统中具有代表性的微污染负荷 最后，Lai 等报道了一个有趣的讨论[27]，是关于如何评估和减少直接测量及预测废水中 PhC 选择的不确定性

续表

参考文献	主要内容
Mullot, et al[28]	该研究报告了三家法国医疗废水中10个PhC的平均MEC,以及仅一家医院的三个PhC的PEC(根据其相应的每日或年度消耗数据进行评估)。然后在三次采样活动中,对这三种化合物的PEC和MEC进行14天的比较。这项研究最后对10种化合物的实测负荷和估算负荷进行了比较
Escher, et al[19]	这项研究包括对瑞士一所州医院和一所精神病中心排放的各种化合物的PEC和PEL进行评估,以评估两个医疗机构中前100名PhC在不同情况下的生态毒理学潜力(未经处理的医疗废水,与城市污水一起在下水道中稀释后,采用有稀释和无稀释的活性污泥法进行普通生物处理)。作者假设所有由医院管理的PhC也会被排入城市污水
McArdell, et al[29]	作者对瑞士一家医院(346张病床)的出水进行了预测负荷和实测负荷的比较,其中前30名是PhC,特别是ICM和细胞静力学负荷。作者还对医院内消耗的消毒剂和金属进行了分析,并在医疗废水中进行了检测
Le Corre, et al[30]	预测医疗废水中的PhC浓度是基于消耗法的第一步,该方法能够:①评估医疗结构对污水处理厂进水PhC负荷的贡献;②通过效应阈值(ET,取决于每种PhC的可接受日摄入量)与每个化合物的PEC(所谓的暴露裕度MOE=ET/PEC)之间的比值给出关键化合物的列表
Coutu, et al[31]	本研究探讨瑞士洛桑市主要医院中9种抗生素消费量的时间(月)变化特性。该研究随后扩大到洛桑市的所有医院。为了评估污水处理厂入口处的浓度,对每一家医院和城市居民点的废水进行了PEC评价
Helwig, et al[32]	在欧盟药品项目内,对选定调查PhC的医院的消耗波动进行了分析,特别是精神病机构和放射科的工作日和周末以及产生的洗衣废水。此外,本文还讨论了不同国家的六家医院的年PhC消费量,以及它们的类型和大小
Herrmann, et al[15]	对德国的某精神病院、疗养院和综合医院的六种精神药物进行了PEC和MEC评价。本研究对MEC的不确定性进行了分析和讨论
Daouk, et al[33]	这项研究涉及瑞士日内瓦大学医院排出物的特征,即15个PhC的PEC和MEC。MEC基于24h比例复合水样;PEC基于所选PhC的年消耗量数据。此外,还评估了日负荷。在此过程中,通过管内高度测量和Kindsvater-Carter方程估算了医疗废水流量
Verlicchi and Zambello[34]	作者比较了医疗废水中各属于11种不同治疗类型的38种PhC的PEC和MEC。MEC是基于在两个不同季节(夏季和冬季)进行的时间比例水取样,PEC是基于年消耗量
Klepiszewski, et al[35]	作者分析了在医院下水道PhC监测活动中,先验精度检验在确定采样方案中的重要性

表 6-2 本章所含化合物按其治疗类别分组

药物类别	化学物质
止痛药/消炎药	对乙酰氨基酚,可待因,地塞米松,双氯芬酸,布洛芬,吲哚美辛,酮洛芬,扑湿痛,咪达唑仑
麻醉	异丙酚,硫喷妥钠
抗生素	阿莫西林,阿奇霉素,头孢唑啉,氯霉素,金霉素,西司他丁,环丙沙星,克拉霉素,克林霉素,多西环素,红霉素,加替沙星,甲硝哒唑,莫西沙星,诺氟沙星,氧氟沙星,磺胺嘧啶,磺胺甲噁唑,甲氧苄啶
糖尿病药	格列本脲
高血压药	依那普利,氢氯噻嗪,赖诺普利,缬沙坦
抗肿瘤药或细胞损伤毒素	5-氟尿嘧啶,环磷酰胺,顺铂,卡铂,阿霉素,奥沙利铂,吉西他滨,异环磷酰胺,他莫昔芬
兴奋剂	沙丁胺醇
β 阻滞剂	阿替洛尔,美托洛尔,普萘洛尔,索他洛尔,噻吗洛尔
对比剂	泛影酸,碘比醇,碘海醇,碘美普尔,碘帕醇,碘普罗胺,碘羟拉酸
利尿剂	呋塞米
激素	黄体素
脂质调节剂	阿托伐他汀,普伐他汀
精神药物	阿米舒必利,卡马西平,地西泮,多虑平,氟西汀,加巴喷丁,左乙拉西坦,氯羟安定罗西汀,普雷巴林,奎硫平
稀有金属	钆(Gd),铂(Pt)
受体拮抗剂	雷尼替丁

6.4 模型参数

根据式 (6-4),构建预测模型所需参数是其研究期间的 PhC 消耗数据、PhC 排泄因子和医疗机构内产生的废水量。图 6-1 显示了评估 PhC 负荷和浓度所需的参数[图 6-1 (a)]及其相关性,以及直接测量 PhC 浓度和负荷时必须设置的参数[图 6-1 (b)]。采样模式包括连续模式和离散模式(即基于时间、体积的采样或按流量比例采集的复合样本)。

以下讨论了评估 PEC 和 PEL 所需的参数。

6.4.1 消耗数据

假设所采用的模型在整个观察期(年、月)内,每种化合物的消耗量都是均匀的。一般来说，可用的消耗数据常以年度为范围，很少是每季度、每月或更短的时期。Weissbrodt 等[22]比较了医院某些 ICM 和细胞抑制剂的平均估计消耗量和在 8 天的观察期内的准确消耗量。他们发现对 ICM 预测的结果是可信的，但是对细胞抑制剂的准确消耗量大大高于估计量（4.5 倍）。根据 ICM 的日准确消耗量分析得出工作日的消耗量高于周末，尤其是因为放射科周五的工作量最大导致其消耗量达到最高值。在周末，只有急诊的电子计算机断层扫描（CT）在运行，在这些时间内使用的唯一 ICM 是碘美普尔和碘羟拉酸。

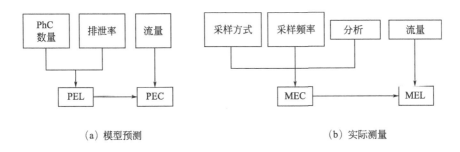

(a) 模型预测　　　　　　　　　　　　(b) 实际测量

图 6-1　模型预测和实际测量 PhC 浓度和负荷的主要参数

Daouk 等[33]分析了一组 PhC 在一周内的平均日负荷变化，发现对于长期广泛消耗的化合物（即对乙酰氨基酚、莫芬和布洛芬），它们的值为平均值的 50%～150%。对于双氯芬酸、甲芬那酸、加巴喷丁和卡马西平等用药量较少的 PhC 的波动更为明显（高达 400%）。钆（存在于 ICM 中）和铂（存在于许多细胞抑制剂中）在周末与平均值有较大偏差。

De Souza 等[23]强调指出，医院内各部门和病房的 PhC 消耗量各不相同。他们发现在为期数月的调查中，巴西医院重症监护室中抗生素的消耗量超过整个医院消耗总量的 25%，且每月平均值的波动非常小，而整个医院的波动更频繁、明显（其变化范围为 −45%～+27%）。

不同治疗类别和特定化合物的消耗模式尚未得到彻底调查，故结果并不具有可比性。De Souza 等[23]报告了巴西医院重症监护室使用抗生素的单位数量，而 Coutu 等[31]报告了医院抗生素消耗的月度波动，并将其标准化为年平均值。

对抗生素组和一些特定的活性成分，即头孢唑啉和卡马西平，以及一些涉及整个医院的案例进行研究可获得年消耗情况的分析。表 6-3 是月平均消耗量的变化。

表 6-3　部分有效药物成分和抗生素类的月平均消耗量的变化

月份	抗生素/%	卡马西平/%	卡马西平/%	头孢唑啉/%
1月	3.9	−34	−0.61	−3

续表

月份	抗生素/%	卡马西平/%	卡马西平/%	头孢唑啉/%
2月	−12.2	87	−75	24
3月	−7.0	−48		26
4月	0	−20		−14
5月	5.3	14	−66	−16
6月	−8.9	−72	−0.61	−3
7月	4.4	4	128	30
8月	12.8	38	−65	−6
9月	16.8	97	38	−36
10月	2.7	7	3.53	−3
11月	−19.9	−45	38	13
12月	2.2	−27		−11
文献	[36]	[36]	[37]	[37]

Lenz 等[38]强调 18 个月内抗癌铂化合物（CPC，即顺铂、卡铂、奥沙利铂和 5-氟尿嘧啶）的消耗量无一致性差异。

Coutu 等[31]报告了在不同年份间大多数被调查抗生素的轻微变化，而 Le Corre 等[30]基于澳大利亚医院的分析表明，不同 PhC，其每年的变化率在 22%~44%之间。

正如 Verlicchi 和 Zambello[34]所讨论的，抗生素在医疗机构中的消耗模式与城市居民区中的消耗模式不同。城市消耗波动更明显，有典型的季节性高峰，而医院消耗波动同样存在，但不太明显，而且在任何情况下的消耗波动都是针对特定地点的。这些考虑引出了一种假设，即由于不同的治疗方案和用于治疗的疾病类型，抗生素在医院的使用与非医院的使用是毫无关系的。

我们很难获得一些化合物的日常消耗模式，但重要的是要记住：各种 PhC 是在一天中分配给患者的，其浓度在一天中呈现波动。PhC 浓度（MEC）在平日中每小时的变化曲线是针对特定化合物的，并且只适用于有限数量的活性成分。图 6-2 报告了其中一些与医疗废水有关的情况。文献［2］报告并讨论了与其他物质有关的概况。

Weissbrodt 等[22]报告了每日 ICM 和细胞抑制剂的浓度、医疗废水流速，发现污染物最大浓度的出现并不总是与最大负荷（浓度×流速）相对应，为获得有代表性的样本，需决定何时取样以获得最大浓度（用于环境风险评估）或评估日负荷（每小时的量可能不同）。

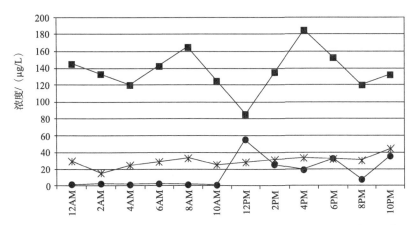

图 6-2 医疗废水中对乙酰氨基酚、钆和环丙沙星浓度的小时波动[20,39,40]
—■— 对乙酰氨基酚；—●— 钆；—*— 环丙沙星
AM 表示上午；PM 表示下午

6.4.2 排放因子

特定化合物的排放量取决于多种因素，主要与给药途径、人体健康和代谢有关。许多作者在各自文献中报告的每种化合物的不同值便证实了这一点。关于本研究考虑的物质选择，观察范围如图 6-3 所示。

Weissbrodt 等[22]提出在根据 PhC 的消耗量预测其浓度时，排泄量的假设值可能会极大地影响所得到的浓度。关于这点可从文献中获得一些建议。例如，Escher 等[19]假设面霜中活性成分的排放量为 75%～100%，原因是从皮肤上洗掉的面霜也是水污染的来源，而这些成分不会在人体内进行新陈代谢。Lienert 等[47]提供了当尿液和粪便排泄的部分存在不确定和不一致时计算排泄量的依据。其他研究人员考虑到化合物在尿液和粪便中的排泄，假设其具有参考价值，没有讨论其选择标准便使用他们计算的值。Verlicchi 和 Zambello[34]考虑到在配方、给药途径、代谢和性别方面的情况，在他们的调查中假设排泄因子等于根据收集文献数据而确定的平均值。

Lienert 等[46]提供了一些不同治疗类别的排泄因子变化范围以及相应的平均值。图 6-4 中报告了 22 组化合物的范围，并且在每组名称之后的括号中标明了建议的平均值。

值得注意的是，有些化合物如碘系造影剂和细胞抑制剂主要由人类排泄，但它们并未完全释放到医院内部下水道管网中。事实上，在这些化合物的排泄者中大多数是门诊病人，他们仅在医院度过一段比典型的排泄时长更短的时

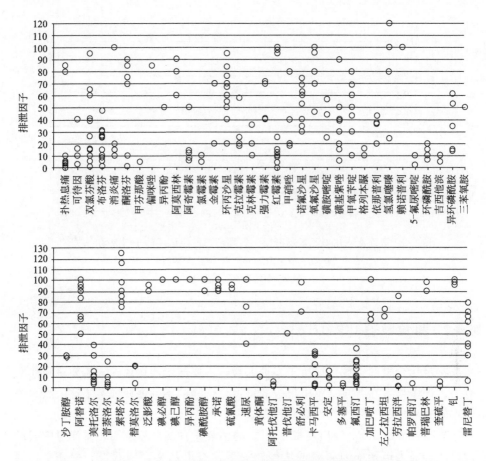

图 6-3　文献中报道的所选化合物的排泄因子的变化范围

数据来源：文献 2, 7, 10, 15, 17, 18, 22, 28, 31-33, 41-52; http://www.bioagrimix.com/hacpp/html/tetracyclines.htm; http://www.ncbi.nlm.nih.gov/pmc/articles/PMC90863; http://www.ncbi.nlm.nih.gov/pubmed/3557734; http://www.medsafe.govt.nz/profs/datasheet/Daoniltab.pdf; http://www.medsafe.govt.nz/profs/datasheet/b/Buventolinhalpwd.htm; http://dmd.aspetjournals.org/content/3/5/361; http://www.ncbi.nlm.nih.gov/pmc/articles/PMC1428960/pdf/brjclinpharm00307-0061.pdf; www.torrino.medica.it

间。Weissbrodt 等[22]发现只有 49% 的 ICM 和 5.5% 的细胞抑制剂在医疗废水中释放。

6.4.3　流量预测

医疗废水流量根据医院特定的用水量和医院规模（即床位数量）进行评估，即每天各床位用水量。医院规模与用水量之间没有明确的相关性[2]，具体消耗量与许多因素有关，包括可用水源和地理条件。全世界范围内统计的用水量为

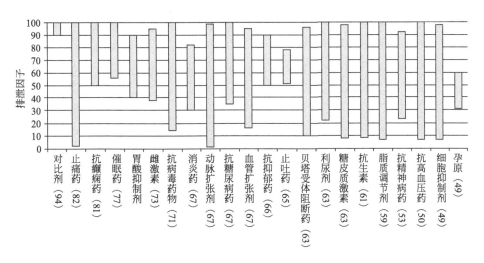

图 6-4 不同治疗类别的排泄因子比例（%）的变化范围
（每种化合物后括号内的数字对应于各收集数据的平均值[46]）

200~1200L/(床·d)，但通常采用的数值在 400~800L/(床·d) 之间。

一些作者有时假设用水量为以上统计值的倍数，通常为 0.65~0.85 倍[53,54]。

Altin 等[55]根据不同类型的用户（工作人员、住院患者、访客、实验室、洗衣和自助餐厅）估算土耳其一些医院的用水量。他们发现，这个理论值与在不同时间对中型医院进行 24h 流量测量所产生的平均流量的 80% 吻合。他们指出，20% 的消耗水用于灌溉和清洁。

在文献 [34] 中，平均日流量可由此质量平衡得到，主要考虑用水量（由医院内部技术服务部门提供数据），手术室使用的水袋产生的进水贡献，住院患者、门诊患者、工作人员和访客产生的人体排泄物以及老旧的配水系统造成的水损失。每年要进行一次水平衡计算，因此假定每天的耗水量和产生的废水量都遵循相同的对应流量模式。

这可能会导致一年中不同日期产生的实际废水流量存在差异。这个概念在图 6-5 中清楚地显示出来。图 6-5 是在三个月（3月、4月和5月）内测量的印度尼西亚医院（538 张病床，1225 名工作人员）的每日流量[56]。

结果显示，日流量相对平均日流量的变化范围为 -12%~+13%。这可以用周末医院内的实验室和诊断活动以及门诊人数减少来解释。

全年的月流量也有一致的变化。图 6-6 所示是两家中型意大利医院在一年内的每个月月末时定期测量和记录流速[34]。月流量相对于月平均值在 -41%~+72% 之间变化。最高流量值发生在炎热的季节。同样重要的是虽然被调查的医院规模相似，但两个医院的废水概况不同。

对年度流量变化的分析可以界定综合医院预期年度流量变化范围。这有助于对预测模型进行敏感性分析。

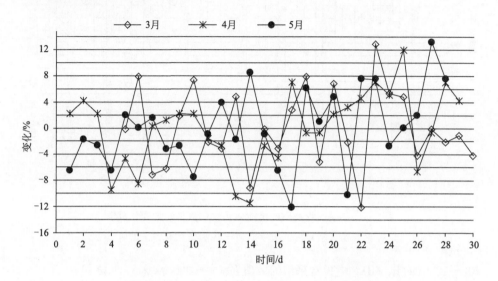

图 6-5　印度尼西亚医院 3 个月以上日流量的变化

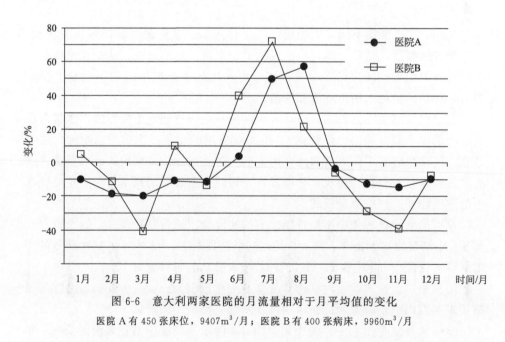

图 6-6　意大利两家医院的月流量相对于月平均值的变化

医院 A 有 450 张床位，9407m³/月；医院 B 有 400 张病床，9960m³/月

对流速变化的分析可通过对每小时流速的比例变化曲线进行分析得到。图 6-7 是某工作日在三个国家的中型医院观察到的情况。法国的医院有 655 张病

床，平均流量为 27.3m³/h[1]；毛里求斯的医院有 535 张病床，平均流量为 23.3m³/h[57]；土耳其的医院有 324 张病床，平均流量为 7.8m³/h[55]。

由于这些小时变化，24h 内复合流量比例采样模式比随机采样更可信，因为在这种模式下，对所得水样的分析将权衡发生率和流速的变化，并且样品将更能代表真实条件（并减少不确定性，如文献 [24，27，35] 所述）。

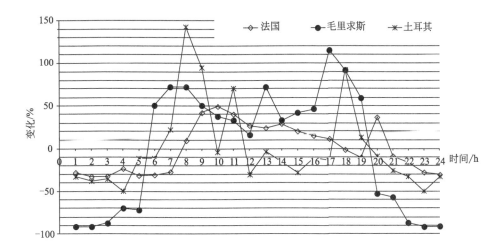

图 6-7　小时流量相对于三家医院平均每日流量的变化[1,55,57]

6.5　浓度和负荷的预测及测量结果比较

表 6-1 简要报告了涉及医疗废水中选定的 PhC 预测和测量浓度、负荷的研究。这些研究中讨论的数据在图 6-8 中以每种化合物的 PEC/MEC 进行报告。本章遵循的精度评估标准是由 Ort 等[58] 提出的，已经在 Daouk 等[33]、Verlicchi 等[51] 以及 Verlicchi 和 Zambello[34] 的文献中应用。它设定了：

① 如果 0.5≤PEC/MEC≤2，则 PEC 是可接受的；
② 如果 PEC<0.5，则 PEC 过低，不可接受；
③ 如果 PEC>2，则 PEC 过高，不可接受。

正如 Verlicchi 和 Zambello[34] 所述，虽然这些标准被作为准确度评估，但 MEC 在实际上并不比 PEC 更准确可靠；反之亦然，并且这些标准在用于评估预测和测量的结果上存在差异。

对图 6-8 中由标准定义的三个区域间的数据进行分散性分析得出：32% 的数据在可接受的区间内，其余 64% 的数据，PEC 过高或过低。

6.4 部分关于在 PEC 和 PEL 模型应用中定义参数的必要选择的讨论可能

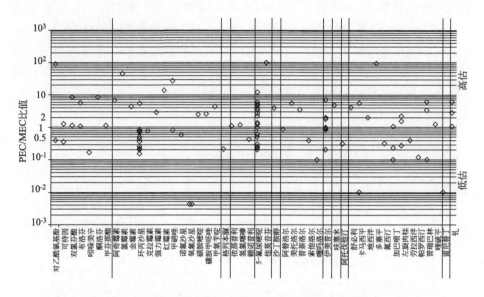

图 6-8 根据治疗类别分组的一组化合物的 PEC/MEC
水平虚线（对应于 PEC/MEC 等于 0.5 和 2）定义了高估和低估区域，并根据 Ort 等[58]建议的标准确定了良好的一致性。数据来自文献 [15, 20, 21, 28, 33, 34]

有助于解释直接测量浓度的高、低估的情况。6.6 部分和 6.7 部分将深入分析影响 PEC、PEL、MEC 和 MEL 准确性及可靠性的潜在因素。

有研究[21,38]考虑到所调查化合物的最小排泄率（2%），比较了维也纳大学医院肿瘤病房（18 名住院患者）污水中的细胞抑制剂 PEC 和 MEC，发现了很好的一致性。尤其是 Lenz 等[38]提供了一组称为抗癌铂化合物（CPC）的细胞抑制剂的 MEC 和 PEC，包括顺铂、卡铂、奥沙利铂和 5-氟尿嘧啶，而 Mahnik 等[21]主要研究 5-氟尿嘧啶和阿霉素（一种蒽环类药物）。McArdell 等[29]证实了这一趋势，他们比较了瑞士巴登一家有 346 张床位的医院的肿瘤病房污水中环磷酰胺的 MEL 和 PEL。

McArdell 等[29]调查了更广泛的化合物（巴登医院前 11 种）的预测和测量负荷，也发现放射科病房排出污水中的 ICM 具有良好的一致性；对于许多最常用的活性成分，他们发现 PEL/MEL 约为 0.33。所测得的缬沙坦的负荷量是预期的 6 倍，这是由于其他血管紧张素受体阻滞剂可能转化为缬沙坦，导致负荷量高于预期。季节变化也可以导致较高的负荷（预测是基于 PhC 的年消耗数据）。阿奇霉素（23 倍）、西司他丁（25 倍）、环磷酰胺（7 倍）、地塞米松（14 倍）、双氯芬酸（6 倍）、红霉素（28 倍）、硫喷妥钠（41 倍）的 PEL 均显著高于相应的 MEL。这些差异可能是由于年消耗数值不能代表测量期（夏季）的情况，因为其中大多数会出现季节性波动。

关于细胞抑制剂和 ICM，Weissbrodt 等[22]在比较了一家中型医疗机构排放的医疗废水中的 PEL 和 MEL 后发现测量值与预测值之间存在一致性差异。这种差异是由于这些化合物大多数是给门诊病人服用的（70%用于细胞抑制剂，50%用于 ICM），因此只有一部分配药量是在医院内排出的。总体来说，预测值远高于测量值。

Mullot 等[28]比较了法国三家不同医院的 MEL 和 PEL，发现阿替洛尔、磺胺甲噁唑、环丙沙星、5-氟尿嘧啶和酮洛芬的测量负荷及预测负荷的平均值之比为 0.7～1.1。环磷酰胺的比值为 0.67，异丙酚的比值为 0.12。

作者认识到对这个比值的评估可以最大限度地减少波动。事实上，如果对特定医院进行评估，其变化范围会更广，对于异环磷酰胺，这个比值变为 0.30，而碘替啶醇为 2.1。

Ort 等[24]指出，当流量和浓度正相关时，通常会低估污染物负荷。

关于预测和直接测量 PhC 浓度和负荷之间差异的讨论必须考虑不同的因素，这取决于化合物本身和研究所关注的重点。

根据 Mullot 等的研究[28]，半衰期短、人体新陈代谢弱的化合物的 PEC 和 MEC 之间存在强相关性。对于其他 PhC，浓度预测还应考虑各种参数，包括门诊使用量、药代动力学数据和废水中分子的稳定性。

主流观点认为，预测模型是非常有用的工具，但由于必须采用默认值或文献值，内在的不确定性是不可避免的，应逐个仔细评估以减少估计的不精确性。直接测量提供了特定情况和时间下 PhC 的出现时间及负荷。主要的问题在于评估这些数值如何代表当时的情况和时间。由于影响 PEC、MEC、PEL、MEL 的因素较多，因此本书对其的特性进行了深入分析。

6.6 影响 PEC 和 PEL 的潜在因素

6.6.1 医院内 PhC 消耗的预测

PEC 值是根据 PhC 消耗量（年）估算的。该数据通常包含医院分配给住院患者和门诊患者的所有 PhC。

在预测 PhC 浓度时，应记住以下因素。

① PEC 相当于基于消耗的平均值，不考虑住院治疗患者一年内的潜在波动。

② 药品包装可能不会完全消耗掉（只有在患者出院或死亡的情况下，才可能会将包装退回医院药房）。

③ 住院患者在住院期间可能将其常用药物从家中带到医院，因此在医院的药品消耗数据中没有考虑到这些化合物。

④ 门诊患者一天只在医院停留几个小时，需要特定药物（如细胞抑制剂）来分析或治疗，而门诊患者不能在医院中完全排出这些给药化合物[19,22,28]。Escher 等[19]强调大量 PhC 在医院内消耗，但门诊患者在家排泄，因此很难估计排放到医院内部污水中的部分。Weissbrodt 等[22]发现只有 49％的 ICM 和不超过 5.5％的细胞抑制剂在医院内部污水管网排出，其余的比例在家中排出。Lenz 等调查了肿瘤病房的废水[38]，发现因为患者住院时间短于 CPC 的生物半衰期，所以只有 27％～34％的总给药铂（致癌性铂化合物 CPC 中包括顺铂、卡铂和奥沙利铂）通过内部污水管网排出。排放比例更低的是 5-氟尿嘧啶（0.5％～4.5％）和阿霉素（0.1％～0.2％）。

⑤ 患者缺乏坚持服药习惯，Bianchi 等[59]发现抗精神病药物的平均坚持治疗率为 64％。

⑥ 此外，医院药房还为门诊患者或出院患者提供 PhC，以便在家开始或继续治疗。例如，抗肿瘤药物和精神病药物[2,59]在医院里既不给药也不排泄。抗病毒药物是在医院预先开具及提供的，但很可能是由门诊患者在家里排泄[33]。

⑦ 如果洗衣房只提供内部服务，则洗衣房在一周内和周六上午运行。由于洗衣用水量约为整个医院用水量的 33％[60]，所以这可能导致更高浓度的 PhC。

⑧ 最后，由于患者缺乏坚持服药习惯，以及由于患者在院外排泄药物，药房消耗数据可能与实际消耗数据不同[61]。

6.6.2　年消耗变化

正如 6.4.1 小节所强调的，有些化合物的消耗量具有季节性差异（例如抗生素），而其他类别的波动则不明显。全年的消耗数据并不能提供真实消耗模式的信息。PEC 和 PEL 每年提供一个平均值。

6.6.3　药品消耗量与有效用量之间的差异

应注意的是，医院数据库中的消耗量对应的是药房提供给每个病房的数量，而不是每个病房或科室内有效用量。一些未使用的住院药物可以在病房收集，并返回药房重新使用或妥善处置。出于经济和环境原因，在固体或液体废物系统中丢弃药物通常不是医院的政策。因此，这些药物不会增加医疗废水的负荷。Ort 等[16]注意到这些数量通常是非常有限的。此外，运送到病房和实际消耗之间可能有一段延迟时间。

6.6.4　用于评估 PEC 的排泄因子的不确定性

排泄因子根据药物的种类以及服用 PhC 的个体的特点而变化。因为少数患者的变化不显著，所以估计值应考虑到大量个体的排泄数据。

如 6.4.2 小节所述，对于特定的活性成分，文献通常提供不同研究和调查得出的排泄因子的最小至最大范围。许多情况下，排泄因子是指几十年前进行的研究[7,45]，没有考虑到新一代 PhC（即加替沙星和莫西沙星）是为了有更好的治疗效果，提高人体吸收率，同时降低排泄率[62]。

从科学的角度来看，现有（包括旧的）文献关于这些化合物的数据可能不一定是正确的，这可能导致高估预测浓度。

当采用给定化合物的排泄率时，必须多加考虑，因为它可能指的是未改变的化合物或相应的代谢物[47]。如果在评估预测浓度时同时考虑这两个因素，就会出现高估。此外，需要注意因活性药物成分的应用模式导致不同的排泄率[17,19]。

另一难点是准确评估在随后的每一天中未发生变化的被吸附药物消除比例[28]。因为选择的主要 PhC 具有亲水性，所以没有对悬浮物发生显著的吸附作用。

Le Corre 等[30]建议考虑每个 PhC 的总排泄量，以平衡其他不受控制的参数（即不当处置或未使用的 PhC）。如此便可防止出现高估且假阴性的情况。

在应用方式上，Heberer 和 Feldmann[17]认为，皮肤应用是医疗废水中双氯芬酸残留的主要来源。据报道，这类应用对药物的吸收率较低。出于这个原因，一般推荐使用高排泄值（75%～100%）的面霜和软膏，但矛盾的是，这种假设也可能导致高度的不准确。因为这些活性成分可能被衣服或绷带吸收，所以它们的回收率很低。如果医院内有洗衣房，可能会在洗衣房的污水中发现这些化合物的一部分。如果没有洗衣房，这部分将不予计算。

在对排泄因子做适当的假设时应考虑含有同一药物但不同制剂的应用方式的影响，以衡量每种活性成分的用药量。

6.6.5　废水流量变化

医疗废水流量常假设等于医院用水量[19,33]，有时占用水量的 65%～85%[53]、75%[54]和 80%[55]。Verlicchi 和 Zambello[34]考虑到调查的医院消耗饮用水的情况，手术室使用水袋的情况，工作人员、住院患者、门诊患者和访客产生的废水量以及医院内老旧配水系统渗漏所造成的损失，根据用水平衡，评估了医疗废水的流量。如 6.4.1 小节所述，该流量呈现出每小时、每天和每月的波动。流量估计中的不确定性可能会极大地影响预测。此外，重要的是要考虑到 PEL 与流量以及同一时期内所选 PhC 的分配量高度相关，不确定性取决于这两个因素。

6.6.6 未使用药品的不当处置（在生活垃圾中或通过厕所）

不当地处置未使用药物，例如冲下马桶或与生活垃圾一同丢弃以代替将其送回医院药房，也会影响预测的准确性[34]。这一影响因素对医疗废水来说相比于城市污水不太重要，因为药物的处置由相应医院机构的工作人员管理，该人员应将 PhC 返还给授权供应商或返回至经销商处。

对于医院等登记注册的实体单位，美国虽没有明确的 PhC 处置指南[63]，但任何此类处置必须按照当地环境法规进行。通常美国药品执法管理局（DEA）可以通过将受控物质退回制造商、转移给经销商或使用联邦法规规定的程序销毁（迄今为止还没有此类程序）来处置受控物质。作者指出，液态比片剂的药物更容易被排出。特别是在他们进行学术分析的中心医院中，配药中 50% 的对乙酰氨基酚和可待因被浪费了。

6.6.7 采样点前的污水处理系统的生物降解/转化或吸附过程

正如 Weissbrodt 等[22]在关于细胞稳定剂的评论写到：在医院内部下水道废水中出现的 PhC 可能受到生物降解过程的影响。

根据 Lai 等[27]的说法，生物降解的影响在给定的下水道系统和较短采样周期内应被认为是恒定的，日间变化可忽略不计。当比较不同地点之间或某一地点内较长时间跨度（即年份、季节性影响）的数据时，此说法可能不成立。

具有高吸附潜力的化合物（如阿奇霉素），因为可能吸附在下水道中的污泥和颗粒上，也可能在稍后的时间释放，所以可能会受到解吸过程的影响，这具体取决于环境条件[51]。

6.7 影响 MEC 和 MEL 的因素

6.7.1 采样方案

PhC 主要通过马桶冲水至医院内部下水道。并不是所有的马桶冲水都含有所配比的活性成分，这取决于人体新陈代谢，特别是化合物的半衰期。假设每天都在医院的人一天冲厕 5 次，下水道中预期和观察到的实际 PhC 的短期变化取决于排放到污水管网中含有相关化合物的冲水总量。因此 PhC 的出现率可能在一天中变化很大，表现出所谓的短期变化，所以重要的是计划并采用适当的取样方案，即取样频率和方式，以便能够为特定化合物提供具有代表性的废水样品[24,64]。

研究人员可以选择不同的取样模式：他们可以从一侧按时间、流量采集水样，从另一侧按体积比例复合采集水样。通常，自动取样器装置用于在 24h 内收集大量离散样品。据 Ort 等的结论[24]：对于溶解性化合物的负荷，按流量比例的连续取样模式最真实且精确。

根据下水道中 PhC 的动态变化，采用特定的采样方案将导致不同程度的不确定性。Ort 等[24]对三种表现非常不同的活性成分（雷尼替丁、卡马西平和碘普罗胺）所产生的采样不确定性进行了深入分析和比较。主要结果是，采样误差随着含有的特定化合物的每日冲厕次数的减少和采样频率的降低而增加。

Ort 和 Gujer[26]讨论了如何选择最合适的采样频率以控制采样误差。此外，Ort 等[24,25]通过对一些研究案例的讨论，针对不同行为的化合物（钆、雷尼替丁、碘普罗胺和卡马西平），提出了一种评估采样不确定性的方法。该方法基于排水管网类型（重力式或加压式、分离式或组合式）和相关化合物的废水量。后一个参数基于 PhC 给药剂量、每日规定剂量以及冲厕总次数得出相关化合物的总排水量。这一理论的应用实例见文献［34，51，65，66］。

文献［24，25］中提供了选择精确取样方案的建议，该方案可获得具有代表性的水样和"相当精确"的 MEC。

取样时我们可以发现实际的变化（由于药物及个人护理用品的消耗模式）和由于分析误差（包括运输保存、储存、制备和仪器误差）引起的附加变化。如果不加以管理，这种不确定性可能成为误差的主要来源。

按流量比例连续采样的模式从理论上说是针对溶解性化合物负荷最真实和精确的采样模式[16,24]。然而，考虑到经济和技术条件的原因，这种采样模式并不总是可以持续采用的。有时建议在几个星期内完成采样[17,21]。

如果所研究的相关物质的动态变化不太清楚或评估不当，或考虑到选择不同的复合采样模式，这种选择在很大程度上取决于现场的特定边界条件，Ort 等[24,25]建议采用保守原则使用高采样频率（<5min）以减少不确定度。

对于全年变化较大的化合物，确定适当的采样活动是非常重要的。仅在一个季节测量可能导致对年负荷的估计过高或过低。在计算 PEC 时，对于具有强烈季节变化的化合物，应按月考虑其消耗量。

为了估计水中 PhC 造成的环境风险，在最大排放时刻采集样本可能是更好的选择，因为急性毒理学风险不仅与负荷有关，甚至必须考虑最大浓度。Ort 等[24,25]讨论了确保测量数据可靠性和降低相对不确定性所需考虑的主要方面。

6.7.2 分析误差

在对相关的不确定性做计算与化学分析时,应考虑仪器和人为误差。这类误差可能会导致高不确定性,特别是在极低浓度(纳克/升级)下检测到的化合物[34,51]。Johnson 等[64]在不同实验室测量同一样品的不同子样品后,报告称因为标准偏差范围高达 60%,所以不能保证得到准确的各种 PhC 浓度。

关于分析方法,需强调的是,它们只分析溶解在水相中的化合物,对于具有高吸附潜力的化合物,一部分可能已经吸附到悬浮固体上,因此不会在水样中分析得到。

6.7.3 排水管网布置及全天、周浓度波动

在规划监测活动时,必须获得有关排水管网类型和布局(重力或压力、组合或分离、潜在渗透影响、管网框架)的情况,并了解不同 PhC 全天的潜在波动[24,25]。事实上,对于某些化合物(即钆、细胞抑制剂和铂),根据不同的消耗和排泄模式,MEC 在夜间保持相当低的水平,并在上午和下午出现几个高峰[20,22]。文献 [21] 分析了 5-氟尿嘧啶在一周内浓度的动态变化,同时另一研究中提到了在 14 天内异丙肾上腺素、5-氟尿嘧啶和环丙沙星的动态变化[28],并提到了一天和一周内的 ICM 和细胞抑制剂动态变化[22]。

这些与相应日平均值的差异证实对 PhC 的分析调查必须在 24h 的综合水样上进行,以便测量不同化合物的平均浓度,从而更好地说明医疗废水的潜在影响因素[2]。

6.7.4 流量测量

为了估计医院流量,Daouk 等[33]每隔 2min(每 2 周进行一次精度检查)测量一次污水管中的水位(通过尖顶矩形堰和堰上游的超声波流量计),并根据 Kindsvater-Carter 方程[67]评估流量。

$$Q = C_e \frac{2}{3} \sqrt{2g} b_e (h_e)^{1.5} \qquad (6-9)$$

式中,Q 为流量,m^3/s;C_e 为流量系数,$m^{0.5}/s$;g 为重力加速度,m/s^2;b_e 为有效宽度,m;h_e 为有效高度,m。

Heberer 和 Feldmann[17]使用经磁感应流量计校准的流量计连续测量流量。Weissbrodt 等[22]和 Ort 等[16]在试验阶段以高时间分辨率常规测量流速。

相反地，Verlicchi 和 Zambello[34]通过质量平衡来评估日流量，如 6.6.5 小节所述。

6.7.5 取样和运输过程中的降解过程

如 6.6.7 小节所强调的，生物降解和生物转化可能发生在排放点和取样点内，也可能发生在所采样品的运输过程中。在后一种情况下，也可能导致较低 MEC 的光降解过程。

6.8 预测、测量的浓度和负荷的不确定性

由于上述参数的内在波动而产生的不确定性，预测和测量的浓度及负荷都受到不可避免的影响（6.6 部分和 6.7 部分）。

6.8.1 浓度和负荷预测的不确定性

PEL 和 PEC 的不确定性程度是由排泄因子（文献数据）、流量（医院数据）或 PhC 消耗量（前两个参数的组合）决定的。

（1）流量的不确定性　Lai 等[27]在其他研究[68]的基础上假设重力污水管网的保守不确定性估计值等于±20%，这是合理的。

Verlicchi 和 Zambello[34]根据文献数据（考虑到两个特定的中型医院在全年包括工作日和周末的流速），假设医院流速的变化范围更广（−51%～+81%）。

（2）排泄因子的不确定性　该假设的不确定性是由化合物决定的，对于不同的 PhC 有着迥然不同的范围。如 Herrmann 等[15]所述，他为多虑平和硅硫平设定了±100%的范围，为普瑞巴林设定了±4%的范围，Verlicchi 和 Zambello[34]则认为 38 种化合物属于不同的治疗类别。他们报告的范围极其不同，从沙丁胺醇的±3%到氯羟安定的±99%。

（3）PhC 消耗的不确定性　Verlicchi 和 Zambello[34]发现镇痛药和抗炎药的不确定性适中（±15%），抗生素的不确定性略高（−36%～+30%），而卡马西平的不确定性更高（−75%～+120%）。对于波动不明显的化合物，默认不确定度范围假设为±50%。

Herrmann 等[15]在精神病院和疗养院调查神经类药物时发现，同一化合物在不同地点使用时的不确定性范围非常不同。这强调了进行特定地点研究的重要性，并要谨慎考虑其他调查的结果或参考不同的医疗保健结构。

根据对所采用的 PEC 和 PEL 模型进行敏感性分析后发现，排泄率 E 对大多数化合物的 PEC 和 PEL 值总是有很大的影响。此外，Verlicchi 和 Zambello[34]在研究中指出，废水流量的影响比药物消耗的影响更为一致，而在 Herrmann 等[15]指出，消耗量对结果的影响很大。但只有少数化合物，主要是抗生素和卡马西平可用消耗模式。这强调了进一步的调查对加深了解医院年消耗趋势，以及更好地评估 PhC 消耗对 PEC 不确定性的影响的重要性。

6.8.2 浓度和负荷测量的不确定性

MEL 和 MEC 的总不确定度 U_{total} 使用下式进行估算。

$$U_{total} = \sqrt{U_{Sampling}^2 + U_{Analysis}^2 + U_{Flow\ rate}^2} \tag{6-10}$$

式中，U_{total} 为总不确定度；$U_{Sampling}$ 为采样不确定度；$U_{Flow\ rate}$ 为流量测量不确定度。

它考虑了取样、化学分析和流量测量的影响（最后一个参数仅考虑 MEL 的不确定性，如图 6-1 所示）。

研究指出[24,25]，采样不确定度通常与冲厕次数和采用的平均采样间隔相关。为了解冲厕次数对采样不确定度的影响，Weissbrodt 等[22]在平均采样间隔为 8min 和不同冲厕方式的情况下所做的评估可能有参考性。

① 在冲厕 1 次或 2 次的情况下（对于在医院接受治疗，然后在家排出部分服用的 PhC 的患者），评估其采样不确定度在-100% 和+130% 之间。

② 对于冲厕 18 次（相当于每天 2~5 名患者，每个患者冲厕 4 次或 5 次），采样不确定度为±50%。

③ 在冲厕 50 次的情况下，不确定度降低到±30%。

连续流量比例采样将导致最小不确定区间（理论上等于 0）。Kovalova 等[69]采用连续流量比例采样，采样与被调查医院的实时饮用水消耗同步。尽管 Lai 等[27]对其综合废水样品采用了 24h 的连续流量比例模式，他们还是假设了 5% 的不确定性，以应对未知或不可预见的不确定性。

这种采样方案既费时又费钱，所以可以选择不同的采样模式（按时间比例采样和抓取采样）以及频率（一天内的离散采样），但相关的采样不确定度可能会持续增加。补充数据[24]中提供了对不确定度范围增量的估计。

Weissbrodt 等[22]采用流量比例复合采样模式，并估计出给药量最多的 ICM（依美罗尔、碘海醇和碘羟拉酸）的采样不确定度为 30%~40%，所研究的细胞抑制剂 5-氟尿嘧啶和吉西他滨的采样不确定度为 120%~130%，作者对这个现象解释为在采样过程中很有可能遗漏含有细胞抑制剂的厕所冲水。

Verlicchi 和 Zambello[34]在为期 24h 的医疗废水调查中评估的采样不确定

度在25%～100%之间变化，具体取决于化合物（其相关消耗量和预期的冲厕水量）。

如文献［27，51，65，69］所述，由化学分析引起的不确定度（$U_{Analysis}$）由相对回收率、一日内仪器精密度和其他不确定因素［见式（6-11）］估算。

$$U_{Analysis} = \sqrt{U_{recovery}^2 + U_{precision}^2 + U_{other}^2} \qquad (6-11)$$

式中，$U_{Analysis}$ 为化学分析不确定度；$U_{recovery}$ 为相对回收率不确定度；$U_{precision}$ 为一日内仪器精密度不确定度；U_{other} 为其他不确定因素不确定度。

在 Ort 等[16]的调查中，化学分析不确定度估计为所有化合物的20%，在 Herrmann 等的研究[15]中，神经药物的分析评估为5%～24%，在 Verlicchi 和 Zambello[34]的研究中，所有38种化合物的不确定度为4%～16%。在 Kovalova 等[69]的研究中，估计有35%的被调查化合物的不确定度小于14%，32%的化合物的不确定度为15%--29%，25%的化合物的不确定度为30%～100%，其余7%的化合物的不确定度大于100%。

与重力流管道中的流量相比，完全充满压力管道中流量的不确定度可以被更精确地测量。Ort 等[16]假设测量的压力管道的流量不确定度为6%，而 Lai 等[27]假设保守不确定度估计值为20%，这些假设在其他研究[68]的基础上以及考虑重力流的情况下是合理的。

Daouk 等[33]用6.7.4小节中描述的测量方法进行了更精确的评估，并假设不确定度等于5%。

Le Corre 等[30]为解释干旱天气下废水量的季节性或日常变化和流量测量误差，假设不确定度为50%。Herrmann 等[15]评估了流量的最大不确定区间为－19%～＋14%。最后，Verlicchi 和 Zambello[34]根据文献数据（关于两所中型医院的全年以及工作日和周末的特定医院流量），假设了医院流量的变化范围更广泛（－51%～＋81%）。

对式（6-9）中不同的影响因素分析表明，对 MEC 总不确定度影响最大的是采样模式，只有少数例外。如果采用流量比例采样方式，对于每天冲厕数超过50次的药品，采样不确定度最高可达25%～30%。对于那些每天只冲厕10次的药品，采样不确定度在75%左右。

6.9 小结与展望

上述分析并强调了每种方法（预测模型和直接测量）的优缺点。一种方法的优点往往是另一种方法的缺点，因此建议以互补的方式使用这些方法。

当需要更高精度时，有必要采取 PEC 以降低采样活动成本。在由于医院周围环境复杂和封闭下水道系统不可接近而难以对废水进行采样的情况下，对于这些没有试验分析方法来测定浓度和负荷或是定量限值不够低的物质[24]，可以在无法采集代表性样本的情况下，在一定程度上信任预测方法[24,30]。

PEC方法在确定优先化合物的阶段以及在初次尝试评估整个医疗结构或特定部门的废水所造成的环境风险阶段是有效的[23]。值得注意的是，预测数据并不会出现强烈的波动，而是生成了平均值[32]。

只有预测模型可用于评估新上市的PhC，而MEC只能用于已上市物质的风险管理。为了估计环境风险，在污水量最大的排放小时内采集样本可能是更好的选择，因为急性毒理学方面不仅与负荷有关，甚至必须考虑最大浓度。

综上所述，引用文献［70］的结论如下。

① 在评估医疗废水已知PhC的发生方面做出了巨大努力。

② 因为一些化合物的分析方法尚不可用或尚未得到验证，还需要做更多的工作。

③ 今后需要努力提高我们的知识水平。

参考文献

[1] Boillot C, Bazin C, Tissot-Guerraz F, Droguet J, Perraud M, Cetre JC et al (2008) Daily physicochemical, microbiological and ecotoxicological fluctuations of a hospital effluent according to technical and care activities. Sci Total Environ 403: 113-112

[2] Verlicchi P, Galletti A, Petrovic M, Barceló D (2010) Hospital effluents as a source of emerging pollutants: an overview of micropollutants and sustainable treatment options. J Hydrol 389(3 and 4): 416-428

[3] Santos LHMLM, Gros M, Rodriguez-Mozaz S, Delerue-Matos C, Pena A et al (2013) Contribution of hospital effluents to the load of pharmaceuticals in urban wastewaters: identification of ecologically relevant pharmaceuticals. Sci Total Environ 461-462: 302-316

[4] Kümmerer K (2001) Drugs in the environment: emission of drugs, diagnostic aids and disinfectants into wastewater by hospital in relation to other sources-a review. Chemosphere 45: 957-969

[5] Pauwels B, Verstraete W (2006) The treatment of hospital wastewater: an appraisal. J Water Health 4: 405-416

[6] Verlicchi P, Galletti A, Masotti L (2010) Management of hospital wastewaters: the case of the effluent of a large hospital situated in a small town. Water Sci Technol 6: 2507-2519

[7] Kümmerer K, Henninger A (2003) Promoting resistance by the emission of antibiotics from hospitals and households into effluent. Clin Microbiol Infect 9: 1203-1214

[8] PILLS Report-Pharmaceutical residues in the aquatic system-a challenge for the future. Final Report of the European Cooperation Project PILLS 2012 (available at the address: www.pills-project.eu, last access on May 10th 2016)

[9] Verlicchi P, Al Aukidy M, Galletti A, Petrovic M, Barceló D (2012) Hospital effluent: investigation of the concentrations and distribution of pharmaceuticals and environmental risk assessment. Sci Total Environ 430: 109-118

[10] Mendoza A, Aceña J, Pérez S, López de Alda M, Barceló D, Gil A, Valcárcel (2015)

Pharmaceuticals and iodinated contrast media in a hospital wastewater: a case study to analyze their presence and characterize their environmental risk and hazard. Environ Res 140: 225-241

[11] Directive 2013/39/EU of the European Parliament and of the Council of 12 August 2013 amending Directives 2000/60/EC and 2008/105/EC as regards priority substances in the field of water policy

[12] Commission Implementing Decision (EU) 2015/495 of 20 March 2015 establishing a watch list of substances for Union-wide monitoring in the field of water policy pursuant to Directive 2008/105/EC of the European Parliament and of the Council

[13] Richardson SD, Ternes TA (2011) Water analysis: emerging contaminants and current issues. Anal Chem 83: 4614-4648

[14] Kase R, Eggen RIL, Junghans M, Götz C, Hollender J (2011) Assessment of micropollutants from municipal wastewater-combination of exposure and ecotoxicological effect data for Switzerland. In: Sebastián F, Einschlag G (eds) Waste water -evaluation and management. CC BY-NC-SA 3.0 license. ISBN 978-953-307-233-3 (chapter 2), open access doi: 10.5772/16152

[15] Herrmann M, Olsson O, Fiehn R, Herrel M, Kümmerer K (2015) The significance of different health institutions and their respective contributions of active pharmaceutical ingredients to wastewater. Environ Int 85: 61-76

[16] Ort C, Lawrence MG, Reungoat J, Eaglesham G, Carter S, Keller J (2010) Determining the fraction of pharmaceutical residues in wastewater originating from a hospital. Water Res 44: 605-615

[17] Heberer T, Feldmann DF (2005) Contribution of effluents from hospitals and private house-holds to the total loads of diclofenac and carbamazepine in municipal sewage effluents-modeling versus measurements. J Hazard Mater 122: 211-218

[18] Feldmann DF, Zuehlke S, Heberer T (2008) Occurrence, fate and assessment of polar metamizole (dipyrone) residues in hospital and municipal wastewater. Chemosphere 71: 754-1764

[19] Escher BI, Baumgartner R, Koller M, Treyer K, Lienert J, McArdell CS (2011) Environmental toxicology and risk assessment of pharmaceuticals from hospital wastewater. Water Res 45 (1): 75-92

[20] Kümmerer K, Helmers E (2000) Hospital effluents as a source of gadolinium in the aquatic environment. Environ Sci Technol 34(4): 573-577

[21] Mahnik S, Lenz K, Weissenbacher N, Mader R, Fuerhacker M (2007) Fate of 5-fluorouracil, doxorubicin, epirubicin, and daunorubicin in hospital wastewater and their elimination by activated sludge and treatment in a membrane-bio-reactor system. Chemosphere 66: 30-37

[22] Weissbrodt D, Kovalova L, Ort C, Pazhepurackel V, Moser R, Hollender J, Siegrist H, McArdell CS (2009) Mass flows of x-ray contrast media and cytostatics in hospital wastewa-ter. Environ Sci Technol 43(13): 4810-4817

[23] de Souza SML, de Vasconcelos EC, Dziedzic M, de Oliveira CMR (2009) Environmental risk assessment of antibiotics: an intensive care unit analysis. Chemosphere 77(7): 962-967

[24] Ort C, Lawrence MG, Reungoat J, Mueller JF (2010) Sampling for PPCPs in wastewater systems: comparison of different sampling modes and optimization strategies. Environ Sci Technol 44: 6289-6296

[25] Ort C, Lawrence MG, Rieckermann J, Joss A (2010) Sampling for pharmaceuticals and personal care products (PPCPs) and illicit drugs in wastewater systems: are your conclu-

sions valid? A critical review. Environ Sci Technol 44:6024-6035

[26] Ort C,Gujer W (2006) Sampling for representative micropollutant loads in sewer systems. Water Sci Technol 54(6-7):169-176

[27] Lai FY,Ort C,Gartner C,Carter S,Prichard J,Kirkbride P,Bruno R,Hall W,Eaglesham G, Mueller JF (2011) Refining the estimation of illicit drug consumptions from wastewater analysis: co-analysis of prescription pharmaceuticals and uncertainty assessment. Water Res 45(15):4437-4448

[28] Mullot J,Karolak S,Fontova A,Levi Y (2010) Modeling of hospital wastewater pollution by pharmaceuticals: first results of mediflux study carried out in three French hospitals. Water Sci Technol 62(12):2912-2919

[29] McArdell CS,Kovalova L,Siegrist H (2011) Input and elimination of pharmaceuticals and disinfectants from hospital wastewater. Final Report (July)

[30] Le Corre KS,Ort C,Kateley D,Allen B,Escher BI,Keller J (2012) Consumption-based approach for assessing the contribution of hospitals towards the load of pharmaceutical residues in municipal wastewater. Environ Int 45(1):99-111

[31] Coutu S,Rossi L,Barry DA,Rudaz S,Vernaz N (2013) Temporal variability of antibiotics fluxes in wastewater and contribution from hospitals. PLoS One 8 (1): e53592. Open Access

[32] Helwig K,Hunter C,Mcnaughtan M,Roberts J,Pahl O (2016) Ranking prescribed pharma-ceuticals in terms of environmental risk: inclusion of hospital data and the importance of regular review. Environ Toxicol Chem 9999:1-8

[33] Daouk S,Chèvre N,Vernaz N,Widmer C,Daali Y,Fleury-Souverain S (2016) Dynamics of active pharmaceutical ingredients loads in a Swiss university hospital wastewaters and pre-diction of the related environmental risk for the aquatic ecosystems. Sci Total Environ 547:244-253

[34] Verlicchi P,Zambello E (2016) Predicted and measured concentrations of pharmaceuticals in hospital effluent. Strengths and weaknesses of the two approaches through the analysis of a case study. Sci Total Environ 565:82-94

[35] Klepiszewski K,Venditti S,Koeler C (2016) Tracer tests and uncertainty propagation to design monitoring setups in view of pharmaceutical mass flow analyses in sewer systems. Water Res 98:319-325

[36] De Luigi A (2009) Impatto di un ospedale sull'ambiente e indagine sperimentale sull'efficacia della disinfezione di un suo effluente. Dissertation for the Degree of M. Sc. in Civil Engineer-ing,University of Ferrara,Italy 2009 (in Italian)

[37] Verlicchi P,Galletti A,Masotti L (2008) Caratterizzazione e trattabilità di reflui ospedalieri: indagine sperimentale (con sistemi MBR) presso un ospedale dell'area ferrarese. Proc. Inter-national Conference SIDISA 2008 Florence (in Italian)

[38] Lenz K,Mahnik SN,Weissenbacher N,Mader RM,Krenn P,Hann S,Koellensperger G, Uhl M,Knasmuller S,Ferk F,Bursch W,Fuerhacker M (2007) Monitoring,removal and risk assessment of cytostatic drugs in hospital wastewater. Water Sci Technol 56(12):141-149

[39] Duong H,Pham N,Nguyen H,Hoang T,Pham H,CaPham V,Berg M,Giger W,Alder A (2008) Occurrence,fate and antibiotic resistance of fluoroquinolone antibacterials in hospital wastewaters in Hanoi,Vietnam. Chemosphere 72:968-973

[40] Khan S,Ongerth J (2005) Occurrence and removal of pharmaceuticals at an Australian sewage treatment plant. Water 32:80-85

[41] Besse JP,Kausch-Barreto C,Garric J (2008) Exposure assessment of pharmaceuticals and their metabolites in the aquatic environment: application to the French situation and pre-

[42] Bound JP, Voulvoulis N (2006) Predicted and measured concentrations for selected pharma-ceuticals in the UK rivers: implications for risk assessment. Water Res 40:2885-2892

[43] Carballa M, Omil F, Lema JM (2008) Comparison of predicted and measured concentrations of selected pharmaceuticals, fragrances and hormones in Spanish sewage. Chemosphere 72:1118-1123

[44] Coetsier CM, Spinelli S, Lin L, Roig B, Touraud E (2009) Discharge of pharmaceutical products (PPs) through a conventional biological sewage treatment plant: MECs vs. PECs? Environ Int 35:787-792

[45] Jjemba PK (2006) Excretion and ecotoxicity of pharmaceutical and personal care products in the environment. Ecotoxicol Environ Safe 63:113-130

[46] Lienert J, Bürki T, Escher BI (2007) Reducing micropollutants with source control: substance flow analysis of 212 pharmaceuticals in faeces and urine. Water Sci Technol 56(5):87-96

[47] Lienert J, Güdel K, Escher BI (2007) Screening method for ecotoxicological hazard assess-ment of 42 pharmaceuticals considering human metabolism and excretory routes. Environ Sci Technol 41(12):4471-4478

[48] Monteiro SC, Boxall ABA (2010) Occurrence and fate of human pharmaceuticals in the environment. Rev Environ Contam Toxicol 202:53-154

[49] Ortiz de García S, Pinto Pinto G, García Encina P, Irusta Mata R (2013) Consumption and occurrence of pharmaceutical and personal care products in the aquatic environment in Spain. Sci Total Environ 444:451-465

[50] Perazzolo C, Morasch B, Kohn T, Smagnet A, Thonney D, Chèvre N (2010) Occurrence and fate of micropollutants in the Vidy bay of Lake Geneva, Switzerland. Part I: priority list for environmental risk assessment of pharmaceuticals. Environ Toxicol Chem 29(8):1649-1657

[51] Verlicchi P, Al Aukidy M, Jelic A, Petrović M, Barceló D (2014) Comparison of measured and predicted concentrations of selected pharmaceuticals in wastewater and surface water: a case study of a catchment area in the Po Valley (Italy). Sci Total Environ 470-471:844-854

[52] ter Laak TL, van der Aa M, Houtman CJ, Stoks PG, van Wezel AP (2010) Relating environ-mental concentrations of pharmaceuticals to consumption: a mass balance approach for the river Rhine. Environ Int 36(5):403-409

[53] Metcalf and Eddy (1991) Wastewater engineering treatment, disposal and reuse, 3rd edn. McGraw Hill, New York

[54] EPA (1992) Wastewater Treatment/Disposal for small communities. EPA/625/R-92/005, Washington, DC

[55] Altin A, Altin S, Degirmenci M (2003) Characteristics and treatability of hospital (medical) wastewaters. Fresnius Environ Bull 12(9):1098-1108

[56] Wangsaatmaja S (1997) Environmental action plan for a hospital. MS Thesis in Engineering, Asian Institute of Technology, Bangkok, Thailand

[57] Mohee R (2005) Medical wastes characterisation in healthcare institutions in Mauritius. Waste Manage 25(6 SPEC. ISS.):575-581

[58] Ort C, Hollender J, Schaerer M, Siegrist H (2009) Model-based evaluation of reduction strategies for micropollutants from wastewater treatment plants in complex river network. Environ Sci Technol 43:3214-3220

[59] Bianchi S, Bianchini E, Scanavacca P (2011) Use of antipsychotic and antidepressant

within the Psychiatric Disease Centre, Regional Health Service of Ferrara. BMC Clin Pharmacol 11 (1):21-21

[60] Kern DI, Schwaickhardt RO, Mohr G, Lobo EA, Kist LT, Machado TL (2013) Toxicity and genotoxicity of hospital laundry wastewaters treated with photocatalytic ozonation. Sci Total Environ 443:566-572

[61] Jean J, Perrodin Y, Pivot C, Trepo D, Perraud M, Droguet J, Tissot-Guerraz F, Locher F (2012) Identification and prioritization of bioaccumulable pharmaceutical substances discharged in hospital effluents. J Environ Manage 103:113-121

[62] Jia A, Wan Y, Xiao Y, Hu J (2012) Occurrence and fate of quinolone and fluoroquinolone antibiotics in a municipal sewage treatment plant. Water Res 46:387-394

[63] Mankes RF, Silver CD (2013) Quantitative study of controlled substance bedside wasting, disposal and evaluation of potential ecologic effects. Sci Total Environ 444:298-310

[64] Johnson AC, Ternes T, Williams RJ, Sumpter JP (2008) Assessing the concentrations of polar organic microcontaminants from point sources in the aquatic environment: measure or model? Environ Sci Technol 42:5390-5399

[65] Jelic A, Fatone F, Di Fabio S, Petrovic M, Cecchi F, Barcelo D (2012) Tracing pharmaceu-ticals in a municipal plant for integrated wastewater and organic solid waste treatment. Sci Total Environ 433:352-361

[66] Jelic A, Rodriguez-Mozaz S, Barceló D, Gutierrez O(2015)Impact of in-sewer transformation on 43 pharmaceuticals in a pressurized sewer under anaerobic conditions. Water Res 68:98-108

[67] Kindsvater CE, Carter RW (1959) Discharge characteristics of rectangular thin-plate weirs. Trans Am Soc Civil Eng 24. Paper No. 3001

[68] Thomann M (2008) Quality evaluation methods for wastewater treatment plant data. Water Sci Technol 57(10):1601-1609

[69] Kovalova L, Siegrist H, Singer H, Wittmer A, McArdell CS (2012) Hospital wastewater treatment by membrane bioreactor: performance and efficiency for organic micropollutant elimination. Environ Sci Technol 46:1536-1545

[70] Daughton CG (2014) The Matthew effect and widely prescribed pharmaceuticals lacking environmental monitoring: case study of an exposure-assessment vulnerability. Sci Total Environ 466-467:315-325

第 7 章

医疗废水对污水处理厂进水微量污染物负荷的贡献

Teofana Chonova，Jérôme Labanowski，and Agnès Bouchez

摘要： 由于医疗废水可能是污水处理厂进水中各种污染物的重要污染源，因此引起了人们的广泛关注。与城市污水相比，医疗废水中通常有更高浓度和更多样化的污染物。然而，在某些情况下，医疗废水可能只占污水处理厂进水总量的一小部分。最近一些研究表明，医疗废水对污水处理厂进水的贡献是有限的，只是环境中微量污染物的重要来源之一。但医疗废水中一些可能造成环境风险的特定微量污染物可能表现出相对较高的贡献，还有其他几个重要微量污染物来源（慢性药物、疗养院、门诊、牲畜等）的污水也会被排放到城市污水中。这些来源不应被忽视，因为它们代表了可能影响水环境的重要负荷。

医疗废水的实际负荷和特性仍然很难确定，因为它们在很大程度上取决于几个因素，例如医院的特性、区域和季节变化、分子和代谢物的多样性、污染物负荷估计的不确定性等。

由于平行处理，SIPIBEL 观测点能够对医院和城市未经处理及处理过的污水进行独特的比较。多年来的监测数据显示，考虑到污水和处理的出水，尽管医疗废水中污染物的浓度较高，但其对污染物总负荷的贡献低于城市污水。利益相关者需要了解医疗机构的具体排放情况，以确定适用于保护环境和人类健康的战略和法规。

关键词： 水污染物；医院贡献；医疗废水；微量污染物；医药；城市污水；污水处理厂。

目录

7.1 引言
7.2 医院贡献率的特点
7.3 影响医院微量污染物贡献率的因素

7.3.1 特定化合物的医院贡献率
  7.3.2 医疗设施和特定区域的医院贡献率
  7.3.3 季节变化
7.4 与医院贡献率估计方法相关的不确定度
  7.4.1 直接测量
  7.4.2 消费数据
7.5 医疗废水的环境风险
7.6 案例研究 SIPIBEL：城市污水处理厂医疗废水的单独管理
  7.6.1 SIPIBEL 观测点：研究地点和监测
  7.6.2 城市和医疗废水中的污染物浓度
  7.6.3 城市和医院水体中的污染物负荷和贡献
7.7 小结
参考文献

缩写

HC	医院贡献率
HTE	医院处理过的污水
HWW	医疗废水
ICM	碘系造影剂
LOQ	量化限度
NSAIDs	非甾体类消炎药
PCA	主成分分析
UC	城市贡献率
UTE	处理过的城市污水
UWW	城市污水
WWTP	污水处理厂

7.1 引言

在过去的几十年里，医疗废水（HWW）越来越受到人们的关注，尽管它通常只占污水处理厂（WWTP）进水总量的一小部分（不到10%）[1]。医疗废水由医院所有医疗活动（手术、急诊和急救、实验室、诊断、放射学等）和非医疗活动（厕所、厨房、洗衣活动等）产生的污水组成[2]。特有的医疗排放物是由医疗保健、分析和研究活动产生的。因此，医疗废水具有特殊的组成，可能与传统的城市污水（UWW）有很大的不同。与城市污水相比，医疗废水可能含有更高浓度的污染物[3]，以及浓度更高和种类更多的微量污染物（比城市污水高4~50倍），如药物残留物（母体化合物及其降解产物）、碘系造影剂（ICM）、重金属、洗涤剂和其他物质。它们可能对环境有害，从而对人类健康产生危害[4,5]。

其中一些危险物质需优先管制，并相应地予以处置（例如牙科诊所产生的汞合金）。然而对于 HWW 中的大多数污染物（如抗生素残留物、药物和特定的病原体），尚无任何法规[2]。此外，除了药物母体化合物外，体内新陈代谢过程产生的降解产物，或在污水管网中可能发生的其他物理化学降解反应产生的降解产物也会被排放到污水中。所有这些化合物通常与医疗废水一起排放到污水系统中，然后在最近的污水处理厂与城市污水共处理，而无需特定的预处理[3]。

传统的污水处理厂通常是为了去除来自市政污水的有机物而设计的。因此，它们并不能完全有效地去除特定的医院污染物[4]。有害的医疗废水污染物及其副产品可能会释放到环境中，危害环境和人类健康。为了提高这些污染物的去除率，已经开发了各种应用于医疗废水处理的技术，包括氧化法或附加处埋中使用的活性炭和单独处理[6]。然而，每种技术的处理效果因目标化合物的不同而不同。此外，由于相关的空间、能源和财务成本，深度处理技术的常规和普遍实施受到限制。值得注意的是，包括高级氧化在内的技术可能导致氧化和光降解化合物的产生，这可能产生毒性效应[6]。

最近的研究工作还提出了关于限制细菌对抗生素耐药性传播的医疗废水单独处理有效性的问题[7]。事实上，是在医院外使用的抗生素占医院处方的比例很高（在德国超过 75%）；因此，城市污水中也可能出现大量耐药菌。基于这些考虑，正确估计医疗废水对环境和人类健康的危害和风险，以便决定其最佳管理和处理方法是很重要的。

一些出版物报告说，与城市污水或污水处理厂的进水相比，医疗废水中微量污染物的总体浓度更高[3,4]。不过，这些浓度可能会因医院提供的服务（如洗衣、食堂等）、防止浪费水的系统、污水收集系统及暴雨管理而有较大变化。此外，城市污水的排放量通常比医疗废水高几倍[8]，这意味着，尽管微量污染物浓度较高，医疗废水对污染物环境负荷的贡献可能比城市污水小。因此，一个基本的问题是医院贡献率（HC）对总污染物负荷有多重要，以及这个量对环境的危害有多大[9]。除了评估医疗废水中的微量污染物浓度外，评估来自医院的污染物流量也是非常重要的[1]。然而，现有的大多数讨论医院贡献率的出版物仅限于少数物质，并且缺乏医院以外的卫生机构药物排放的数据[10]。

本章旨在描述医院贡献率的特征，讨论影响医院贡献率的因素，并总结用于医院贡献率研究的各种方法的优缺点。此外，本章还简要总结了法国 SIPIBEL 观测点产生的污水和处理过的污水中医院贡献率的观测结果。

7.2 医院贡献率的特点

最近的一些研究表明，尽管医疗废水中的微量污染物浓度较高，但污水处理厂进水的医院贡献率一般低于城市贡献率（UC）。根据 Kümmerer 和 Henninger[11] 的研究，德国的抗生素中有 25% 是在医院使用的。在瑞士，这一比例较低，前 100 种活性化合物中有 18% 被出售用于医疗设施[12]。仅考虑抗生素，医院处方在欧盟占总使用量的 5%～20%[13]，在英国约占 30%[14]，在美国约占 25%[15]。

然而，根据研究地点和化合物的不同，医院贡献率可能会有很大的不同。Thomas 等[16] 和 Langford 和 Thomas[9] 发现，对于大多数被研究的药物，污水处理厂进水的医院贡献率只有大约 2% 甚至更少。甲氧苄啶（约 4%）和扑热息痛（约 12%）是仅有的两种超过这个值的药物；相反，其他几项研究报告得出药物的医院贡献率约占污水处理厂总输入的 1/3，并且特定的分子可能表现出更高的医院贡献率，这可能导致环境危害[10]。Beier 等[17] 发现在其研究地区（德国）中，约 34% 的处方药来自被调查的医院。这种贡献是分子特异性的，如克拉霉素的医院贡献率达到 94%。基于消费数据，Escher 等[18] 得出的结论是，医院贡献率约为 38%（因为城市贡献率约为 62%）。Daouk 等[19] 报告了瑞士日内瓦的医院贡献率为 29%，范围为 1.2%～77%，但仅在医院使用的药物（哌拉西林、顺铂和加多喷酸）除外。某些镇痛剂（可待因和吗啡）和抗生素（甲硝唑和磺胺甲噁唑）的医院贡献率相对较重要。

其他几项研究得出的结论是，大多数分子的医院贡献率保持在 15% 以下[1,3,8]。Ort 等[8] 发现医院贡献率相对较低且恒定，17 种化合物小于 5%，11 种化合物为 5%～15%。甲氧苄啶和罗红霉素的医院贡献率分别为 18% 和 56%。Verlicchi 等[3] 发现 32 种药物的医院贡献率小于 5%，18 种药物的医院贡献率为 5%～15%，12 种药物（7 种抗生素、2 种受体拮抗剂、1 种止痛剂、1 种利尿剂和 1 种血脂调节剂）的医院贡献率高于 15%。他们发现氧氟沙星（67%）、阿奇霉素（67%）、克拉霉素（53%）、雷尼替丁（52%）和甲硝唑（45%）的医院贡献率相对较高。Le Corre 等的研究[1] 还表明，63%～84% 的研究药物的医院贡献率小于 15%。然而，医院消耗的药品中有 10%～20% 是医院特有的物质，很可能表现出高医院贡献率。基于全国消费数据，Herrmann 等[10] 报告说，在综合医院，影响消化道和心血管系统的药品消耗量是医院外的 1/500～1/10。然而，抗生素头孢呋辛、抗精神病药物氯甲噻唑和碳酸酐酶抑制剂乙酰唑胺的医院使用量与它们在城市的使用量相似。Santos 等[20] 还发现根据化合物的不同，医院贡献率可能有很大差异（3.3%～74%）：抗高血压药、精神药物或血脂调节剂的医院贡献率相对较低（<10%），但对于止痛药、抗生素和非甾体消炎药（NSAID，消耗最多的治疗类药物之一），医院贡献率要高得多（分别为51%、41%和32%）。

文献[8]指出，医院贡献率可以通过使用不同的采样策略和方法来确定，这使得研究之间的结果难以直接比较。然而，应用不同方法（质量平衡法或消费贡献法）的研究得出了相似的结论，即一般来说，污水处理厂输入药物的医院贡献率低于城市贡献率。另外，许多研究得出结论，医院仍然是相对重要的污染物来源，特别是根据消费最多的治疗类药物，如抗生素、镇痛药等。此外，微量污染物的医院贡献率强烈依赖于多种因素（如医疗机构的类型、医院床位数、污水处理、地点、季节等）。

7.3 影响医院微量污染物贡献率的因素

7.3.1 特定化合物的医院贡献率

如上所述，医院贡献率取决于化合物的种类。它可能变化很大，可从<0.1%到100%[19,21]。在医院主要或专门给药的化合物可能表现出较高的医院贡献率。例如，在医疗废水中检测到万古霉素[4]、土霉素、氯四环素、地美环素、环磷酰胺和异环磷酰胺[16]，但在城市污水样品中未检测到。Ort等[8]也只能在医疗废水中定量检测到环丙沙星、去甲基西酞普兰、吲哚美辛、林可霉素和舍曲林。然而，值得注意的是，对于接近定量极限（LOQ）的浓度，城市污水的较高稀释可能是某些化合物无法定量的原因[8]。

由医院管理但主要由门诊患者使用的药物通常会被排放到医疗机构之外（例如ICM和细胞抑制剂）。Weissbrodt等[12]报道称，70%的细胞抑制剂和50%的ICM用于门诊患者，而在医疗废水中仅分别发现其排泄量的1.1%~3.7%和49%。Lenz等的研究成果[22]表明，在医院给药量中只有一小部分在其医院废水中发现（即阿霉素为0.1%~0.2%，5-氟尿嘧啶为0.5%~4.5%，总铂为27%~34%）。因此，药物的实际医院贡献率可能显著低于根据医院给药量评估的医院贡献率。药物的医院贡献率也预计会进一步减少，因为预计未来门诊治疗会增加[12]。

7.3.2 医疗设施和特定区域的医院贡献率

污染物的医院贡献率取决于医疗机构的特点，包括医院的规模和年限、是否有一般服务设施（厨房、洗衣房等）、医疗科室的数量和类型、管理政策等。与小型医院相比，拥有更多床位和各种病房的大型医院内各种活动更频繁，因此污染物在污水处理厂进水中的医院贡献率更高[1,20]。新建的医院拥有完善的污水收集系统。因此，由于减少了污水泄漏造成的损失，它的微量污染物的医院贡献率可能会增加。此外，根据医院提供的一些特定医疗服务，其需要使用的化合物不同，具体取决于应用的技术和疗法。Escher 等[18]报告表明，综合医院和精神病院使用的前 100 种药物存在明显差异，只有 37 种药物重叠。Santos 等[20]发现儿科和妇产科医院的镇痛剂、非甾体消炎药和利尿剂的浓度高于大学医院及综合医院，而大学医院的碘普罗胺（一种 X 射线造影剂）和抗生素的浓度较高。Herrmann 等的研究成果[10]称，精神病院和疗养院的抗惊厥药、精神感受剂和精神安眠药的使用量（分别为 74% 和 65%）高于综合医院。

即使医院规模相似，并配备了类似的病房和诊断活动，消费模式及其医院贡献率在不同国家或地区可能有很大差异[23]。医院贡献率往往因国家而异，并根据社会经济和地理环境的不同而有所不同。例如，由于当地的供应习惯和处方习惯不同，建议用于治疗特定疾病的药物清单在国家之间存在很大差异[20]。同在处方中的药物化合物预计会有相似的比例（例如甲氧苄啶和磺胺甲噁唑）[8]。一些治疗类别可能表现出地理和/或季节性应用，例如在山区，由于运动强度更高导致的创伤更频繁，冬季医院消炎药的使用量可能会增加[24]。

医疗设施的病床密度也是与医院贡献率相关的非常重要的因素之一[25]。发达国家的典型病床密度是每千名居民 4.4 张床位[8]。Heberer 和 Feldmann[25]调查了医院病床密度高达 24.7‰ 的排放区，发现与其他研究相比，卡马西平和双氯芬酸的医院贡献率相对较高（分别为 26% 和 17%）[8]。然而，尽管病床密度如此之高，但医院贡献率仍然低于城市贡献率。在比较了几个研究之后，Verlicchi 等[3]得出的结论是，Beier 等的研究报告了最高的医院贡献率值[17]，且其研究地区的病床密度最高（33.5‰）。Santos 等[20]报道病床密度为 3.4‰ 的大学医院的药物医院贡献率较高，病床密度为 0.2‰ 的妇产科医院的医院贡献率较低，化合物种类较少（不到所有治疗组的 1%）。Herrmann 等的研究[10]发现，人均病床密度较高的地区的医院贡献率（0.33‰）高于全国平均水平（德国为 0.22‰）。因此，此类地区中的医院可能被视为特定化合物的点源。

考虑到这些特定地区的差异，在地区尺度上的分析对于确定最准确的医疗废水管理和处理以及确保良好的环境保护非常重要[3]。

7.3.3 季节变化

医院贡献率也可能受到季节变化的影响[3]。在寒冷的季节，污水处理厂的进水和出水中的药物含量可能会增加[24]。污染物的这种季节性波动和时间变化在很大程度上取决于病理学。在城市污水中,季节性波动是针对呼吸道、喉咙、鼻子和耳部感染的处方药物的典型特征,不同于长期或终身服用的处方药物(例如 β-受体阻滞剂、利尿剂等)[23]。

医疗废水根据季节的变化不那么明显[26]。然而,由于应用和用水量的不同,某些化合物可能表现出每日或每周的波动[16]。例如 Goullé 等[27]报道称,在非工作日,重金属钆和铂的释放量大幅减少(分别为 94% 和 87%)。根据相应疾病暴发的发生、强度和持续时间,医院中用于治疗特定疾病和感染的药物(例如阿奇霉素、甲硝哒唑、诺氟沙星、氧氟沙星和克林霉素)表现出与使用相关的短期波动。这些药物的峰值消耗量与平均消耗量之比可能在 0.2~5 之间变化;因此,它们的医院贡献率可能在短时间内发生显著变化[23]。由于医疗废水的这种短时间的时间波动,要获得具有代表性的医疗废水样本,合适的采样频率是必不可少的。大量使用的药物如环丙沙星的医院贡献率相当稳定[23]。Ort 等[8]报道称,阿替洛尔、加巴喷丁、扑热息痛和甲氧苄啶的负荷也相当恒定。

7.4 与医院贡献率估计方法相关的不确定度

污染物的医院贡献率可以通过直接测量或消耗数据来估算。这两种方法都有它们的优点,但也有可能导致低估或高估医院贡献率。

7.4.1 直接测量

以下研究难题与微量污染物的医院贡献率的直接测量有关。

(1) 采样模式　确定适当的复合流量比例对水进行采样,频率足够(最好在几个星期以上),这对于获得有代表性的样本至关重要。这可能是耗时和复杂的,如果不以适当的方式进行,可能会导致严重的人工干扰[8]。

(2) 特定化合物的分析方法　污水中释放的化合物及其代谢物种类繁多,需要多种分析方法。目前受到现有方法不能涵盖所有化合物的限制,也受到它们的复杂性和财务成本的限制。

(3) 定量限(LOQ)　根据分子和基质干扰的不同,化合物表现出不同的 LOQ。LOQ 下的浓度几乎不能被考虑在内,这对于浓度接近 LOQ 的化合物来说可能有问题[8]。

(4) 仪器和人为错误　这些也可能导致很高的不确定度,特别是对于在非常低浓度下测量的化合物[23]。

7.4.2 消费数据

基于消费数据的计算可以独立于分析方法应用，并且不需要费力地获得有代表性的样品。它还提供了考虑更长时间段的可能性，但几个缺点可能导致预测中的不确定性[19,23]。

(1) **数据精度** 消耗因位点而异，因此，理想情况下，计算应以目标医疗设施的消耗量和位于污水处理厂集水区的药房的销售额为基础。然而，具体数据通常以销售数据的形式提供，通常是年度和国家/地区的数据，由不同的医疗机构组成[10,28]，这使得难以描述区域变化和短期使用高峰[6]。

(2) **不当处置** 不需要的或过期的化合物直接排入下水道可能导致不确定因素。在以高检测频率调查经常消耗的化合物时，消费数据的分析更加可靠[19]。

(3) **门诊用药** 由门诊患者服用的化合物，可能主要在私人住宅中排泄，并随城市污水一起释放[12]。由于它们可能对环境特别有害（例如细胞抑制剂具有致癌、致突变和繁殖毒性），因此它们在城市污水中的释放不应被忽视[18]。

(4) **定期服药** 住院时，病人可随身携带先前开出的药物（如 β-受体阻滞剂或血脂调节剂）。

(5) **非处方药** 非处方药量比较容易获得的，因此这类药品（如布洛芬）的销售所带来的不确定性增加[8]。

(6) **城市游客的消费** 药品可能会卖给离开医院的患者，或者游客可能会携带自己的药品来（这对旅游地区特别重要）。

(7) **代谢和排泄率** 排泄率很大程度上取决于性别、年龄、健康状况和是否同时服用其他药物[28]。此外，对于许多化合物，文献中的值变化很大，可能仅指通过尿液、粪便或两者的排泄[23]。

药物很可能形成转化产物，为了正确估计医院贡献率，必须考虑这些转化产物。Langford 和 Thomas[9] 估计卡马西平、他莫昔芬和酮洛芬母体分子的医院贡献率低于 2%。然而，在处理后的污水处理厂出水中，它们的浓度高于进水中的浓度，这意味着它们可能是以结合物的形式排泄出来的。还应考虑在污水中的降解和吸附作用。例如，环丙沙星在污水处理厂内的悬浮物上有明显的分区[16]。

由于这些不确定性，Verlicchi 和 Zambello[23] 发现有限数量的化合物的实际测量与消费数据是一致的。Daouk 等[19] 报告了 1/3 的数据是一致的，Ort 等[8] 报告了 3/4 的数据是一致的。Herrmann 等的研究发现[10]，预测浓度和实测浓度之间的差异小于一个数量级，因此，他们得出结论，消费数据的应用可能适用于评估医疗废水中的药物化合物含量。

7.5 医疗废水的环境风险

不同的研究都强调了医疗废水对水环境的潜在毒性效应和医疗废水中耐药细菌的存在。Weissbrodt 等的研究[12]提到医疗废水的毒性是生活污水的 5~15 倍。Verlicchi 等[3]在医疗废水中发现了 9 种具有潜在生态毒理风险的物质，其中 4 种（抗生素）存在于污水处理厂的进水/出水中。Santos 等[20]还建议根据环境风险，应主要关注抗生素（如环丙沙星、氧氟沙星、磺胺甲噁唑、阿奇霉素和克拉霉素）。相比之下，Daouk 等[19]研究发现，当考虑到污水处理厂的稀释和去除效率时，根据其预测的无效应浓度，来自医院的环丙沙星和磺胺甲噁唑部分显示出对水环境的风险。然而，当考虑城市总消费量时，另外五种化合物——加巴喷丁、哌拉西林、布洛芬、双氯芬酸和甲芬酸，似乎对环境风险很重要[19]。Le Corre 等[1]还报告称，只有一小部分来自医院的化合物可能会引起关注。因此，在医院使用的药物可能会影响混合风险熵，但通常很难预测它们本身的环境风险贡献[18]。然而，在医院床位密度高的地区，医疗设施可以被视为可能导致更高医院贡献率并构成环境风险的药品的点源[10]。

还需要更多数据来评估医疗废水的潜在影响。根据化合物及其具体作用，应进行适当的生态毒理学试验以评估其潜在的环境毒性，以便制定相应的环境毒性阈值[29]。到目前为止，很少有现场研究来比较医院和城市处理后的污水对环境的影响。最近，Chonova 等[4]研究表明，来自天然生物膜的微生物群落可能受到医院处理的出水（HTE）和城市污水处理的出水（UTE）的不同影响，这取决于这些污水中的营养物质和药物负荷。

大多数研究不能提供城市污水和医疗废水的完整处理过程以及它们处理后污水的试验比较，因为这两种污水通常是一起处理的。这种比较对于了解医疗废水和城市污水在处理过程中的去除效率及评估由此产生的处理污水的风险是必不可少的。自 2013 年以来，法国 SIPIBEL 观测点一直在监测同一个污水处理厂中完全分离的城市和医疗废水平行（分别）处理的进水和出水（浓度和通量）。这个观测点收集的数据可以直接比较这两个平行的过程[4]。本书综合了在 SIPIBEL 观测点收集的独特的微量污染物医院贡献率数据，以便更好地了解医院贡献率，为进一步优化医疗废水的管理和处理提供依据。

7.6 案例研究 SIPIBEL：城市污水处理厂医疗废水的单独管理

7.6.1 SIPIBEL 观测点：研究地点和监测

研究地点 SIPIBEL 是一个试点污水处理厂，处理来自综合医院 CHAL

(阿尔佩斯·勒曼中心医院，450 张床位）的医疗废水和来自 2.1 万居民集水区的城市污水。医疗废水和城市污水在不同的池中处理，采用相同的处理程序，包括过滤、沉砂和油脂分离、用活性污泥（好氧和缺氧）进行常规生物处理及最终澄清[4]。这种特殊的结构使我们有机会调查微量污染物对总污水的医院贡献率，也可以分析处理的效果，并计算排放到水环境中的处理后污水的医院贡献率。

在 SIPIBEL 定期监测污水（医疗废水和城市污水）及其处理后的污水中的几种微量和宏观污染物。每月采集一次 24h 复合流量比例水样（每个位置共 200 个子样，每个 100mL），按照 SIPIBEL 的报告[30]和 Wiest 等描述的方法进行分析[31]。在这里，我们列出了四类污染物的医院贡献率（2012 年 3 月～2015 年 12 月）和处理后的出水（2012 年 3 月～2014 年 4 月），包括 27 个参数：

① 8 种金属（砷、镉、铬、铜、钆、铅、镍和锌）；

② 12 种药物（阿替洛尔、卡马西平、环丙沙星、双氯芬酸、益康唑、布洛芬、酮洛芬、扑热息痛、心得安、水杨酸、磺胺甲噁唑、万古霉素）；

③ 4 种营养物质（NH_4^+、NO_2^-、NO_3^- 和 PO_4^{3-}）；

④ 3 类表面活性剂（阴离子表面活性剂、阳离子表面活性剂和非离子表面活性剂）。

通过将每个化合物的浓度乘以相应点位的平均日流量来获得质量负荷。与医疗废水相比，城市污水的排放量是医疗废水的 37 倍，这导致医院污水处理单元的水力停留时间延长了 5 倍以上，含氧量也更高。以下计算了所有样品中每组污染物的平均医院贡献率（以每种化合物的医院贡献率平均值计算）和每组污染物的平均去除率（以每种化合物的去除率的平均值计算），对所有污染物进行主成分分析（PCA），以直观地显示城市和医疗废水与处理后污水的浓度及负荷的主要趋势。通过使用 ADE4 包的 R 软件（3.3.0，R 开发核心团队）完成[32]。

7.6.2 城市和医疗废水中的污染物浓度

医院和城市污水及其单独处理的出水中被调查的污染物组浓度的总体趋势如图 7-1 所示。

在这两种情况下，根据污水来源污染物组成的明显不同，城市和医院样本在第一轴上被分为了两类。医院处理的出水和城市污水处理的出水的重叠，如图 7-1（b）所示，表明这些差异在处理后变得更弱。医疗废水和医院处理的出水的特点都是药物及表面活性剂的总浓度更高（分别与城市污水和城市污水处理的出水相比），因为它们经常在医疗设施中使用。

药物的去除率取决于几个参数，如操作条件、处理过程、物理化学过程以及物质属性（疏水性、电荷性和生物降解性）[33~35]。

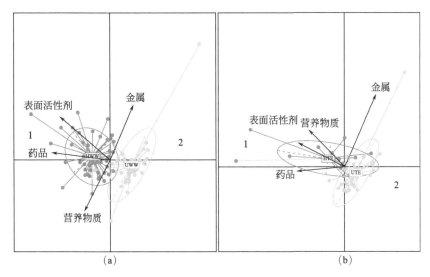

图 7-1　基于医院（1）和城市（2）（a）废水及（b）经处理污水的金属、药品、营养素与表面活性剂浓度的二维 PCA 图（一）

(a) 和 (b) 的变异度分别为 63.9% 及 68.6%

因此，不同化合物之间、不同污水处理厂之间，甚至同一个污水处理厂内不同时间段的去除率都可能有很大差异[36]。药物在医院处理池中的总去除率明显较高，这可能是受较长的水力停留时间的影响，众所周知，水力停留时间可以提高某些分子（如布洛芬）的清除率[37]。尽管如此，医院处理的出水中的总浓度仍然高于城市处理的污水。

7.6.3　城市和医院水体中的污染物负荷和贡献

考虑到城市污水的排放量很大，医疗废水［图 7-2（a）］和城市污水［图 7-2（b）］污染物负荷的相对重要性在处理后均发生了巨大变化。城市水域的特点是污染物负荷较高。城市样本间的变异性较大，这可能与污染源的变化较大和季节波动较强有关。

城市污水对污染物排放总量的贡献比医疗废水更大［图 7-3（a）］。药物是医院特有的最重要的污染物之一。且其医院贡献率高于其他污染物（约27%），这与其他研究一致[19]。表面活性剂的医院贡献率为 9%，属和营养物质的医院贡献率分别为 6% 及 5%。每种化合物的详细贡献可以在文献［31］中找到。关于法国医院负荷的其他几项研究报告了药品和诊断产品以及麻醉剂与消毒剂的存在[38~40]。

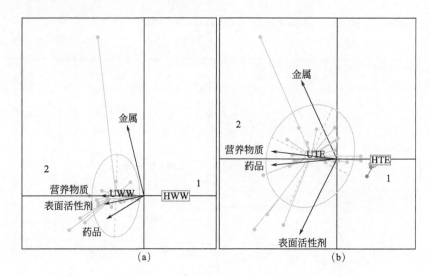

图 7-2 基于医院（1）和城市（2）（a）废水和（b）经处理污水的金属、药品、营养物质和表面活性剂负荷的二维 PCA 图（二）

（a）和（b）的变异度分别为 81.8% 及 77.5%

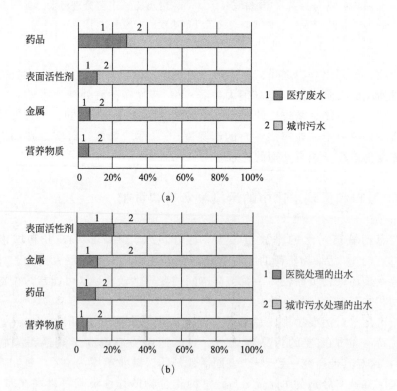

图 7-3 医院（1）和城市（2）对污水处理厂（a）废水和（b）处理废水中金属、药品、营养物质和表面活性剂的总投入的贡献

经过处理后，对于所有类型的污染物，受体河流中污染物的医院贡献率仍然比城市贡献率低得多 [图 7-3 (b)]。医院污水处理单元中较高的药物去除率导致其医院贡献率降至 13% 以下；相反，表面活性剂在城市污水处理设施中的去除效果更好，因此处理后出水中的医院贡献率是进水的 2 倍。处理后出水中营养物和金属的医院贡献率也分别增加到 16% 及 9%。

SIPIBEL 观测点的监测数据为比较处理前后的城市和医疗废水提供了一个独特的机会。尽管医疗废水在微观和宏观污染物中表现出较高的初始浓度，但由于排放的不同，其对污染物总负荷的贡献低于城市污水的贡献。经过处理后，经处理的流出物中的总体医院贡献率仍然低于城市贡献率。但特定化合物的医院贡献率仍可能较高，不容忽视。

7.7 小结

医疗废水是一种特殊的人为污染物。从医院转移到污水处理厂的污染物负荷量主要取决于几个因素，如医院的数量、床位密度、工业化水平和人口密度。

虽然医院贡献率的估算存在一些不确定因素，但大多数研究强调，一般而言，污水处理厂输入的微量污染物的医院贡献率低于城市贡献率。许多药品都是在家里定期服用的。此外，门诊患者短期住院和治疗的增加将导致许多化合物向城市污水的释放增加[1]。药物也可以通过其他几种方式释放到环境中，例如牲畜治疗、水产养殖、宠物护理或制药[16,41]。

然而，来自医疗机构的释放是现实存在的，值得关注。由于频繁和经常使用，高浓度的药物和清洁剂经常被检出。根据情况，医院贡献率可能达到污水处理厂进水中药品总负荷的 30% 左右[17~19]。在医院床位密度高的地区，医院可能被视为药品排放的点源。医疗废水中经常会发现主要是或甚至是专门在医院中使用的化合物。它们可能会表现出明显的高医院贡献率，这可能会导致环境危害。医疗废水管理需要利益相关者达成共识，以确定法规，并更好地理解医院活动及其特定的潜在排放和环境影响。

为了降低微量污染物的医院贡献率，世界各国采取了不同的策略。应提高对最终环境风险的认识，并应避免在医院开不必要的药物处方。例如，抗生素的不当使用量占消费量的 20%~50%[42]。进一步降低医院贡献率可以通过改进库存管理以避免浪费和适当处理剩余药品来实现[11]。最后，可以通过单独收集雨水或采用限制用水量的策略来减少污水排放[4]。这将导致医疗废水量减少，从而需要较少的能源和财务成本来应用额外的预处理[6]。

参考文献

[1] Le Corre KS, Ort C, Kateley D, Allen B, Escher BI, Keller J (2012) Consumption-based approach for assessing the contribution of hospitals towards the load of pharmaceutical residues in municipal wastewater. Environ Int 45:99-111

[2] Carraro E, Bonetta S, Bertino C, Lorenzi E, Bonetta S, Gilli G (2016) Hospital effluents management: chemical, physical, microbiological risks and legislation in different countries. J Environ Manag 168:185-199

[3] Verlicchi P, Al Aukidy M, Galletti A, Petrovic M, Barceló D (2012) Hospital effluent: investigation of the concentrations and distribution of pharmaceuticals and environmental risk assessment. Sci Total Environ 430:109-118

[4] Chonova T, Keck F, Labanowski J, Montuelle B, Rimet F, Bouchez A (2016) Separate treatment of hospital and urban wastewaters: a real scale comparison of effluents and their effect on microbial communities. Sci Total Environ 542:965-975

[5] Verlicchi P, Galletti A, Petrovic M, Barceló D (2010) Hospital effluents as a source of emerging pollutants: an overview of micropollutants and sustainable treatment options. J Hydrol 389:416-428

[6] Verlicchi P, Al Aukidy M, Zambello E (2015) What have we learned from worldwide experiences on the management and treatment of hospital effluent? -an overview and a discussion on perspectives. Sci Total Environ 514:467-491

[7] Kümmerer K (2009) The presence of pharmaceuticals in the environment due to human use-present knowledge and future challenges. J Environ Manag 90:2354-2366

[8] Ort C, Lawrence MG, Reungoat J, Eaglesham G, Carter S, Keller J (2010) Determining the fraction of pharmaceutical residues in wastewater originating from a hospital. Water Res 44:605-615

[9] Langford KH, Thomas KV (2009) Determination of pharmaceutical compounds in hospital effluents and their contribution to wastewater treatment works. Environ Int 35:766-770

[10] Herrmann M, Olsson O, Fiehn R, Herrel M, Kümmerer K (2015) The significance of different health institutions and their respective contributions of active pharmaceutical ingredients to wastewater. Environ Int 85:61-76

[11] Kümmerer K, Henninger A (2003) Promoting resistance by the emission of antibiotics from hospitals and households into effluent. Clin Microbiol Infect 9:1203-1214

[12] Weissbrodt D, Ort C, Pazhepurackel V (2009) Mass flows of X-ray contrast media and cytostatics in hospital wastewater. Environ Sci Technol 43:4810-4817

[13] Wirth K, Schröder H, Meyer E, Nink K, Hofman S, Steib-Bauert M, Kümmerer R, Rueß S, Daschner F, Kern W (2004) Antibiotic use in Germany and Europe. Dtsch Med Wochenschr 129:1987-1992

[14] House of Lords (UK) (1998) House of Lords Select Committee on Science and Technology. Seventh Report. The Stationery Office, London

[15] Wise R (2002) Antimicrobial resistance: priorities for action. J Antimicrob Chemother 49:585-586

[16] Thomas KV, Dye C, Schlabach M, Langford KH (2007) Source to sink tracking of selected human pharmaceuticals from two Oslo city hospitals and a wastewater treatment works. J Environ Monit 9:1410-1418

[17] Beier S, Cramer C, Köster S, Mauer C, Palmowski L, Schröder HF, Pinnekamp J (2011) Full scale membrane bioreactor treatment of hospital wastewater as forerunner for hotspot wastewater treatment solutions in high density urban areas. Water Sci Technol 63:

66-71

[18] Escher BI, Baumgartner R, Koller M, Treyer K, Lienert J, McArdell CS (2011) Environmental toxicology and risk assessment of pharmaceuticals from hospital wastewater. Water Res 45:75-92

[19] Daouk S, Chèvre N, Vernaz N, Widmer C, Daali Y, Fleury-Souverain S (2016) Dynamics of active pharmaceutical ingredients loads in a Swiss university hospital wastewaters and prediction of the related environmental risk for the aquatic ecosystems. Sci Total Environ 547:244-253

[20] Santos LHMLM, Gros M, Rodriguez-Mozaz S, Delerue-Matos C, Pena A, Barceló D, Montenegro MCBSM (2013) Contribution of hospital effluents to the load of pharmaceuticals in urban wastewaters: identification of ecologically relevant pharmaceuticals. Sci Total Environ 461-462:302-316

[21] Azuma T, Arima N, Tsukada A, HiramiS MR, Moriwake R, Ishiuchi H, Inoyama T, Teranishi Y, Yamaoka M, Mino Y, Hayashi T, Fujita Y, Masada M (2016) Detection of pharmaceuticals and phytochemicals together with their metabolites in hospital effluents in Japan, and their contribution to sewage treatment plant influents. Sci Total Environ 548-549:189-197

[22] Lenz K, Mahnik SN, Weissenbacher N, Mader RM, Krenn P, Hann S, Koellensperger G, Uhl M, Knasmuller S, Ferk F, Bursch W, Fuerhacker M (2007) Monitoring, removal and risk assessment of cytostatic drugs in hospital wastewater. Water Sci Technol 56:141-149

[23] Verlicchi P, Zambello E (2016) Predicted and measured concentrations of pharmaceuticals in hospital effluents. Examination of the strengths and weaknesses of the two approaches through the analysis of a case study. Sci Total Environ 565:82-94

[24] Vieno N, Tuhkanen T, Kronberg L (2005) Seasonal variation in the occurrence of pharmaceuticals in effluents from a sewage treatment plant and in the recipient water. Environ Sci Technol 39:8220-8226

[25] Heberer T, Feldmann D (2005) Contribution of effluents from hospitals and private households to the total loads of diclofenac and carbamazepine in municipal sewage effluents-modeling versus measurements. J Hazard Mater 122:211-218

[26] Coutu S, Rossi L, Barry D, Rudaz S, Vernaz N (2013) Temporal variability of antibiotics fluxes in wastewater and contribution from hospitals. PLoS ONE 8:e53592

[27] Goullé JP, Saussereau E, Mahieu L, Cellier D, Spiroux J, Guerbet M (2012) Importance of anthropogenic metals in hospital and urban wastewater: its significance for the environment. Bull Environ Contam Toxicol 89:1220-1224

[28] Verlicchi P, Al Aukidy M, Jelic A, Petrović M, Barceló D (2014) Comparison of measured and predicted concentrations of selected pharmaceuticals in wastewater and surface water: a case study of a catchment area in the Po valley (Italy). Sci Total Environ 470-471:844-854

[29] Perrodin Y, Bazin C, Orias F, Wigh A, Bastide T, Berlioz-Barbier A, Vulliet E, Wiest L (2016) A posteriori assessment of ecotoxicological risks linked to building a hospital. Chemosphere 144:440-445

[30] Sipibel Report 2011-2015 (2016) Effluents hospitaliers et stations d'épuration urbaines: caractérisation, risques et traitabilité-Synthèse des résultats de quatre années de suivi, d'études et de recherche sur le site pilote de Bellecombe. http://www.graie.org/Sipibel/publications.html. Accessed 20 Sept 2016

[31] Wiest L, Chonova T, Bergé A, Baudot R, Bessueille-Barbier F, Ayouni-Derouiche L, Vulliet E. Two year survey of specific hospital wastewater treatment at the SIPIBEL site

(France): impact on pharmaceutical discharges (submitted)

[32] Dray S, Dufour AB, Chessel D (2007) The ade4 package-II: two-table and K-table methods. R News 7:47-52

[33] Bartelt-Hunt SL, Snow DD, Damon T, Shockley J, Hoagland K (2009) The occurrence of illicit and therapeutic pharmaceuticals in wastewater effluent and surface waters in Nebraska. Environ Pollut 157:786-791

[34] Clara M, Strenn B, Gans O, Martinez E, Kreuzinger N, Kroiss H (2005) Removal of selected pharmaceuticals, fragrances and endocrine disrupting compounds in a membrane bioreactor and conventional wastewater treatment plants. Water Res 39:4797-4807

[35] Carballa M, Omil F, Lema JM (2003) Removal of pharmaceuticals and personal care products (PPCPS) from municipal wastewaters by physico-chemical processes. Electron J Environ Agric Food Chem 2:309-313

[36] Vieno N, Tuhkanen T, Kronberg L (2007) Elimination of pharmaceuticals in sewage treatment plants in Finland. Water Res 41:1001-1012

[37] Kosma CI, Lambropoulou DA, Albanis TA (2010) Occurrence and removal of PPCPs in municipal and hospital wastewaters in Greece. J Hazard Mater 179:804-817

[38] Leprat P (1999) Caractéristiques et impacts des rejets liquides hospitaliers. Tech Hosp 634:56-57

[39] Emmanuel E, Perrodin Y, Keck G, Blanchard JM, Vermande P (2005) Ecotoxicological risk assessment of hospital wastewater: a proposed framework for raw effluents discharging into urban sewer network. J Hazard Mater 117:1-11

[40] Mullot JU (2009) Modeling pharmaceuticals loads in hospital sewage. University of Paris-Sud, Châtenay-Malabry, 306 pp

[41] Sim WJ, Lee JW, Lee ES, Shin SK, Hwang SR, Oh JE (2011) Occurrence and distribution of pharmaceuticals in wastewater from households, livestock farms, hospitals and pharmaceutical manufactures. Chemosphere 82:179-186

[42] Wise R, Hart T, Cars O (1998) Antimicrobial resistance is a major threat to public health. BMJ 317:609-610

第 8 章
欧盟经验的回顾研究及典型案例分析

Silvia Venditti，Kai Klepiszewski，and Christian Köhler

摘要：本章旨在给出目前欧盟国家医疗废水处理系统的概况。医疗废水被认为是微量污染物中的药物残留（特别是抗生素）和耐药菌的重要点源，经过城市污水处理系统处理后，最终进入地表水体。

欧盟法规的变更（即 WFD，EU 2015/495）有力地推动了研究人员、管理人员和利益相关方一同深入分析潜在技术方案的可行性。欧洲科学界首先研究了药物组分及其代谢物的迁移转化和归趋，之后评估了传统活性污泥（CAS）系统中微量污染物的去除，以及在三级处理中升级的可能性。然后采用生命周期评估（LCA）等不同方法，对该末端去除方案与点源分散式解决方案进行了比较。这些研究驱使各国根据政策来决定实施不同的解决方案。瑞士是第一个在国家立法层面规定采用末端处理的欧盟国家。在其他欧盟国家（如德国），药物残留的控制措施则取决于区域政策，而非国家立法。

关键词：深度处理；评估；集中处理；分散处理；药物。

目 录

8.1 引言
8.2 医疗废水的传统管理：集中处理
8.3 是否可以选择分散处理
    8.3.1 其他欧盟相关案例
8.4 技术解决方案的替代措施
8.5 小结
参考文献

8.1 引言

近年来，人工合成药物导致的污染受到越来越多的关注，因为它可能造成水陆生态系统的潜在风险。这些微量污染物通常来自城市环境，进入废水集水区及相关处理系统，最终进入水环境。通常这些微量污染物的残留浓度非常低，不太可能直接影响人体健康。但是它们释放到环境中会导致许多负面影响，例如由于荷尔蒙（性激素，特别是雌激素）导致鱼类繁殖系统异常[1,2]，这已经在环境风险评估中进行了评估和讨论[3~5]。另一个得到广泛关注的是，环境中的抗生素会增加细菌的耐药性。细菌会使释放到环境中的抗生素的耐药性增加。

基于全球科学界的大量研究共识，欧盟决定将6种药品列入优先污染物观察名单［欧盟指令（EU）2015/495，2015年3月20日］，即避孕药17-α-炔雌醇（EE2）、激素17-β-雌二醇（E2）、非甾体类消炎药双氯芬酸（已存在于欧盟指令2013/39中）以及大环内酯类抗生素红霉素、克拉霉素、阿奇霉素。该清单要求建议的检出限分别为0.035ng/L、0.4ng/L、10ng/L和90ng/L。欧盟委员会建议监测清单中的上述微量污染物，以便为风险评估提供代表性数据，并有助于确定优先污染物。

列入优先污染物清单将仍然需要持续的影响评估。当前有45种污染物（包括重金属、多环芳烃、氯化物和农药）被列入优先污染物清单，这些物质构成了地表水的环境质量标准（欧盟指令2013/39，2013年8月12日）。

欧盟的行动增强了许多机构、利益相关者和官方的兴趣，从分散的独立研究、技术研究，转变为有组织的大型多学科项目，使交叉领域的研究人员、专家共同致力于该问题。POSEIDON项目（EVK1-CT-2000-00047，由FP5-EE-SD资助，称为提案：2000）、NEPTUNE项目（036845，由FP6-SUSTDEV资助，称为提案：2005）、PILLS和noPILLS项目（INTERREG IVB NWE计划，分别称为提案：2007和提案：2012）是涉及医药全产业链不同规模和方面的系统研究，加深了对微量污染物在环境中迁移转化的认识，明确了处理过程中的微量污染物去除技术选项，特别是药品和个人护理产品。

这些项目成果对制定社区缓解策略至关重要。利益相关者和主管部门作为项目顾问委员会，也增加了法律规章出台的预期。

8.2 医疗废水的传统管理：集中处理

作为研究的起点，POSEIDON项目和NEPTUNE项目首先研究了所有现有废水及饮用水处理的药物去除率。

实际上，城市污水系统中某些药物的主要来源是医疗废水、养老院和一些专用基础设施。通常，在传统污水处理厂中将医疗废水与生活（和工业）废水共同处理。由于现有的污水处理厂并非旨在去除药物，因此，药物去除率低，药物及其代谢产物随后被释放到环境中[6]（表 8-1）。

表 8-1 常规废水处理后普通药物的去除率

种类	化合物 （CAS 编号）	辛醇-水分配因子，$\text{Log}K_{ow}$	吸附常数 K_d/(1/kg SS)	pK_a	降解速率常数， K_{biol}/(1/kg SS)	去除率①
抗生素	阿莫西林(26787-78-0)	−2.3	1.06	7.43	<0.13	L
	环丙沙星(85721-33-1)	−0.57	20000	8.68	0.55	M~H
	克拉霉素(81103-11-9)	3.18	260	8.38	<0.5	M
	红霉素(114-07-8)	2.37	160	8.38	<0.12	M
	磺胺甲噁唑(723-46-6)	0.79	200~400	1.97	5.9~7.6	H
麻醉剂	利多卡因(137-58-6)	2.44	n.d	7.75	n.d	L
止痛剂	双氯芬酸(15307-86-5)	4.5	16	−2.1	<0.02	L
	萘普生(22204-53-1)	3.18	n.d	−4.8	0.08	M
	扑热息痛(103-90-2)	0.51	n.d	−4.4	58~80	VH
抗惊厥剂	卡马西平(298-46-4)	2.54	<8	−3.8	<0.005	L
细胞抑制剂	环磷酰胺(50-18-0)	0.8	n.d	−0.57	n.d	L
	氟尿嘧啶(51-21-8)	−0.89	n.d	−8	n.d	L
X 射线造影剂	碘克沙醇(92339-11-2)	−2.9	n.d	−3.2	n.d	L

①L 表示低（即去除率<40%）去除率；M 表示中（即去除率 40%~60%）去除率；H 表示高（即去除率 60%~85%）去除率；VH 表示去除率非常高（即去除率 85%以上）；n.d 表示未检出。

从废水中去除药物的困难首先是由于它们的物理化学性质，如溶解性、挥发性、极性、影响吸收能力、生物可降解性和稳定性。治疗相同类别疾病的药物可能具有完全不同的化学和物理性质，从而导致处理过程中的转化方式不同。这可以解释为什么它们没有类似的去除率。其次，这些药物的浓度（10^{-6}~10^{-3} mg/L）比常见的宏观污染物（例如 BOD_5、COD、氮和磷化合物，10^{-1}~10^3 mg/L）要小得多。最后，很难将药物的物理特性与其在常规废水处理过程中相应去除效率联系起来，例如污泥浓度、污泥停留时间（SRT）、水力停留时间（HRT）、pH 值、温度、设备配置、植物的类型，以及废水的入水特性与质量。

通常，药物在污泥上的吸附取决于化合物的亲脂性、酸性以及环境条件，例如 pH 值、离子强度、温度、络合剂的存在以及其性质、污泥本身。吸附由污泥辛醇-水分配因子的疏水相互作用（K_{ow}）以及静电相互作用（解离常数 pK_a 为特征）决定，可以通过 K_d 值（活性污泥的吸附系数）进行估算，即平衡条件下固相和水相中化合物浓度的比率。具有高 K_{ow} 值（疏水性）的化合物对固体部分具有更高的亲和力。

例如，氟喹诺酮类抗生素通过吸附在活性污泥上而被高度去除，这与该处理组大多数化合物的20%去除率形成鲜明对比。这类抗生素的高亲水性（低K_{ow}值）表明其吸收行为非常有限。然而，由于该化合物与活性污泥的静电相互作用（高pK_a），总的吸附趋势相当可观（高K_d值）。抗惊厥药和止痛药是持久性的，很难降解。通常，在常规的活性污泥处理中根本无法去除卡马西平[15]，而双氯芬酸在污水处理厂中表现出更加不同的行为。据推测，从废水中很难去除卡马西平和双氯芬酸可以归因于它们的疏水特性（K_{ow}值分别为2.54和4.51）和低生物降解性。亲水性更强的扑热息痛通常会完全降解。细胞抑制剂和X射线造影剂几乎都难以去除。

鉴于经典处理工艺的去除率有限，可以使用专门开发的技术来升级传统的污水处理厂以实现高去除率。在这种情况下，采取对活性污泥工艺进行后处理的方法，例如正在研究的氧化工艺和活性炭吸附。每个工艺都有其各自的优点和缺点。

臭氧是强氧化剂，在分解时会产生羟基自由基。据研究报道，在后处理中，它可以降解大多数有机微量污染物[16,17]。然而，臭氧化会导致无法预料的副产物。如当药物仅被部分氧化并且基质成分与臭氧发生反应时，就是这种情况。与它们的母体化合物相比，副产物甚至会产生更高的毒性作用[18]。这些副产物通常具有较低的分子复杂性，可以通过生物处理后过滤，与水分离[18,19]。臭氧也可以与过氧化氢混合使用，这会引发与羟基自由基反应造成臭氧衰减，因此有助于提高氧化的效率[20]。但这种深度处理的氧化过程可能对药物的降解效率产生负面影响。由于某些成分异常依赖于臭氧反应并与过氧化氢自由基竞争，而过氧化氢自由基可作为臭氧分子的清除剂[20,21]。

紫外照射是另一种氧化过程，其中有机微量污染物通过直接光解或通过化学氧化而降解，即作为高级氧化过程，定量配给过氧化氢，随后通过羟基自由基进行氧化[22,23]。在每个氧化过程中，紫外处理都会导致形成部分氧化产物，并具有环境风险，因此，它需要类似于臭氧的后处理。此外，与臭氧相比，紫外处理需要大量的电能[23]。

活性炭通过其高比表面积吸附来结合微量污染物。在一些污水处理厂中，对生物处理后的颗粒利用活性炭进行过滤的去除率进行了研究，结果令人满意[8,24]。而活性炭的主要成本因素是生物处理过程废水中高浓度的有机物，它与药物竞争活性炭的活性表面积，因此极大地消耗了昂贵的活性炭。活性炭的生产和再生需要大量电能来加热。粉末活性炭比颗粒活性炭更有效，其总体微量污染物去除率超过80%[9]。然而，将需要额外的池体来将粉末活性炭与处理后的水分离。

无论何种措施，采用深度处理工艺对污水处理厂进行升级，无疑将导致巨额的成本，并造成能源消耗以及温室气体排放的增加。

最近的研究表明深度处理工艺较为耗电。紫外线模块去除药物的能耗导致中试规模的医疗废水处理的耗电量为 1.1kW·h/m^3[23]。因此，最受人关注的焦点是更节能的臭氧和活性炭处理。臭氧处理作为大容量污水处理厂（＞10000p.e.）的后处理，单位能耗为 0.03～0.035 kW·h/m^3[19]。这意味着仍占典型的污水处理厂总能耗（0.3kW·h/m^3）的 12%。砂滤池约占污水处理厂总能耗的 13%[25]，而砂滤对于去除臭氧的氧化副产物是必需的，因此，臭氧后处理合计占总能耗的 25%。

深度处理工艺对高能量的需求表明需要寻找其他合适的工艺方案，以尽可能减少其应用。

8.3 是否可以选择分散处理

作为集中式污水处理厂的高水力负荷低效处理的替代，可以在高浓度废水点源中直接去除药物，特别是在医院。分散处理还有额外的积极作用，即可以减少暴雨时合流制溢流污染的污染负荷。

这个概念并不新鲜。在 19 世纪 80 年代，已经发现需要分离接受放射治疗的患者的尿液，以便有效地减少废水的放射性。一些医院使用专门的厕所来收集受污染的尿液，并随着时间的推移将放射性降低到安全水平。

PILLS 项目（INTERREG IVB）特别关注这种分散处理方法，作为一种有效的预防方法，避免了集中处理的缺点，亦即避免其他城市污水的稀释。

该项目深入地研究了集中处理和分散处理，在中试规模和实际规模上考察了若干技术方案。通过分析药物在市政污水系统中的物质流，根据环境、经济、技术和卫生指标，识别了集中处理和分散处理的优缺点（图 8-1）。

图 8-1　城市废水系统中药物的物质流和 PILLS 项目的重点内容

在处理系统运行期间，合作伙伴［例如 Emschergenossenschaft（丹麦），Eawag（瑞士），Waterschap Groot Salland（荷兰），Glasgow Caledonian 大学（英国），Limoges 大学（法国）和 CRP Henri Tudor（卢森堡）］共同广泛研究了排泄量最高、生态毒性最高的药物，并且考虑了该国的使用情况。

例如，卢森堡的 CHEM 医院仅 2013 年就使用了约 23kg 抗生素，包括环丙沙星在内的氟喹诺酮类药物占抗生素的比例最大，约为 16kg，其次是大环内酯类（4.9kg），青霉素（1.7kg），最后是磺酰胺（73g）。其他合作伙伴最常使用的是包括阿莫西林在内的青霉素。其他药品也受市场趋势的影响。关于 X 射线造影剂，卢森堡的 CHEM 医院在 2012 年主要使用碘海醇，在 2015 年主要使用碘比醇。由于药理学进展或管理法规的原因，定期分析药物及其物质流变化非常重要。

在 PILLS 项目的框架内研究并比较了四个案例，其中两个是中试规模（表 8-2）。在所有案例中，与托管医院的密切合作对于按时间顺序检索所用药物的数量和类型至关重要。

所有中试工厂均以多种技术为特征，这些技术的目标是消除可生物降解的物质和营养素以及大部分持久性残留的医药产品。

表 8-2 PILLS 项目案例研究

合作单位/医院/医院规模	分散处理①				排放
	/(m³/d)	预处理	生物处理	深度处理	
中试规模					
伊瓦格（瑞士） 巴登州立医院 346 个床位	1、2	机械处理	MBR	O_3 + SF PAC + SF	水体
卢森堡科学技术研究所(LIST)，前卢森堡亨利-图德公共研究中心(CRP)（卢森堡） Emile Mayrish 中心医院(CHEM) 640 个床位	1.5	机械处理	MBR	RO O_3/H_2O_2 UV/H_2O_2	下水道
实际生产规模					
格鲁特水务局 萨兰德（荷兰） 伊萨拉医院 1076 个床位	240	机械处理	MBR	O_3 + GAC GAC + UV/ H_2O_2 + GAC	下水道
Emschergenossenschaft(丹麦) Marienhospital Gelsen-kirchen 医院 50 个床位	200	机械处理	MBR	PAC O_3 + MBB UV/ TiO_2 + MBB	地表水

① MBR 表示膜生物反应器；PAC 表示活性炭粉末；MBB 表示流化床反应器；GAC 表示活性炭颗粒；SF 表示砂滤。

每种设计都以膜生物反应器（MBR）为核心技术，然后是深度处理（紫外线、臭氧、活性炭、先进的氧化工艺和反渗透）方法。根据药物去除率、"经典"参数（COD、BOD、N和P）以及能源消耗，对试验装置的性能进行了评估。

MBR处理在COD、营养物质和细菌去除方面有较高的去除率，在整个操作过程中保持稳定。关于药物去除，MBR处理对具有高生物降解性的化合物（例如对乙酰氨基酚）显示出最高的去除率，而对大多数其他化合物则显示出较低的去除率。去除率通常与其他研究一致[6,11]。此外，对于某些药物（例如抗生素），可以证明所研究的MBR系统比常规活性污泥（CAS）系统具有更高的药物去除率。但是，大部分药物会残留在MBR渗透液中。

关于臭氧作为后处理方法，根据卢森堡案例研究，在$15mgO_3/L$的臭氧剂量时，药物的主要部分被氧化，为$1.28gO_3/gDOC$。如文献所述，环磷酰胺、碘克沙醇和萘普生的去除率最低（58%、78%和88%），它们与臭氧的反应较慢$k<50m^{-1}·s^{-1}$[27,28]。此外，研究人员将过氧化氢（H_2O_2）添加到臭氧反应器进水中，加速臭氧分解并增加水溶液中羟基自由基的含量。在这些条件下，增加了对慢速臭氧反应性微量污染物的去除。该方法在理论上可能具有经济利益，因为使用较低剂量的臭氧会导致较少的电能需求。但是，H_2O_2的用量导致快速臭氧反应性药物的去除减少，因为一部分臭氧被羟基自由基"消耗"了[20]。臭氧的缺乏导致其与这类药物的反应不足。因此，找到最佳的O_3/H_2O_2比至关重要。除药物类型外，去除率还受水基的影响。实际上，处理后的水中存在的少量清除剂（即CO_3^{2-}、pH值和有机物DOC）会导致处理效率显著降低[20]。

在整个试验过程中监测pH值，发现在高H_2O_2剂量下pH值也保持恒定。该结果表明，所产生的中间体和酸成为越来越重要的氢自由基清除剂[29]，尤其是当所提供的H_2O_2剂量高于H_2O_2易于在水中累积的最佳值时。在臭氧化过程中，还必须考虑可能形成的副产物（即溴化物）。溴酸盐是一种潜在的人类致癌物[20]，其在含溴化物水的臭氧化过程中形成。如果原水中的溴化物含量超过$50μg/L$，可能会导致溴酸盐浓度过高，造成危害[30]。在卢森堡MBR渗透液中，测得高浓度的Br^-（$220.6μg/L±7.5μg/L$）以及相对较高的臭氧投加量。为了控制溴酸盐生成，建议臭氧剂量不要超过$0.48\sim1.28gO_3/gDOC$。PILLS项目的瑞士合作伙伴发现了类似的结果，即臭氧剂量为$0.5gO_3/gDOC$时药物去除率达到80%（环磷酰胺、异环磷酰胺和X射线造影剂重氮酸盐、碘帕醇和碘普罗胺除外）。

关于PAC的使用，瑞士合作伙伴声明最佳剂量为$20mgPAC/L$（磺胺甲噁唑、X射线造影剂泛影酸盐和碘帕醇除外）。

紫外线技术的成本效益分析显示，使用低压紫外线灯的能量效率比中压紫外线灯高70%。当加药 $1.11gH_2O_2/L$ 时，通过高级氧化过程（AOP）操作可获得两种配置的最佳结果[23]。通量大于 $47250J/m^2$ 的 UV/H_2O_2 对所有分析药物的有效去除率＞77%。

活性炭过滤导致使用新 GAC 过滤器的所有化合物的去除率均＞95%。反渗透（RO）也可以实现高去除率。

关于工艺能耗，得出以下结论。第一步，即机械处理（上游生物反应器）估计需要 $0.3\sim0.6kW \cdot h/m^3$ 的电力。MBR 的需求量计算为 $0.9kW \cdot h/m^3$。在活性炭再生过程中，发现 PAC 的能量需求 [$0.45kW \cdot h/m^3$（包括砂滤）] 比 GAC 的能量需求（$0.2kW \cdot h/m^3$）更高。紫外线处理的能耗为 $0.5\sim1.0kW \cdot h/m^3$，高于臭氧化范围的＜$0.2\sim0.9\ kW \cdot h/m^3$。RO 的能耗超过 $1.0kW \cdot h/m^3$。

但是，药品的集中/分散处理解决方案不仅是针对 PILLS 项目中专门讨论的物质，还分析了各工艺在减少生态毒理学作用和减轻抗生素抗性基因的繁殖方面的表现，并进行了能源成本评估，发现 MBR 中的生物处理降低了原始医疗废水的潜在毒性作用。但是，MBR 出水仍然对某些生物有毒。这些处理不能完全去除有毒化合物，在某些生物测定中，甚至在通过臭氧处理或紫外线处理氧化过程之后，还出现毒性增加的现象。氧化过程的后处理（如砂滤）可以显著减少氧化的不利影响，但不能令人满意地彻底解决不利影响。只有 GAC 过滤可以有效消除紫外线处理废水的不利影响。

在废水的深度处理中，对抗生素耐药性的影响是重要的方面。因此，在对 rRNA 16S 编码基因进行定量的同时，还对整合子进行了监测，作为抗生素耐药性传播的生物标记物。活性污泥处理之后，在孔径为 $0.04\mu m$ 的膜过滤过程中，大多数抗生素抗性基因被去除。与 MBR 的效率相比，臭氧或活性炭对减少抗性基因及其在废水中的相对丰度的影响可忽略不计。

生命周期评估（LCA）用于全面评估所有提及的方面（处理技术类型及其对环境的影响）并得出可取的处理方法。LCA 通常考虑生命周期的三个步骤：构造、运行阶段和拆除分解。在此特定情况下，由于此 LCA 旨在比较具有类似基础结构的方案，因此可以忽略生命周期的第一阶段和最后阶段，仅考虑由于工厂运营而产生的间接污染物排放，即由能源和原材料消耗与生产产生的间接污染物排放。为扩大比较的可能性，对许多环境影响类别（全球变暖潜力，水中的急性和慢性生态毒性，致癌作用等）的环境影响进行了计算。LCA 结果表明，与磷或重金属等其他污染物相比，药物的影响可忽略不计。从这个角度来看，无论是集中式污水处理厂还是分散式污水处理厂，额外的后处理都没有优势。后处理会产生显著的其他影响（与能源和化合物消耗有关），但收益相对较差。如果在医院实施分散处理，与紫外线相比，LCA 优先选择臭氧或活性炭。它要强调的是，由于药物在 LCA 中的毒性评估模型的不确定性，导致结果存在很大的不确定性[31]。

8.3.1 其他欧盟相关案例

因此，在欧盟委员会的行动下，更多的欧盟国家开始测试可能的技术解决方案，以满足国家和地方对于药物去除的要求。

尤其是在新建医院或扩大现有医院的行动时，主管部门开始具体考虑在点源处处理废水。表 8-3 总结了除 PILLS 项目（已在表 8-2 中说明）外的其他分散处理相关案例的情况。

表 8-3　实行全面分散处理的欧盟案例（不包括 PILLS 项目）

国家	主要研究机构	医院的位置和规模	说明
德国	亚琛工业大学	Waldbröl 地区医院(医院)，最多 340 个床位	采用 MBR 工艺并进行 O_3 后处理污水处理厂的实施仅在中试规模上试验了纳米过滤、反渗透和活性炭过滤
丹麦	格兰富 BioBooster A/S	赫勒福医院，最多 835 个床位	正在进行的两个方案的试验：(1)MBR，然后是 O_3、GAC 和/或 H_2O_2 和 UV；(2)MBR，然后是 GAC 和 UV，该测试阶段于 2016 年完成
法国	Le GRAIR	法国上萨瓦省 Scientrier 社区贝勒科姆医院	SIPIBEL 研究基地包括 Bellecombe 污水处理厂试点项目，自 2020 年 2 月新医院(中央阿尔卑斯勒曼医院)开业以来，该项目已在医院和城市污水的分散处理中实施
意大利	费拉拉大学	费拉拉科纳医院，900 个床位	该装置包括一个装有超滤膜的 MBR，然后是 O_3 和 UV
新西兰	斯托华	代尔夫特的 Reinier de Graaf Gasthuis 医院	对 Pharmafilter 的"原理论证"已进行实际生产规模的试验。模块化处理可以合并和总结

据作者所知，2008 年在德国的 Waldbrol 地区医院首次实现了处理医疗废水的全规模污水处理厂的实施[32~34]。除了减少药物排放的目的之外，该医院的目标还在于降低因城市污水中总有机物和氮负荷而由污水处理厂运营者所收取的高额费用。

另一种处理工艺是在扩大 Herlev 医院医学专科框架内确立的。丹麦政府决定借此机会遵守《环境保护法》有关使用最佳可行技术（BAT）处理废水的法规。建成了一家将膜技术与非常先进的处理技术（即 GAC、UV 和 O_3）相结合的大型工厂，处理能力高达 560m^3/d。最近发表的结果显示出优质的废水处理效果,其中目标化合物浓度低于其 PNEC[36]。

法国采用了一个先例,其概念是对微量污染物污染的废水进行单独处理。Bellecombe 镇政府建造新医院时决定采用这种方法[37]。位于法国上萨瓦省 Scientrier 的 SIPIBEL 研究站点(Site Pilote de Bellecombe)包括污水处理厂试点项目,该试点项目在污水处理厂对医疗废水和其他废水采用单独的处理方法,即一种针对医疗废水的处理方法,另一种用于城市污水。无需经过特殊预处理即可将医疗废水引入收集系统,然后将其直接送至污水处理厂。污水处理厂的城市下水道系统连接了约 20850 名居民。通过考虑废水的处理效率和环境响应,对两条处理线(医疗废水和城市污水)进行了评估。研究发现,用活性污泥处理过的医疗废水比经过同等处理的城市污水更有效地去除了药物。无论如何,由于抗生素和止痛剂的初始浓度很高,因此它们仍高度浓缩在医疗废水的出水中。

同样在意大利,由于接收当地废水的 Gualdo 污水处理厂的能力不足而提出了分散处理来自费拉拉新综合医院的废水,该污水处理厂的设计能力为 1000p.e.。研究案例[38]受益于对适当的 MBR 设计进行可靠的中试规模研究,该设计经过深度处理(即 O_3 和 UV)升级后,能够减少废水对环境的影响。全面的研究考虑了技术方面(例如占地面积和运营成本)以指导决策者。

更多创新解决方案也有不同的应用。在荷兰,已对 Pharmafilter 装置进行了测试,可产生干净的高质量的出水,并且根据测得的参数无可再利用的药物痕迹[39]。

在比利时,科学讨论[40]促成了正在进行的 Medix 项目的建立,该项目由瓦隆地区及其格林温竞争中心(可持续发展)与国家级(塞伯多,列日大学和 Balteau SA)和国际级(卢森堡研究所)科技机构联合开发。该项目旨在开发一种用于处理废水中残留药物的系统。由于知识产权协议,结果尚未披露。

除上述案例外,处理设备还有朝着集中化方法发展的总体趋势。但是从经济的角度出发以及从整体的环境角度来看,活性炭或臭氧技术对于有小型污水处理厂的农村地区目前还没有吸引力。因此,目前大规模三级处理的规划和实施主要集中在城市地区的大型污水处理厂,这些污水处理厂出水是其所在河流流域的重要来源。在这种情况下,策略是根据优先清单升级有限数量的单个处理厂,以便最大限度地减少相关地表水中微量污染物的排放。

在这种情况下,瑞士是第一个决定升级市政污水处理厂的国家。根据工厂的产能、汛期/非汛期的流量关系和敏感性标准,瑞士政府在 700 个污水处理厂中确定了 100 个,并将在未来几年内通过深度处理(如活性炭或臭氧)进行升级[27,41]。目前,瑞士有六家污水处理厂处于深度处理运行或计划阶段。其中大部分(即 2/3)正在使用臭氧,而其余的都装有 PAC 来去除有机微量污染物。

同样在德国，最近几年也取得了相当大的进步。这涉及一些区域性研究，以从出水的排放和相关影响中选择出可升级的污水处理厂，并将这些处理厂的升级付诸实践。例如，在德国巴登-符腾堡州，有12个升级后的污水处理厂正在运行，有2个正在建设中，有3个计划进行升级[42]。北莱茵-威斯特法伦州有7个升级后的污水处理厂正在运行，有2个正在建设中，计划一共升级10个。超过99%的相关污水处理厂的处理能力超过10000p.e.。其中PAC占63%，是减少药物排放的最受欢迎的工艺，其次是GAC（21%）和臭氧（16%）。然而，由于臭氧在巴登-符腾堡州并未全部使用，因此通常根据当地情况决定采用哪种处理技术[42]。

考虑到立法的发展和已经采取的措施的进展，研究人员预计能够将有机微量污染物减少到安全水平的污水处理厂数量，在未来几年将急剧增加。

8.4 技术解决方案的替代措施

PILLS项目取得的成果为建立应对药品污染所需的技术知识做出了巨大贡献，对科学界的影响是巨大的，并涉及越来越多的"医药产业链"的参与者。讨论的自然结果是另一个后续项目，即欧盟合作项目noPILLS（INTERREG IVB）[43]。该项目旨在提供有关水环境中药物残留情况以及减少向地表水排放的替代解决方案的进一步信息。该项目的核心是探讨有关"医药产业链"中潜在和实际执行的技术及社会干预点的实践经验。重点放在消费者行为上，有污水处理厂和多方利益相关者参与。该项目在放射科的患者常规治疗中引入并测试了单独的尿液收集。尽管PNEC非常低（潜在的无效浓度），但X射线造影剂仍被用作主要示踪剂，以评估这种方法的可行性[44]。仅从流动病人（卢森堡）以及从流动和固定的病人（德国）那里分别收集与处置尿液不仅导致医院可检测到的排放量减少，而且最重要的是在集水区，即污水处理厂的进水口检测量减少[25]。源头分离和单独处置是避免药物代谢产物排放的有效措施。一旦实施，它还可以解决基于新型活性成分在城市污水系统中的未知行为和对水生态系统的风险问题。分离效率的关键是医务人员的积极参与（也可以调动患者参与的积极性）。另一个重要的研究结果是，需要告知和教育医务人员药物残留在环境中对环境的影响，以提高人们的认识和了解。

8.5 小结

传统的污水处理厂在去除微量污染物（特别是药物及其代谢物）方面的效率相对较差。因此，需要在集中或分散处理上进行深度处理。

事实证明，深度处理可以有效地去除药物，但耗能和投资成本很高。由于在点源的分散处理解决方案并没有显示出明显的收益，因此并没有进行任何结论性的评估。需要指出的是，除了药物以外，集中式解决方案还具有处理其他有机微量污染物（例如除草剂、杀真菌剂等）的巨大优势，否则它们将进入水环境造成危害。

如今，欧盟的几个国家/地区开始按照自己的国家政策采取一些行动。已经有少量污水处理厂升级，大部分升级后的工厂都采用 PAC 作为深度处理工艺。

参考文献

[1] Fent K, Weston AA, Caminada D (2006) Ecotoxicology of human pharmaceuticals. Aquat Toxicol 76:122-159

[2] Jolibois B, Guerbet M (2006) Hospital wastewater genotoxicity. Ann Occup Hyg 50(2):189-196

[3] Escher BI, Baumgartner R, Koller M, Treyer K, Lienert J, McArdell CS (2011) Environmental toxicology and risk assessment of pharmaceuticals from hospital wastewater. Water Res 45:75-92

[4] Gros M, Petrovic M, Ginebreda A, Barcelo D (2010) Removal of pharmaceuticals during wastewater treatment and environmental risk assessment using hazard indexes. Environ Int 36:15-26

[5] Kratz W (2008) Ecotoxicological risk of human pharmaceuticals in Brandeburg surface waters? In: Standard threshold impact assessment, vol 30, pp 379-389

[6] Verlicchi P, Galletti A, Petrovic M, Barceló D (2010) Hospital effluents as a source of emerging pollutants: an overview of micropollutant and sustainable treatment options. J Hydrol 389:416-428

[7] Verlicchi P, Galletti A, Petrovic M, Barceló D, Al Aukidy M, Zambello E (2013) Removal of selected pharmaceuticals from domestic wastewater in an activated sludge system followed by a horizontal subsurface flow bed-analysis of their respective contributions. Sci Total Environ 454-455:411-425

[8] Reungoat J, Macova M, Escher BI, Carswell S, Mueller JF, Keller J (2010) Removal of micropollutants and reduction of biological activity in a full scale reclamation plant using ozonation and activated carbon filtration. Water Res 44(2):625-637

[9] Serrano D, Suarez S, Lema JM, Omil F (2011) Removal of persistent pharmaceutical micropollutants from sewage by addition of PAC in a sequential membrane bioreactor. Water Res 45(16):5323-5333

[10] www.drugbank.ca (last accessed 20 Sept 2016, 4 pm)

[11] Pomiès M, Choubert JM, Wisniewski C, Coquery M (2013) Modeling of micropollutant removal in biological wastewater treatments: a review. Sci Total Environ 443:733-748

[12] Joss A, Zabczynski S, Göbel A, Hoffmann B, Löffler D, McArdell CS, Ternes T, Thomsen A, Siegrist H (2006) Biological degradation of pharmaceuticals in municipal wastewater treatment: proposing a classification scheme. Water Res 40:1686-1696

[13] Plosz BG, Leknes H, Thomas KV (2010) Impacts of competitive inhibition, parent com-

pound formation and partitioning behavior on the removal of antibiotics in municipal wastewater treatment. Environ Sci Technol 44(2):734-742

[14] Simpa J, Osuna B, Collado N, Monclus H, Ferrero G (2010) Comparison of removal of pharmaceuticals in MBR and activated sludge systems. Desalination 250:653-659

[15] Abegglen C, Joss A, McArdell CS, Fink G, Schlusener MP, Ternes TA, et al (2009) The fate of selected micropollutants in a single-house MBR. Water Res 43(7):2036-2046

[16] Ternes TA, Stuber J, Herrmann N, McDowell D, Ried A, Kampmann M, Teiser B (2003) Ozonation: a tool for removal of pharmaceuticals, contrast media and musk fragrances from wastewater? Water Res 37(8):1976-1982

[17] Lee Y, von Gunten U (2010) Oxidative transformation of micropollutants during municipal wastewater treatment: comparison of kinetic aspects of selective (chlorine, chlorine dioxide, ferrate VI, and ozone) and non-selective oxidants (hydroxyl radical). Water Res 44(2):555-566

[18] Stalter D, Magdeburg A, Oehlmann J (2010) Comparative toxicity assessment of ozone and activated carbon treated sewage effluents using an in vivo test battery. Water Res 44(8):2610-2620

[19] Hollender J, Zimmermann SG, Koepke S, Krauss M, McArdell CS, Ort C, Singer H, von Gunten U, Siegrist H (2009) Elimination of organic micropollutants in a municipal wastewater treatment plant upgraded with a full-scale post-ozonation followed by sand filtration. Environ Sci Technol 43(20):7862-7869

[20] Gunten U (2003) Ozonation of drinking water: part I. Oxidation kinetics and product formation. Water Res 37:1443-1467

[21] Venditti S, Martina A, Koehler C, Klepiszewski K, Cornelissen A (2012) Treatment of pharmaceutical wastewater by O3 and O3/H2O2 processes: a pilot scale study in Luxembourg. In: Proceedings IWA specialist conference-EcoTechnologies for wastewater treatment-technical, environmental & economic challenges Santiago de Compostela, Spain, June 25-27

[22] Kovalova L, Siegrist H, von Gunten U, Eugster J, Hagenbuch M, Wittmer A, Moser R, McArdell CS (2013) Elimination of micropollutants during post-treatment of hospital wastewater with powdered activated carbon, ozone, and UV. Environ Sci Technol 47(14):7899-7908

[23] Koehler C, Venditti S, Igos E, Klepiszewski K, Benetto E, Cornelissen A (2012) Elimination of pharmaceutical residues in biologically pre-treated hospital wastewater using advanced UV irradiation technology: a comparative assessment. J Hazard Mater 239-240:70-77

[24] Grover DP, Zhou JL, Frickers PE, Readman JW (2011) Improved removal of estrogenic and pharmaceutical compounds in sewage effluent by full scale granular activated carbon: impact on receiving river water. J Hazard Mater 185(2-3):1005-1011

[25] Haberkern B, Maier W, Schneider U (2006) Steigerung der Energieeffizienz auf kommunalen Kläranlagen. Arbeitsgemeinschaft iat Ingenieurberatung fur Abwassertechnik in Zusammenarbeit mit Universitäten Stuttgart und TU Kaiserslautern sowie Ryser Ingenieure Bern, Dessau-Rolau

[26] Pills final report: http://www.pills-project.eu/

[27] Tuerk J, Sayder B, Boergers A, Vitz H, Kiffmeyer TK, Kabasci S (2010) Efficiency, costs and benefits of AOPs for removal of pharmaceuticals from the water cycle. Water Sci Technol 614:985-993

[28] Huber M, Goebel A, Joss A, Hermann N, Loeffler D, McArdell CS, Ried A, Siegrist H,

[29] Ternes TA, von Gunten U (2005) Oxidation of pharmaceuticals during ozonation of municipal wastewater effluents: a pilot study. Environ Sci Technol 39:4290-4299
[29] Balcioglu IA, Otker M (2003) Treatment of pharmaceutical wastewater containing antibiotics by O3 and O3/H2O2 processes. Chemosphere 50:85-95
[30] Gottschalk C, Libra JA, Saupe A (2010) Ozonation of water and waste water, chapter 2, 2nd edn. Wiley-VCH Verlag GmbH & Co. KGaA, Weinheim, pp 18-20
[31] Igos E, Benetto E, Venditti S, Koehler C, Cornelissen A, Moeller R, Biwer A (2012) Is it better to remove pharmaceuticals in decentralized or conventional wastewater treatment plants? A life cycle assessment comparison. Sci Total Environ 438:533-540
[32] Beier S, Cramer C, Köster S, Mauer C, Palmowski L, Schröder HF, Pinnekamp J (2011) Full scale membrane bioreactor treatment of hospital wastewater as forerunner for hotspot wastewater treatment solutions in high density urban areas. Water Sci Technol 63(1): 66-71 (online) http://wst.iwaponline.com/content/63/1/66
[33] Beier S, Cramer C, Mauer C, Köster S, Schröder HF, Pinnekamp J (2012) MBR technology: a promising approach for the (pre-)treatment of hospital wastewater. Water Sci Technol 65 (9):1648-1653 (online) http://wst.iwaponline.com/content/65/9/1648
[34] Beier S, Köster S, Veltmann K, Schröder H, Pinnekamp J (2010) Treatment of hospital wastewater effluent by nanofiltration and reverse osmosis. Water Sci Technol 61(7): 1691-1698. Grundfos biobooster, 2012 (online) http://wst.iwaponline.com/content/61/7/1691
[35] Wastewater treatment at Herlev Hospital, Denmark, available on website: https://www.herlevhospital.dk/nythospitalherlev/nyheder-og-presse/nyheder/Documents/10988_Biobooster_Herlev_LOW_opslag.pdf
[36] https://www.dhigroup.com/-/media/shared-content/global/news/
[37] http://www.graie.org/Sipibel/
[38] Verlicchi P, Galletti A, Masotti L (2010) Management of hospital wastewaters: the case of the effluent of a large hospital situated in a small town. Water Sci Technol 61: 2507-2519
[39] Pharmafilter Final Report (2013) http://nieuwesanitatie.stowa.nl/upload/publicaties/STOWA% 202013% 2016% 20LR.pdf
[40] Arends JBA, Van Denhouwe S, Verstraete W, Boon N, Rabaey K (2014) Enhanced disinfection of wastewater by combining wetland treatment with bioelectrochemical H_2O_2 production. Bioresour Technol 155:352-358
[41] Eggen RIL, Hollender J, Joss A, Scharer M, Stamm C (2014) Reducing the discharge of micropollutants in the aquatic environment: the benefits of upgrading wastewater treatment plants. Environ Sci Technol 48(14):7683-7689
[42] http://www.koms-bw.de/klaeranlagen/uebersichtskarte/
[43] NoPills final report: http://www.no-pills.eu/
[44] Klepiszewski K, Venditti S, Köhler C (2016) Tracer tests and uncertainty propagation to design monitoring setups in view of pharmaceutical mass flow analyses in sewer systems. Water Res 98:319-325

第 9 章

亚洲、非洲和澳洲医疗废水处理现状

Mustafa Al Aukidy, Saeb Al Chalabi, and Paola Verlicchi

摘要：本章概述了当前亚洲、非洲和澳洲医疗废水的管理及处理现状，分析了不同国家的 20 篇论文，强调了每项研究背后的理由，从主要和微量污染物角度分析了处理技术的效能。在所研究的国家中，医疗废水根据不同的处理方案进行划分（特殊处理、共同处理或直接排放到环境中）。采用的方法包括初级、二级及三级处理技术，其中重点关注了应用最广泛的技术——传统活性污泥法（CAS），其次是膜生物反应器（MBR），当然也研究了其他类型的技术。关于主要和微量污染物的去除率，目前收集的数据表明，当前采用的技术可以很好地去除主要污染物，而对微量污染物（如药物类）的去除率则从低到高不等，同时观察到处理工艺会释放一些化合物。一般来说，没有一项单一的技术可以被作为解决医疗废水管理问题的解决方案，在大多数情况下，需要多种技术的耦合处理。

关键词：抗生素耐药细菌；医疗废水；药物；去除率；废水处理。

目　录

9.1　引言
9.2　医疗废水的处理方案
9.3　研究概览
9.4　医疗废水中的抗生素耐药菌
9.5　医疗废水处理案例
9.6　医疗废水处理厂的去除率
　　9.6.1　常规污染物的去除率
　　9.6.2　PhC 的去除率
9.7　法规
9.8　小结
参考文献

9.1 引言

医疗废水(HWW)是指所有医院活动(医疗和非医疗活动)排放的废水,包括手术室、检查室、实验室、育婴室、放射室、厨房和洗衣房等。医院每天会消耗一定量的水,在工业化国家,医院每天每张床的耗水量为400~1200L[1],而在发展中国家,耗水量大概为每天每张床200~400L[2]。

医疗废水与城市污水水质具有相似性[3,4],但其中可能含有各种潜在的有害成分,主要包括由诊断室、实验室和研究活动产生的有害化学成分、重金属、消毒剂和特定清洗剂[5~9]。在医疗废水中发现的药物化合物(PhC)浓度比在城市污水中发现的浓度更高[10,11]。根据最近的文献[8,12~14],医疗废水被认为是药物类污染物产生的一个热区,促使学术界质疑将医疗废水直接排放到公共下水道与城市污水共同处理的一般做法的合理性[8,13,15,16]。

医疗废水是所有污水处理厂废水中检测到的PhC的重要来源,因为它们在常规处理流程中的去除率不高[17~20]。实际上,医疗废水可能通过在河流中传播抗生素和抗生素抗性细菌,从而对环境和人类健康产生不利影响[21~24]。因此,医疗废水的有效管理、处理和处置在国际上越来越受到关注。

欧盟国家正在努力通过管道末端处理来改善对PhC的去除,并且已经建立了针对医疗废水特殊处理的全规模污水处理厂。

为了突出世界其他地区在这一研究领域的进展,本章概述了亚洲、非洲和澳洲目前对医疗废水的管理及处理。

9.2 医疗废水的处理方案

表 9-1 不同国家医疗废水的处理方案

国家或地区	处理	参考文献
阿尔及利亚	直接排放到环境	[26]
澳大利亚	共同处理	[14,27]
孟加拉国	直接排放到环境	[23]
中国	特殊处理或直接排放到环境	[10,28~30,44]
刚果	直接排放到环境	[31]
埃及	共同处理	[4]
埃塞俄比亚	直接排放到环境	[32]
印度	直接排放到环境/共同处理/特殊处理	[11,31,33]

续表

国家或地区	处理	参考文献
印度尼西亚	特殊处理/直接排放到环境	[34]
伊朗	特殊处理/共同处理	[3,35~37]
伊拉克	特殊处理	[38]
日本	共同处理	[39]
尼泊尔	直接排放到环境	[40]
巴基斯坦	直接排放到环境	[21,41]
韩国	特殊处理	[42]
南非	共同处理	[43]
泰国	共同处理	[45]
越南	直接排放到环境	[6]

在不同国家，对医疗废水采用不同的处理方案。表9-1列出了所涉及的处理方案以及相应的参考文献。医疗废水通常会排入城市下水道系统，与污水混合后进入污水处理厂处理（共同处理）。这种做法在澳大利亚、伊朗、埃及、印度、日本、南非和泰国很普遍。但是在许多其他发展中国家与地区，如阿尔及利亚、孟加拉国、刚果、埃塞俄比亚、印度、尼泊尔、巴基斯坦和越南，因为污水未经处理就排放到排水系统、河流和湖泊，医疗废水可能成为水生环境中有毒元素的主要来源。据阿什法克等报道[41]，在巴基斯坦，任何规模的医院都没有安装适当的污水处理设施。来自伊朗不同省份的70家政府医院中，仅有48%配备了污水处理系统，而剩下的52%没有，它们将废水排入井中（52%）、环境中（38%），其余的则排入市政废水管网[35]。比较污水处理系统及环境部门的相关指标可以发现，尽管现在医疗废水的处理系统得到了一定的改进，但目前整体效能仍较低，需要进一步升级。

在印度尼西亚，只有36%的医院拥有自己的污水处理厂，而64%的医院将废水直接排入接收水体或使用渗透井。通常，医疗废水处理厂（HWWTP）使用生物-氯消毒组合处理技术，其出水污染物通常超过环境质量标准，例如铅、苯酚、游离氨、磷酸盐和游离氯。医疗废水处理厂排水的水质较差，特别是存在有毒污染物（如铅和苯酚），可能原因是生物-氯消毒处理技术未实现最佳条件运行[34]。

2004年，在中国西南的大城市昆明市进行了一次调查，发现在45家医院中有36家配备了废水消毒设备。同年，在中国中南部最大的城市武汉市对50家医院的污水处理设施进行了调查，结果表明，有46家拥有污水处理设施的医院，其中只有约50%的污水处理设施的出水水质符合国家排放标准[29,46,47]。

在伊拉克，大多数医院都有自己的处理厂，但它们很难达到伊拉克的排放标准，特别是在营养物质和病原体去除方面[38]。在中国、印度尼西亚和韩国等国家，医疗废水处理的方案更加严格，要求对医疗废水进行原位的处理（特殊处理）。

2010年1月海地地震后，暴发霍乱期间，政府采用了有效、可靠且成本相对较低的方法对医疗废水进行消毒。两种原位处理方案得到了应用：方案A包括混凝/絮凝，并通过熟石灰［$Ca(OH)_2$］进行消毒；方案B使用盐酸进行酸中和，随后使用硫酸铝进行混凝/絮凝。这种方法正在被一些非政府组织（NGOs）采用，以帮助处理紧急条件下的人类排泄物，包括应用于西非地区以及菲律宾和缅甸等国家的传染性疾病的暴发期间。

9.3 研究概览

表9-2列出了本章所涉及医疗废水特殊处理研究的主要特征。欧盟国家进行研究的主要原因通常是意识到了由二级出水中残留PhC构成的潜在风险，以及减少通过污水处理厂出水排放到环境中的PhC负荷的需求。但是，本章研究的基本原因是在医疗废水排入城市污水处理系统或环境之前评估医疗废水处理的不同选择，以提高医疗废水的生物降解性，避免病原微生物、病毒、抗生素耐药菌、药品和化学污染物的扩散，减少有机负荷并最终满足不同国家的排放标准要求。在所有研究中，只有四项涉及医疗废水中的PhC，而其余研究则主要考虑了病原细菌和常规污染物（如COD、BOD和SS）。

表9-2 相关研究的概述、研究清单及原因说明

参考文献	实验调查和处理厂的主要特点	原因	研究参数
[6]	越南河内调查医疗废水中氟喹诺酮类抗菌剂（FQ）的环境迁移转化；一家去除医疗废水中FQ的污水处理厂	潜在的环境风险和耐药性在微生物之间的传播	环丙沙星和诺氟沙星
[10]	调查中国北京处理两家精神病院废水的污水处理厂中22种常见精神药物的定量和去除情况	PhC对生态系统和人类健康的潜在影响	22种精神药物
[11]	调查印度南部四个污水处理厂中某些药用化合物的存在和去除特征,采用延时曝气活性污泥法处理医疗废水	与环境中存在药物有关的风险	7种PhC

续表

参考文献	实验调查和处理厂的主要特点	原因	研究参数
[17]	在印度泰米尔纳德邦的 Vellore 医院进行调查,实验室规模的工艺,包括混凝(通过添加高达 300mg/L 的 $FeCl_3$)、快速过滤和消毒(通过添加漂白粉溶液)步骤	排入公共污水处理系统前医院出水预处理的备选方案	常规参数:COD、BOD_5、SS 和 P
[35]	在伊朗进行调查,分析了来自不同省份的 70 家政府医院的医疗废水处理系统	控制医疗废水中化学污染物和活性菌的排放	常规参数:TSS,BOD_5,COD
[34]	研究由曝气固定膜生物滤池(AF2B 反应器)和臭氧氧化反应器组成的中试装置	排放医疗废水给人类造成的污染和健康问题	常规污染物:BOD、酚类、粪大肠菌群和铅
[28]	在中国北京海淀某社区医院进行调查,采用全规模浸没式中空纤维 MBR	微滤膜 MBR 处理医疗废水的效率和运行稳定性	监测污染物为 COD、BOD_5、NH_4^+、浊度和大肠杆菌
[29]	在中国对医疗废水处理的操作条件和 MBR 效率进行研究	试图避免病原微生物和病毒的传播,特别是在 2003 年 SARS 暴发之后	常规参数:COD、BOD_5、NH_3、TSS、细菌和粪便大肠菌
[30]	采用生物接触氧化法、MBR 法和次氯酸钠消毒剂相结合的方法对中国天津的医疗废水进行了处理	满足中国医疗机构对水污染排放标准的要求	常规参数:SS、BOD_5、COD、NH_3、总大肠菌群、粪便大肠菌群
[40]	在尼泊尔设计和建造的用于处理医疗废水($20m^3/d$)的两级人工湿地(CW)的去除性能的分析 该系统由一个三室化粪池、一个深度为 $0.65\sim0.75m$ 的水平流化床($140m^2$)和一个深度为 $1m$ 的垂直流化床($120m^2$)组成 这些床中有当地的芦苇(Phragmites karka)	向发展中国家提供废水处理技术,以减少水环境中的污染	常规参数:TSS、BOD_5、COD、NH_4^+、PO_4^{3-}、总大肠菌群、大肠杆菌、链球菌
[42]	在韩国的两家医疗废水处理厂进行调查,以评估某些药品和个人护理产品的发生和清除情况 污水处理工艺包括:①絮凝(FL)+活性炭过滤(AC);②絮凝+CAS	环境中对非目标生物进行驱虫的潜在风险及其对生物降解的抵抗力	33 种药品和个人护理产品

续表

参考文献	实验调查和处理厂的主要特点	原因	研究参数
[45]	在泰国曼谷采用光芬顿法开展实验室规模的医疗废水预处理研究	采用光芬顿法预处理提高医疗废水的生物降解性	常规参数：COD、BOD_5、TOC、浊度、TSS、电导率和毒性
[50]	在印度研究中试系统的有效性,包括预处理、初级处理、常规活性污泥系统、砂滤和氯消毒	微生物群落调查和对多药耐药菌传播风险的评估	不同的微生物学参数：大肠菌群、粪肠球菌、葡萄球菌、假单胞菌、耐多药细菌
[51]	分析伊朗克尔曼省7个医疗废水处理厂（CAS+氯消毒）在常规运行和出现故障时的去除性能	接收医疗废水的污水处理厂出现故障时的效能	常规参数：COD、BOD_5、DO、TSS、pH值、NO_2^-、NO_3^-、Cl^-和SO_4^{2-}
[52]	在伊朗开展的一项中试研究,该系统由一个综合厌氧-好氧固定膜反应器组成,医疗废水处理后与市政废水共同处理	在共同处理前,生物预处理对医疗废水中有机负荷的削减	常规参数：COD、BOD_5、NH_4^+、浊度、细菌、大肠杆菌

9.4 医疗废水中的抗生素耐药菌

尽管抗生素已经使用了数几十年,但直到最近,环境中这些物质的存在才引起人们的关注。在过去几年中,为了评估其环境风险,在一些国家进行了抗生素复合研究。已经发现,医疗废水中的抗生素浓度高于城市污水中的浓度,且它们的抗生素浓度水平都高于不同的地表水、地下水和海水,包含患者分泌物的医疗废水可能是耐药性细菌的来源。医疗废水要么流入医院排污系统,要么直接流入城市污水管道,然后在污水处理厂处理。经过污水处理厂处理后,废水排放到地表水中或用于灌溉。研究表明,医院排出的废水与抗生素耐药性的增加具有显著的相关性。2012年Thompson等[27]在澳大利亚进行的一项研究,揭示了抗生素耐药菌在未经处理的医疗废水中的存活证据,以及它们向污水处理厂传递,直至排放出水。Alam等[24]和Akiba等[33]已经揭示了医疗废水对印度污水处理厂中抗生素和耐药性大肠杆菌的流行产生强烈影响。未经处理的医疗废水和城市污水也被证明是造成巴基斯坦河流中抗生素和耐药性细菌传播的原因[22]。

在孟加拉国,Akter等[23]进行了一项关于医疗废水对耐药菌出现和发展的影响的研究。他们总结发现，医疗废水和农业废水是未代谢的抗生素和耐药菌造成环境污染传播的主要原因。从南非获得的结果表明，接受医疗废水的污水处理厂可能是抗生素耐药菌的来源之一。研究结果还显示，排放到环境中的出水被多重耐药性的肠球菌污染，因此对水环境构成健康危害，并且最终可能会传播给暴露于该环境的人类和动物[43,54]。

总结来说，医院是抗生素和耐性基因释放到地表水的重要点源，医疗废水未经处理就排放到环境中会给环境带来巨大风险。

9.5 医疗废水处理案例

表 9-3 列出了在不同国家中医疗废水的处理案例以及相应的参考文献。可以看出，处理方法有逐渐向 MBR 转变的趋势，其次是 CAS。大多数研究为全规模的处理技术，包括以下处理系统：CAS 在中国、印度、伊朗和越南的应用；MBR 和 MBR+消毒在中国的应用；絮凝+活性炭絮凝+CAS 在韩国的应用；尼泊尔的化粪池+水平地下流动床+垂直地下流动床；埃塞俄比亚的氧化塘技术。伊朗有污水处理装备的医院中有 78% 使用活性污泥系统，而其余 22% 使用化粪池。

一些国家或地区也对多个中试规模的处理站进行了研究，如：印度的 CAS+砂滤+氯化；印度尼西亚的曝气固定膜生物滤池+O_3；伊朗的 CAS 和固定膜生物反应器；中国台湾的预臭氧化。实验室规模的应用包括：埃及的 CAS；印度的混凝+过滤+氯化；伊拉克的 MBR；泰国的光芬顿、光芬顿+CAS。最近，在伊朗也开展了使用铝和铁电极通过电絮凝方法处理医疗废水的研究[55]。在这项研究中，在实验室规模研究了从医疗废水中去除 COD 的过程，发现铁电极在 pH=3、30V 和 60min 的反应时间下具有良好的去除效能。

表 9-3 本章中涉及的医疗废水处理案例

国家或地区	实验室规模	中试规模	全规模	参考文献
中国			MBR MBR+氯消毒	[29]
中国			MBR	[28]
中国			CAS	[10]
中国			生物接触氧化+MBR +次氯酸钠消毒	[30]
埃及	CAS			[4]
埃塞俄比亚			稳定塘	[32]

续表

国家或地区	实验室规模	中试规模	全规模	参考文献
印度		CAS+SF+氯化		[50]
印度	混凝+过滤+氯化			[17]
印度			CAS	[11]
印度尼西亚				[34]
伊朗		CAS		[36]
伊朗			CAS+氯化	[51]
伊朗		固定膜生物反应器+共处理		[52]
伊朗			CAS,化粪池	[35]
伊朗	电凝			[55]
伊拉克	MBR			[38]
尼泊尔			化粪池+H-SSF床+V-SSF床	[40]
韩国			絮凝+活性炭,絮凝+CAS	[42]
泰国	光芬顿 光芬顿+CAS			[45]
越南			CAS	[6]

注:SF 表示砂滤;H-SSF 表示水平下流;V-SSF 表示垂直流。

9.6 医疗废水处理厂的去除率

本部分讨论使用不同处理工艺对医疗废水中常规参数和 PhC 的去除率。如先前报道的那样,用于医疗废水的一级、二级及三级处理技术都已经得到了研究。

9.6.1 常规污染物的去除率

图 9-1 展示了不同研究中采用一级处理技术(混凝+过滤+消毒;光芬顿)和二级处理技术(CW;稳定塘;CAS;MBR;生物接触氧化+MBR+NaClO 消毒;厌氧-好氧固定膜反应器和充气固定膜生物反应器+O_3)对常规污染物的去除率。

在尼泊尔,采用化粪池-水平地下流动床-垂直地下流动床处理技术对医疗

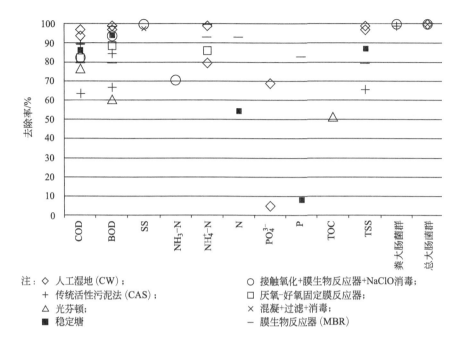

图 9-1 不同一级和二级处理技术对医疗废水中常规污染物的去除率[4,17,28～30,32,35,38,45,52]

废水进行处理,对 TSS 和 BOD$_5$(97%～99%)、COD(94%～97%)、NH$_4^+$-N(80%～99%)、总大肠菌群(99.87%～99.999%)、大肠杆菌(99.98%～99.999%)和链球菌(99.3%～99.99%)等具有很好的去除率。

埃塞俄比亚已经研究了一系列兼性和熟化池对医疗废水处理的适用性[32],BOD$_5$、TSS、COD、硝酸盐、亚硝酸盐、总氮和总溶解固体的去除率分别为94%、87%、87%、69%、55%、55%和32%,而总大肠菌群和粪大肠菌群的去除率可达99.74%和99.36%。但是,污水中仍含有大量细菌,不适合进行灌溉和水产养殖。

在伊朗建立了一个采用厌氧-好氧固定膜反应器处理医疗废水的中试系统,并评估其性能[52]。结果表明,该系统分别去除了95%、89%和86%的COD、BOD和NH$_4^+$。当将200mg/L氯化铁添加到印度原始医疗废水中时,COD去除率超过70%,如果添加絮凝剂以沉降医疗废水,则去除率提高到98%以上。随后使用次氯酸钙消毒可进一步减少微生物和COD[17]。

目前的研究尝试在医疗废水排放到现有生物污水处理厂之前降低医疗废水的毒性,并提高污染物的生物降解性和氧化程度[45,56]。使用光芬顿法作为预处理工艺,在COD:H$_2$O$_2$:Fe(Ⅱ)的剂量比为1:4:0.1,反应pH=3的最佳条件下可显著增强生物降解性,BOD$_5$:COD从原废水中的0.30增加到

0.52，大大降低了废水的毒性[56]。Nasr 和 Yazdanbakhsh[35] 研究了来自伊朗不同省份的 70 家政府直属医院的处理效率，其中 78% 使用 CAS 系统，22% 使用化粪池。BOD、COD 和 TSS 的平均去除率分别是 67%、64% 和 66%，且使用 CAS 和 MBR 加消毒处理对粪便及大肠菌群的去除率很高（99%～100%）。

图 9-1 清楚地说明了 MBR 技术可实现所有主要污染物的良好去除率（80%），唯一的例外是对氨氮，其去除率为 71%。

在伊拉克，各医院的当地污水处理单元无法达到伊拉克的标准，特别是在营养物质和病原体去除方面。因此，对一种实验室规模的缺氧/厌氧膜生物反应器系统进行了研究，以在不同的内部循环时间模式下处理医疗废水，实现有机物、氮、磷的去除[38]。该系统的高质量出水可以满足伊拉克所有标准中对灌溉参数的限制。

膜分离在保障优良且稳定的出水水质中起着重要作用。MBR 系统在完全去除悬浮物、出水消毒、高负荷、低/零污泥产生、快速启动、紧凑的尺寸和较低的能耗等方面的优势，驱使政府使用它们来处理医疗废水。

在中国已经建立了一种有效的医疗废水管理方法，已成功建造了 50 多个 MBR 处理厂用于医疗废水处理，处理能力为 20～2000m³/d（表 9-4）。MBR 可以有效节省消毒剂的消耗（添加的氯可以减少至 1.0mg/L），缩短反应时间（大约 1.5min，是传统污水处理过程的 2.5%～5%），并使微生物失活。对于 MBR 的产水，更少的消毒剂量可实现更高的消毒效果，且产生较少的消毒副产物（DBP）。此外，当 MBR 处理厂的产能从 20m³/d 增加到 1000m³/d 时，其运营成本将急剧下降[29]。

表 9-4　MBR 在中国医疗废水处理中的应用[29]

处理装置	膜面积/m²	膜材料	膜孔径/μm	处理量/(m³/d)	HRT/h	开始时间
MBR	96	中空纤维膜(PE)	0.4	20		2000 年
MBR+NaClO₃			0.2	100		2004 年
MBR				140	6	2004 年
MBR		有机膜	1.3	200	5	2002 年
MBR				200		2004 年
MBR + NaClO	900	PVDF	0.22	400	7.5	2005 年
MBR + ClO₂	2000	PVDF	0.22	500	7	2003 年
MBR + NaClO	4000	中空纤维膜(PVDF)	0.22	1000	5	2005 年
MBR + ClO₂	8000	中空纤维膜(PVDF)	0.4	2000	5.4	2008 年

注：PVDF 表示聚氟乙烯；PE 表示聚乙烯。

文献 [28] 分析了浸没式中空纤维膜生物反应器处理医疗废水的性能。COD、NH_4^+-N 和浊度的去除率分别为 80%、93% 和 83%，出水中 COD<25mg/L、NH_4^+-N<1.5mg/L 和浊度<3NTU；大肠杆菌去除率超过 98%；产水无色无味。生物接触氧化、MBR 和次氯酸钠消毒剂的组合工艺已在天津用于处理医疗废水，主要参数符合中国关于医疗机构水污染物排放标准的要求。

9.6.2 PhC 的去除率

图 9-2 报告了在不同国家（越南、印度、韩国和中国）运行的大型 CAS 系统去除医疗废水中 PhC 的数据，其中苯扎贝特、氯霉素、甲氧苄啶、阿立哌唑、氯氮平、氟伏沙明、奥氮平、利培酮、舒必利和西酞普兰的去除率较高（>80%）；适度去除（60%~80%）了阿苯达唑、氨苄西林、醋磺胺甲噁唑、氯丙嗪、氯丙咪嗪、氟苯达唑和羟哌氯丙嗪；而阿普唑仑、奥沙西泮、舍曲林、苯海索、氯氮平、氯西汀、劳拉西泮和芬苯达唑的去除率较低（低于 50%）。

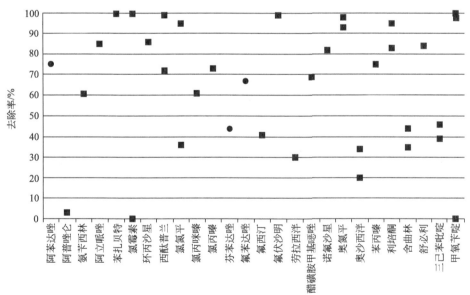

■ 传统活性污泥 (CAS)；
● 絮凝+传统活性污泥 (Flocculation+CAS)

图 9-2 CAS 系统中所选 PhC 的医疗废水去除率[6,10,11,42]

在印度南部处理医疗废水的污水处理厂中也观察到了磺胺甲噁唑、氯霉素、红霉素、萘普生、苯扎贝特和氨苄西林等物质的增加[11]。

Yuan 等[10]研究的结果表明，精神病医院的二级处理出水可以比处理过的城市污水更有效地去除大多数目标化合物［例如奥氮平（93%～98%）、利培酮（72%～95%）、碳硫平（＞73%）和阿立哌唑（64%～70%）］。

在越南一个由 CAS＋厌氧生物处理系统组成的小型医疗污水处理厂中，环丙沙星和诺氟沙星的总去除率分别为 86% 及 82%。

9.7 法规

如先前的报道，医疗废水通常被认为具有与城市污水类似的水质，因此它们通常与污水处理厂的城市污水一起进行处理。此外，在许多发展中国家，它们与城市污水一起直接排放到环境中。

除了中国，大多数被研究的国家都没有在相关法规中将医疗废水视为特殊废物。2005 年 7 月中国政府发布了《医疗机构水污染排放标准》，该文件概述了医疗废水的综合控制要求[30]。近期，越南发布了一项有关环境保护的新法律（第 55/2014/QH13 号公约，第 72 条）[57]，规定医院和医疗机构必须按照环境标准收集及处理医疗废水。

在全球范围内，世界卫生组织（WHO）于 1999 年发布了有关医疗废水管理和处理的仅有的现行准则——《医疗活动产生的废物的安全管理》[58]，并在 2013 年更新[59]。该出版物描述了医疗废物处理和处置的基本方法，并特别建议对来自特定部门的废水进行预处理，如本章参考文献［60］所述。这些准则可以在主要针对发展中国家的医疗废水的管理和处理中作为参考，以保护环境。

9.8 小结

医院是 PhC 和耐药性细菌的重要排放点源，有助于将其释放到地表水中，特别是如果医疗废水未经处理就排放。由于大多发展中国家都没有特殊的污水处理设施，因此该问题更为严重。在所研究的国家中，医疗废水采用了不同的处理方案（特殊处理、共同处理或直接排放到环境中）。在这些国家，由于缺乏污水处理厂，应考虑将医疗废水排入城市下水道之前进行原位处理，并应予以实施。在适用的情况下，将医疗废水排放到城市污水收集系统中是医疗废水管理的替代方法。通过升级污水处理厂工艺及由更有经验的专业人员来进行运维管理是可行的策略之一。

一般来说，没有单一的技术可以被视为是医疗废水问题的解决方案。实际上，在大多数情况下都需要对一系列的技术进行组合。每种方法都有其优点和缺点，但采用膜过滤及更有效的消毒应该在未来得到更多的应用，以更好地去除有害细菌和 PhC。

参考文献

［1］ Emmanuel E，Perrodin Y，Keck G，Blanchard J-M，Vermande P (2005) Ecotoxicological risk assessment of hospital wastewater: a proposal of framework of raw effluent discharging in urban sewer network. J Hazard Mater A117:1-11

［2］ Verlicchi P，Galletti A，Al Aukidy M (2013) Hospital wastewaters: quali-quantitative characterization and strategies for their treatment and disposal. In: Sharma SK，Sanghi R (eds) Wastewater reuse and management. Springer，Heidelberg，p. 227

［3］ Mesdaghinia AR，Naddafi K，Nabizadch R，Saeedi R，Zamanzadeh M (2009) Wastewater characteristics and appropriate methods for wastewater management in the hospitals. Iran J Public Health 38:34-40

［4］ Abd El-Gawad HA，Aly AM (2011) Assessment of aquatic environmental for wastewater management quality in the hospitals: a case study. Aust J Basic Appl Sci 5(7):474-482

［5］ Boillot C，Bazin C，Tissot-Guerraz F，Droguet J，Perraud M，Cetre JC，et al (2008) Daily physicochemical，microbiological and ecotoxicological fluctuations of a hospital effluent according to technical and care activities. Sci Total Environ 403:113-129

［6］ Duong HA，Pham NH，Nguyen HT，Hoang TT，Pham HV，Pham VC，Berg M，Giger W，Alder AC (2008) Occurrence，fate and antibiotic resistance of fluoroquinolone antibacterials in hospital wastewaters in Hanoi，Vietnam. Chemosphere 72:968-973

［7］ Suarez S，Lema JM，Omil F (2009) Pre-treatment of hospital wastewater by coagulation-flocculation and flotation. Bioresour Technol 100:2138-2146

［8］ Verlicchi P，Galletti A，Petrović M，Barceló D (2010) Hospital effluents as a source of emerging pollutants: an overview of micropollutants and sustainable treatment options. J Hydrol 389:416-428

［9］ Verlicchi P，Al Aukidy M，Galletti A，Petrovic M，Barceló D (2012) Hospital effluent: investigation of the concentrations and distribution of pharmaceuticals and environmental risk assessment. Sci Total Environ 430:109-118

［10］ Yuan S，Jiang X，Xia X，Zhang H，Zheng S (2013) Detection，occurrence and fate of 22 psychiatric pharmaceuticals in psychiatric hospital and municipal wastewater treatment plants in Beijing，China. Chemosphere 90:2520-2525

［11］ Prabhasankar VP，Joshua DI，Balakrishna K，Siddiqui IF，Taniyasu S，Yamashita N，Kannan K，Akiba M，Praveenkumarreddy Y，Guruge KS (2016) Removal rates of antibiotics in four sewage treatment plants in South India. Environ Sci Pollut Res. doi: 10.1007/s11356-015-5968-3

［12］ Al Aukidy M，Verlicchi P，Voulvoulis N (2014) A framework for the assessment of the environmental risk posed by pharmaceuticals originating from hospital effluents. Sci Total Environ 493:54-64

［13］ Verlicchi P，Galletti A，Masotti L (2010) Management of hospital wastewaters: the case of the effluent of a large hospital situated in a small town. Water Sci Technol 61:2507-2519

[14] Ort C, Lawrence M, Reungoat J, Eagleham G, Carter S, Keller J (2010) Determination of the fraction of pharmaceutical residues in wastewater originating from a hospital. Water Res 44:605-615

[15] Pauwels B, Verstraete W (2006) The treatment of hospital wastewater: an appraisal. J Water Health 4:405-416

[16] Kümmerer K, Helmers E (2000) Hospital effluents as a source of gadolinium in the aquatic environment. Environ Sci Technol 34:573-577

[17] Gautam AK, Kumar S, Sabumon PC (2007) Preliminary study of physic-chemical treatment options for hospital wastewater. J Environ Manag 83:298-306

[18] Metcalf and Eddy (2004) Wastewater engineering. Treatment and reuse. McGraw Hill, New York

[19] Ekhaise FO, Omavwoya BP (2008) Influence of hospital wastewater discharged from University of Benin Teaching Hospital (UBTH), Benin City on its receiving environment, IDOSI publications. American-Eurasian J Agric Environ Sci 4(4):484-488

[20] Onesios KM, Yu JT, Bouwer EJ (2009) Biodegradation and removal of pharmaceuticals and personal care products in treatment systems: a review. Biodegradation 20:441-466

[21] Ahmad M, Khan A, Wahid A, Farhan M, Ali Butt Z, Ahmad F (2012) Role of hospital effluents in the contribution of antibiotics and antibiotics resistant bacteria to the aquatic environment. Pak J Nutr 11(12):1177-1182

[22] Ahmad M, Khan A, Wahid A, Farhan M, Ali Butt Z, Ahmad F (2014) Urban wastewater as hotspot for antibiotic and antibiotic resistant bacteria spread into the aquatic environment. Asian J Chem 26(2):579-582

[23] Akter F, Ruhul Amin M, Khan TO, Nural Anwar M, Manjurul Karim M, Anwar Hossain M(2012) Ciprofloxacin-resistant *Escherichia coli* in hospital wastewater of Bangladesh and prediction of its mechanism of resistance. World J Microbiol Biotechnol 28:827-834

[24] Alam MZ, Aqil F, Ahmad I, Ahmad S (2013) Incidence and transferability of antibiotic resistance in the enteric bacteria isolated from hospital wastewater. Braz J Microbiol 2013 (44):799-806

[25] Verlicchi P, Al Aukidy M, Zambello E(2015)What have we learned from worldwide experiences on the management and treatment of hospital effluent? An overview and a discussion on perspectives. Sci Total Environ 514:467-491

[26] Messrouk H, Hadj Mahammed M, Touil Y, Amrane A (2014) Physico-chemical characterization of industrial effluents from the town of Ouargla (South East Algeria).Energy Procedia 50:255-262

[27] Thompson JM, Gundogdu A, Stratton HM, Katouli M (2012) Antibiotic resistant *Staphylococcus aureus* in hospital waste waters and sewage treatment plants with special reference to methicillin-resistant *Staphylococcus aureus* (MRSA). J Appl Microbiol 114:44-54

[28] Wen X, Ding H, Huang X, Liu R (2004) Treatment of hospital wastewater using a submerged membrane bioreactor. Process Biochem 39:1427-1431

[29] Liu Q, Zhou Y, Chen L, Zheng X (2010) Application of MBR for hospital wastewater treatment in China. Desalination 250(2):605-608

[30] Yu J, Li Q, Yan S (2013) Design and running for a hospital wastewater treatment project. Adv Mater Res 777:356-359

[31] Mubedi JI, Devarajan N, Faucheur SL, Mputu JK, Atibu EK, Sivalingam P, Prabakar K, Mpiana PT, Wildi W, Poté J (2013) Effects of untreated hospital effluents on the accumulation of toxic metals in sediments of receiving system under tropical conditions: case of South India and Democratic Republic of Congo. Chemosphere 93(6):1070-1076

[32] Beyene H, Redaie G (2011) Assessment of waste stabilization ponds for the treatment of hospital wastewater: the case of Hawassa university referral hospital. World Appl Sci J 15(1):142-150

[33] Akiba M, Senba H, Otagiri H, Prabhasankar VP, Taniyasu S, Yamashita N, Lee K, Yamamoto T, Tsutsui T, Joshua D, Balakrishna K, Bairy I, Iwata T, Kusumoto M, Kannan K, Guruge SK(2015)Impact of waste water from different sources on the prevalence of antimicrobial-resistant *Escherichia coli* in sewage treatment plants in South India. Ecotoxicol Environ Saf 115:203-208

[34] Prayitno, Kusuma Z, Yanuwiadi B, Laksmono RW, Kamahara H, Daimon H (2014) Hospital wastewater treatment using aerated fixed film biofilter-ozonation (Af2b/O_3). Adv Environ Biol 8(5):1251-1259

[35] Nasr MM, Yazdanbakhsh AR (2008) Study on wastewater treatment systems in hospitals of Iran. Iran J Environ Health Sci Eng 5(3):211-215

[36] Azar AM, Jelogir AG, Bidhendi GN, Mehrdadi N, Zaredar N, Poshtegal MK (2010) Investigation of optimal method for hospital wastewater treatment. J Food Agric Environ 8(2):1199-1202

[37] Eslami A, Amini MM, Yazdanbakhsh AR, Rastkari N, Mohseni-Bandpei A, Nasseri S, Piroti E, Asadi A(2015) Occurrence of non-steroidal anti-inflammatory drugs in Tehran source water, municipal and hospital wastewaters and their ecotoxicological risk assessment. Environ Monit Assess 187:734. doi:10.1007/s10661-015-4952-1

[38] Al-Hashimia M, Abbas TR, Jasema Y I (2013) Performance of sequencing anoxic/anaerobic membrane bioreactor (SAM) system in hospital wastewater treatment and reuse. Eur Sci J 9(15). ISSN:1857-7881 (Print); e-ISSN 1857-7431

[39] Azuma T, Arima N, Tsukada A, Hirami S, Matsuoka R, Moriwake R, Ishiuchi H, Inoyama T, Teranishi Y, Yamaoka M, Mino Y, Hayashi T, Fujita Y, Masada M (2016) Detection of pharmaceuticals and phytochemicals together with their metabolites in hospital effluents in Japan, and their contribution to sewage treatment plant influents. Sci Total Environ 548-549:189-197

[40] Shrestha RR, Haberl R, Laber J (2001) Constructed wetland technology transfer to Nepal. Water Sci Technol 43:345-350

[41] Ashfaqa M, Khan KN, Rasool S, Mustafa G, Saif-Ur-Rehman M, Nazar MF, Sun Q, Yu C (2016) Occurrence and ecological risk assessment of fluoroquinolone antibiotics in hospital waste of Lahore, Pakistan. Environ Toxicol Pharmacol 42:16-22

[42] Sim WJ, Kim HY, Choi SD, Kwon JH, Oh JE (2013) Evaluation of pharmaceuticals and personal care products with emphasis on anthelmintics in human sanitary waste, sewage, hospital wastewater, livestock wastewater and receiving water. J Hazard Mater 248-249:219-227

[43] Iweriebor BC, Gaqavu S, Obi LC, Nwodo UU, Okoh AI(2015)Antibiotic susceptibilities of *Enterococcus* species isolated from hospital and domestic wastewater effluents in lice, Eastern Cape Province of South Africa. Int J Environ Res Public Health 12:4231-4246. doi:10.3390/ijerph120404231

[44] Lin AY, Wang XH, Lin CF (2010) Impact of wastewaters and hospital effluents on the occurrence of controlled substances in surface waters. Chemosphere 81:562-570

[45] Kajitvichyanukul P, Suntronvipart N (2006) Evaluation of biodegradability and oxidation degree of hospital wastewater using photo-Fenton process as the pretreatment method. J Hazard Mater B138:384-391

[46] Stephenson T, Judd S, Jefferson B, Brindle K (2000) Membrane bioreactors for

wastewater treatment. IWA Publishing, Alliance House, London

[47] Gu KD, Xiong GL, Zhan MS, Zhang SB, Tan GF (2005) Investigation on the current hospital wastewater treatment in Wuhan. China Water Wastewater 21:28-30

[48] Sozzi E, Fabre K, Fesselet J-F, Ebdon JE, Taylor H(2015)Minimizing the risk of disease transmission in emergency settings: novel in situ physico-chemical disinfection of pathogenladen hospital wastewaters. PLoS Negl Trop Dis 9(6): e0003776. doi: 10.1371/journal.pntd.0003776

[49] Chiang CF, Tsai CT, Lin ST, Huo CP, Lo KW (2003) Disinfection of hospital wastewater by continuous ozonation. J Environ Sci Health A A38(12):2895-2908

[50] Chitnis V, Chitnis S, Vaidya K, Ravikant S, Patil S, Chitnis DS (2004) Bacterial population changes in hospital effluent treatment plant in Central India. Water Res 38:441-447

[51] Mahvi A, Rajabizadeh A, Fatehizadeh A, Yousefi N, Hosseini H, Ahmadian M (2009) Survey wastewater treatment condition and effluent quality of Kerman Province hospitals. World Appl Sci J 7(12):1521-1525

[52] Rezaee A, Ansari M, Khavanin A, Sabzali A, Aryan MM (2005) Hospital wastewater treatment using an integrated anaerobic aerobic fixed film bioreactor. Am J Environ Sci 1(4):259-263

[53] Kummerer K (2001) Drugs in the environment: emission of drugs, diagnostic aids and disinfectant into wastewater by hospital in relation to other sources-a review. Chemosphere 45:957-969

[54] Lupo A, Coyne S, Berendonk TU (2012) Origin and evolution of antibiotic resistance: the common mechanisms of emergence and spread in water bodies. Front Microbiol. doi: 10.3389/fmicb.2012.00018

[55] Dehghani M, Seresht SS, Hashemi H (2014) Treatment of hospital wastewater by electrocoagulation using aluminum and iron electrodes. Int J Environ Health Eng 3:15

[56] Kajitvichyanukul P, Lu MC, Liao CH, Wirojanagud W, Koottatep T (2006) Degradation and detoxification of formalin wastewater by advanced oxidation processes. J Hazard Mater 135:337-343

[57] Law No. 55/2014/QH13 dated June 23, 2014 of the National Assembly on Environmental Protection. http://www.ilo.org/dyn/legosh/en/f? p= LEGPOL:503:9521088818065:::503:P503_REFERENCE_ID:172932. Accessed 17 Feb 2017

[58] Prüss A, Giroult E, Rushbrook P (eds) (1999) Safe management of wastes from health-care activities. World Health Organisation, Geneva

[59] Chartier Y et al (eds) (2013) Safe management of wastes from health-care activities, 2nd edn. World Health Organisation, Geneva

[60] Carraro E, Bonetta S, Bonetta S (2017) Hospital wastewater: existing regulations and current trends in management. Handb Environ Chem. doi:10.1007/698_2017_10

第10章

大型医疗废水处理工程案例研究

Sara Rodriguez-Mozaz, Daniel Lucas, and Damia Barcelo

摘要： 医疗废水通常在城市污水管道系统中直接排放，没有经过任何预处理。然而医疗废水中含有一些有毒有害的化学物质和微生物，会对环境和公众健康构成威胁。因此，在过去几年中，我们进行了一些研究，目的是在医疗废水排放到城市污水管网或进入天然水体之前，就地处理这些污水。本章收集了一些用于医疗废水处理的污水处理设施（WWTP）的实际案例。这些案例采用了不同的处理工艺，并且包括最常见和最有效的一级、二级和三级处理。在本章的23个案例中，我们监测了多项水质参数，以评估医疗废水处理设施（HWWTP）的处理效果，还特别关注了在医疗废水中浓度相对较高的特定污染物如抗生素。与此同时，医疗废水处理设施的抗生素耐药性的传播及扩散也是本章要讨论的一个重要主题。

关键词： 专用污水处理；全规模污水处理站；医疗废水；就地处理；药物活性化合物。

目　录

10.1　引言
10.2　医疗废水处理实践与研究展望
　　10.2.1　医院实施的废水处理
　　10.2.2　水质指标
10.3　小结与展望
参考文献

10.1　引言

医疗废水与普通生活污水相比，就是一种在生活污水中加入了不同污染物的特殊混合物，如药物活性化合物（PhAC）、重金属、洗涤剂、X 射线造影剂和消毒剂[1]，以及病原微生物，如病毒、细菌、真菌、原生动物和蠕虫[2,3]。医疗废水由于其具有潜在毒性、高度传染性，以及在病原体和抗生素耐药性向环境传播中的作用，因此，医疗废水可能对公众健康构成威胁。废水和药物化合物混合在一起可以加大选择压力，能够通过基因重组诱导固有的微生物快速适应这些环境条件的波动[4]。尽管如此，医疗废水长期以来一直与城市污水一起，采用传统的污水处理工艺，其目的是去除 BOD（生物需氧量）和 SS（悬浮物），而不是针对病原体[5]或其他微量污染物[6,7]。

欧盟对医疗废水的管理没有具体的指令或指南，因此，各成员国对医疗废水的质量和管理采用自己的立法、评估和选择标准。但是，这些国家的法律法规很少规定如何在医疗废水被处理前（排入城市污水处理厂与生活污水一起处理或排入地表水体）对其进行管理和处理[8,9]。在一些国家（如西班牙和法国），医院设施被视为工业设施，因此，医疗废水在排入城市污水处理厂之前应符合某些特性，而且通常需要进行预处理。在其他一些国家（如意大利），如果医疗废水符合污水处理厂管理部门规定的具体特征，则可以直接排放到城市污水管网，并输送到城市污水处理厂。否则，就必须进行预处理。相比之下，在其他国家（如德国），医疗废水被视为家庭或公共污水，既不需要排放授权，也不需要符合某些具体特征[10]。医院设施污水排放量在城市污水处理厂污水总处理量的占比取决于许多因素，但根据 Carraro 等基于世界范围的几项研究计算，医疗废水排放量占城市污水处理厂总处理量的 0.2%～2%[10]。然而，根据意大利某医院的报道，在某些情况下，某医院甚至会占一个城市污水处理厂进水量的 68%[11]。在中国，20 年来医院总数增长了近一倍，2008 年医疗废水产量约占城市污水总量的 1%[12]。

评估医疗废水出水质量的指标通常包括理化指标、常规污染物（NH_4^+、NO_x、油和油脂、表面活性剂、磷化物、氯化物等），在一些罕见的案例中还会有一些微生物指标（通常是大肠杆菌）。然而，最近几年发现了一个问题：医疗废水在排放到污水处理厂或地表水中之前，对于抗生素和病原微生物指标都没有特定的限制[10]。许多研究者认为，污水处理厂联合处理医疗废水和城市污水的这种普遍做法是不足以去除一些成分的，如 PhAC 等化合物，因为医疗废水在污水处理厂时会发生稀释[13,14]。有研究表明，医疗废水的稀释对于传统活性污泥法（CAS）去除 PhAC 等微量污染物是非常不利的。因此，许多研究者强烈建议对于医疗废水进行源头处理来替代现在混合处理方法[9,13,14,16,17]。Verlicchi 等在过去一年中对医疗废水采取适当的分散处理进行了广泛的研究[13]。然而，在医院中应用大型污水处理设施只在有限的地方得以实施。本章回顾了现有关于大型医疗废水处理设施的研究，还介绍了最常用的处理工艺类型、监测参数、地理差异以及未来的研究趋势。

10.2 医疗废水处理实践与研究展望

Verlicchi 等在最近的一篇文章"关于医疗废水处理的管理"中，结合了 48 篇经过同行评议的论文评估了医疗废水不同处理步骤的效果，包括实验室、中试和实际工程应用[13]。大多数调查涉及中试/实验室规模的工厂（69%），其余 31% 涉及实际工程应用；仍有许多研究工作致力于优化每家医院的处理方案。在设计和实施全面处理时要考虑的方面包括废水特性（污染物的类型和浓度）、环境条件、处理后污水的进一步利用以及工艺的技术经济可行性。表 10-1 概述了一些关于医疗废水处理工程的应用案例。

表 10-1 中列出了 2004～2016 年进行的总共 23 个案例研究，其中还提供了参与这些研究的国家的医院的详细信息，例如医院的规模、处理工艺类型，以及评估处理效果所考虑的质量指标。用于处理医疗废水的大型污水处理厂已在世界各地建立，其中巴西有 7 个案例，该国对这一领域的研究最多，其次是中国和德国，各有 3 个案例，荷兰有 2 个案例。在丹麦、希腊、意大利、伊朗、韩国、埃塞俄比亚、沙特阿拉伯、印度、尼泊尔和越南等其他国家，每个国家只有一个案例。大多数研究是在发展中国家进行的。在发展中国家，对于城镇污水，通常只有基本的污水系统在运行，因此应设有专门处理医疗废水的处理设施以确保医疗废水得到安全的处理和处置。此外，对于肠道疾病流行的国家，应考虑在污水排入城市污水管网系统之前对其就地处理，或至少进行预处理，以防止病原体引起疾病二次暴发蔓延[10]。相比之下，在欧盟国家，安装专用处理设施和开展医疗废水处理方面的研究工作是由于认识到医疗废水所存在的潜在风险，以及需要减小医疗废水中浓度较高的 PhAC 等新兴污染物的负荷[9,37]。一般来说，如果医院没有与公共污水处理设施相连，那么应该有一个高效处理的现场废水处理设施[10]。在发达国家和中低收入发展中国家，水资源短缺和回用水需求是医疗废水就地处理的另一个主要原因。

10.2.1 医院实施的废水处理

医疗废水处理厂的传统处理步骤包括一级处理，如沉淀，然后进行二级生物处理，最后进入城市污水管网系统或自然水体。

10.2.1.1 一级处理

一般一级处理的目的是去除原污水中大而粗糙的颗粒物，从而保护后续处理步骤的机械设备[13]。化粪池被应用于三个国家的医疗废水处理厂：巴西、

表 10-1 医院专用污水处理站的文献综述

国家	医院参数		处理流程				接收系统	水质评价指标	参考文献
	流量/(m³/d)	床位	一级处理	二级处理	三级处理	消毒			
丹麦	360~500	691		MBR	GAC+O₃/H₂O₂	UV	水体和下水道系统	PhAC,抗药性,病原体	[18]
	768	340		MBR	GAC	UV	n.i.	PhAC	[19]
德国				MBR			n.i.	常规参数指标:COD,TOC,AOX,氨态氮;P,大肠杆菌,肠球菌的总数	[1]
	200	580		MBR	O₃		n.i.	内分泌活性	[20]
				MBR	O₃+PAC+砂滤		自然水体	微量污染物(包括 PhAC)、螯合子、毒性	[21]
				MBR	PAC+砂滤		市政管网	微量污染物(包括 PhAC)、螯合子、毒性	[21]
荷兰	240	1076		MBR	O₃+GAC		市政管网	PhAC、内分泌活动、微生物参数和常规参数	[22]
意大利		900		MBR	O₃	UV	n.i.	常规参数:COD、BOD₅、NH₄⁺、浊度和大肠杆菌	[11]
希腊		800		CAS		加氯消毒	下水道系统 UWWTP	常规参数: COD、BOD₅、NO₃⁻、PO₄³⁻、TSS 和 PhAC	[23]

续表

国家	医院参数		处理流程				接收系统	水质评价指标	参考文献
	流量/(m³/d)	床位	一级处理	二级处理	三级处理	消毒			
埃塞俄比亚	143	305	化粪池	氧化池			湖泊	常规参数：COD, BOD$_5$, P, PO$_4^{3-}$, 氮总量, NH$_3$, NO$_3^-$, NO$_2^-$, TSS, TDS, Cl$^-$, 硫化物, 大肠菌群和粪大肠菌群总量	[24]
沙特阿拉伯	904	300		CAS	砂滤	加氯消毒	n.i.	PhAC	[25]
	622	215							
伊朗	255~1073			CAS		加氯消毒	n.i.	常规参数：COD, BOD$_5$, DO, TSS, pH值, NO$_2^-$, NO$_3^-$, PO$_4^{3-}$, Cl$^-$, 硫酸盐	[26]
印度	50	319		CAS		加氯消毒	医院园林灌溉用水	遗传毒性和突变性	[27]
尼泊尔	20		化粪池	人工湿地			n.i.	常规参数：TSS, BOD$_5$, COD, NH$_4^+$, PO$_4^{3-}$, 大肠菌群, 大肠杆菌, 链球菌	[28]
中国				MBR		加氯消毒	n.i.	常规参数：COD, BOD$_5$, NH$_4^+$, TSS, 细菌和粪大肠菌群	[7]
	20			MBR			n.i.	常规参数：COD, BOD$_5$, NH$_4^+$, 浊度和相关的ARG	[29]
	500~2410			MBR 厌氧处理 氧化沟				抗生素和相关的ARG	[30]

续表

国家	医院参数		处理流程				接收系统	水质评价指标	参考文献
	流量/(m³/d)	床位	一级处理	二次处理	三级处理	消毒			
越南	190	220	过滤	CAS		不确定	环境处理（不确定）	抗生素	[31]
		520	物理和化学方法（不确定）	CAS					
韩国			絮凝	CAS	活性炭		河流和海	PPCP	[32]
			絮凝		厌氧过滤器			抗精神病药	[33]
					厌氧过滤器			抗生素（环丙沙星）	[34]
	219	2000名患者		UASB	厌氧过滤器		海湾	肠道病毒和甲肝病毒	[35]
巴西	432	22000名患者		CAS		加氯消毒	湖泊	铜绿假单胞菌抗生素耐药性,pH值,导电率,浊度,溶氧,温度,盐度,Cl⁻浓度	[3]
	220	320		CAS		加氯消毒	通过雨水管网进入人河和海水		
	220	320		CAS		加氯消毒	通过雨水管网进入人河和海水	铜绿假单胞菌分离株和β-内酰胺酶编码基因	[36]

注：UASB 表示升流式厌氧污泥床；PAC 表示粉状活性炭；GAC 表示颗粒活性炭；CAS 表示标准活性污泥法；MBR 表示膜生物反应器；PPCP 表示药物和个人护理产品；PhAC 表示药物活性化合物；n.i. 表示未注明或没有废水处理厂的详细说明。

尼泊尔和埃塞俄比亚[24,28,33]。在化粪池中，通过减缓废水流动速度，部分固体沉降到池底，而漂浮固体（脂肪、油和油脂）上升到池顶。高达50%的固体物质在化粪池中分解，剩余的污泥在池底中积累，需要定期通过泵抽吸除去污泥。一级处理的另一个实例采用的是化学絮凝法，这种处理方法应用于韩国一个专用的大型污水处理厂，目的是去除污水中不能够自发沉降的悬浮固体和胶体[32]。在 Lien 等的最新研究中，过滤和其他物理化学处理方法在越南两个不同医院的污水处理站被用于常规活性污泥法（CAS）前的预处理[31]。

10.2.1.2 二级处理

在本章涉及的 23 个案例中，CAS 和膜生物反应器（MBR）是最常用的二级处理工艺（表10-1）。传统上，CAS 是全规模污水处理厂最具代表性的技术，但这类处理系统需要最终的沉淀处理才能将生物污泥从污水中分离出来。相比之下，MBR 将生物处理与膜过滤结合起来，出水水质很好[38]。此外，通过超滤膜可以保证对污水进行更好的消毒，从而降低病原菌和耐药菌的传播风险[13]。最后，由于 MBR 出水中没有悬浮固体，因此适合采用先进技术［如纳滤（NF）和高级氧化工艺（AOP）］进行进一步的三级处理，因为悬浮固体会干扰其去除性能[13]。然而，MBR 的运行费用高仍然是阻碍其实施的主要缺点，主要原因是曝气成本、膜渗透性损失、需要定期更换膜[39]。因此，只有欧盟国家（7个案例）[1,11,18~22]和中国（3个案例）[7,29,30]在医疗废水处理方面应用与研究 MBR，而世界各国的9个案例都采用了 CAS[1,3,23,25~27,31,32,35,36]，一般认为 CAS 是一种比 MBR 更经济的处理方式。

MBR 在中国医疗废水处理中的广泛应用备受关注。在过去的十年里，中国建造了 50 多座 MBR 污水处理厂处理医疗废水，以便在低消毒剂使用量和较少的消毒副产物（DBP）形成的情况下，对污水达到更高的消毒效果[7]。Liu 等[7]、Li 等[30]、Wen 等[29]分别对 4 个、5 个及 1 个医疗废水处理应用 MBR 的案例进行了研究。关于 MBR 系统中使用的膜类型，在意大利[11]、荷兰[22]、丹麦[18,40]以及 PILLS 项目[21]中的瑞士、德国和荷兰对超滤膜进行了研究，而微滤膜仅出现在德国和中国的研究中[19,29]。关于 MBR 系统中 PhAC 的去除，Verlicchi 等总结了几种 MBR 系统在医疗废水处理中的性能，不仅在实际工程中，还包括中试和实验室规模，发现影响 PhAC 去除的原因可能是曝气池中较高的生物量浓度、不同细菌种类生长、较少的絮状污泥（可增强不同污染物表面的吸附）、较高的水力停留时间（SRT）和较高的悬浮固体去除率的共同作用[13]。

在对常规参数[26]、药品和个人护理产品（PPCP）[23,25,31,35]、铜绿假单胞菌[3,36]、肠道病毒和甲型肝炎[35]以及遗传毒性和致突变性[27]等进行的 9 项研究中评估了 CAS 处理效果。在几乎所有案例中，CAS 处理之后是消毒（加氯消毒），而只有 Sim 等[32]在 CAS 之后不考虑进一步处理，Lien 等[31]没有在他们的研究中指定消毒的类型。Mahvi 等在研究中评估了在伊朗克尔曼省接收医疗废水的 7 个污水处理厂（CAS＋氯化）对主要常规指标的去除效果[26]。在伊朗，在疾病暴发和关键时期（在夏季和秋季河水流量减少）必须进行消毒[26]。作者发现，最常见的问题是运营方在污水处理方面经验不足以及相关部门对污水处理厂疏忽管理。化学絮凝和 CAS 工艺是驱虫药（阿苯达唑和氟苯达唑）的有效屏障，韩国基于 CAS 的处理总体去除率为 67％～75％[32]。最后，Kosma 等在希腊的研究中，提供了 CAS 结合加氯消毒（三级处理）后十种 PhAC 的去除率[23]。

其他用于医疗废水处理的生物系统包括生物塘、人工湿地和厌氧处理。在埃塞俄比亚哈瓦萨大学转诊医院进行了调查，以检查一系列稳定塘（2 个兼性池、2 个熟化池和 1 个鱼池，面积约 3000 m^2，总停留时间为 43 天）是否适合处理医疗废水[24]。该处理方法可以有效去除大多数一般污染物，包括总大肠菌群和粪大肠菌群（高于 99.4％）。然而，最终浓度不符合世界卫生组织关于限制性和非限制性灌溉的建议，人工湿地（CW）的应用被认为是遵守该建议的可行选择。事实上，人工湿地是发展中国家污水处理的一种可行技术。尼泊尔的医疗废水经化粪池处理后，采用两级 CW 处理，由水平地下流动床（H-SSF 床）和垂直地下流动床（V-SSF 床）组成，并种植当地的芦苇（Phragmites Karka）[28]。对 TSS、BOD_5、COD、$N-NH_4^+$、总大肠菌群（99.87％～99.99％）、大肠杆菌（99.98％～99.99％）和链球菌（99.3％～99.99％）的去除效果都很好。最后，在巴西进行的一些案例中应用了厌氧处理，目的是去除肠道病毒和甲型肝炎[35]，以及在中国进行了抗生素和抗生素耐药基因的去除研究[30]。

关于医疗废水的生物处理，要特别注意医疗废水中浓度较高的 PhAC、重金属、消毒剂和洗涤剂等污染物；因此，必须评估它们对微污染物降解过程产生负面影响的风险[13]。充分的预处理是非常有用的，特别是在 MBR 系统中，可以避免膜堵塞，从而保证膜的连续运行。

10.2.1.3 三级处理

三级处理是二级处理后的最终处理过程，用于去除残留的有机物、无机分子和微生物。三级处理对于去除医疗废水在传统生物处理中不能有效去除的成分，以及那些具有生态毒理性的化合物来说是有必要的。在本章中，活性炭[粉末活性炭（PAC）[21]和颗粒活性炭（GAC）[18,22]、非特定活性炭[32]过滤以及臭氧处理[11,18,21,22]是更常用的三级处理，其次是厌氧过滤（在巴西三个案例有所应用[33~35]）和砂滤[25]。

三级处理可单独或与其他深度处理结合使用，包括加氯进行最终消毒（超过九个案例）[3,7,23,25~27,30,31,35,36]或紫外线照射[11,18]。如果污水排放到用于娱乐活动的水体或作为饮用水（包括含水层）来源，或者排放到靠近贝类栖息地的沿海水域，如果当地人的饮食习惯包括食用生贝类，则对污水进行消毒就显得尤为重要[10]。在这些情况下，消毒将始终应用在处理方式末尾，即在排放到环境中之前。关于 PhAC，Verlicchi 等概述了采用不同方式对医疗废水进行三级处理所获得的整体去除率：PAC、UV 和 AOP 是能使大多数 PhAC 去除率高达 90% 的方法，而通过加氯和混凝得到的 PhAC 去除率分别为 20%~70% 和 20%~40%[13]。荷兰一个医疗废水处理厂采用 GAC+臭氧氧化的三级处理，出水没有检测到 PhAC（32 种不同的化合物）[21]。关于经处理的污水的去向和用途，在表 10-1 中收集的 23 个案例中大多数经处理的污水被排放到附近的自然水体，即河流、湖泊或海洋环境中，而在荷兰、希腊及丹麦只有 4 个案例将处理过的医疗废水排入城市污水管网[18,21~23]送入城市污水处理厂。仅在印度的案例研究中，处理过的医疗废水被用作再生水：处理过的污水从污水处理厂（CAS+氯化处理）的出口收集，并进一步用于灌溉医院的花园[27]。

10.2.2 水质指标

研究人员根据原水和处理水的水质参数来评价医疗废水处理的效果。最常见的监测参数是 COD、BOD_5、P、PO_4^{3-}、总氮、NH_3、NO_3^-、NO_2^-、TSS、TDS、Cl^-、总大肠菌群数和粪大肠菌群数，以及其他微生物指标。这些常规参数为评估出水是否满足直接排入环境或下水道系统的最低要求提供了必要的数据。然而在过去的几年里，其他指标也吸引了很多研究者的关注。例如医疗废物中出现的新兴污染物。近 20 年来在世界范围内的污水处理厂和医疗废水处理站都对 PhAC 的产生和去除率进行了监测与研究。在表 10-1 所列的 23 个案例中，有 9 个涉及 PhAC[19~21,23,25,30~34]。这些化合物在水中浓度高及其潜在的环境影响是它们被广泛研究的主要原因。正如在传统的污水处理厂一样，医疗废水处理厂也不足以完全降解 PhAC，因此污水处理厂被认为是环境中这些化合物的主要来源[6]。

10.2.2.1 抗生素

抗生素是 PhAC 的一类，在全世界范围内的使用在不断增加，主要是由中低收入国家不断增长的需求所推动的[41]。抗生素在环境中最令人担忧的影响是它们可能与水生微生物选择性竞争，这有利于抗生素耐药基因（ARG）和抗生素耐药细菌（ARB）的传播[42,43]。

据报道，医疗废水中含有大量抗生素和其他药物化合物，因此学术界对某些源头处理的适用性进行了讨论[11,37,44]。抗生素在三个医疗废水处理设施的研究中有所讨论[30,31,34]。在巴西，用化粪池和厌氧过滤器处理医疗废水后，未观察到抗生素环丙沙星（CIP）明显地被去除，处理后废水中的平均浓度为 65μg/L[34]。越南某医院采用 CAS 处理后的出水中却具有较好的去除率（21%~91%），所研究抗生素（甲硝唑、磺胺甲噁唑、甲氧苄啶、头孢他啶、环丙沙星、氧氟沙星和螺旋霉素）的浓度较低。然而，这些化合物的浓度在处理后的医疗废水中仍然很高（高达 53.3μg/L 的环丙沙星）[31]。在医疗废水的各种研究中也发现了环丙沙星浓度较高[37,4,45]。高浓度可能与其医疗用品消耗及其低生物降解性有关，因为这些氟喹诺酮类药物经常用于治疗感染[46]。残留量低至 25μg/L 的环丙沙星可引起细菌株的改变，并具有遗传毒性效应[47]。基于 MBR 和 CAS 的几个医疗废水处理设施（均经过加氯处理）对四环素（土霉素、金霉素、地美环素和四环素）、磺胺（磺胺甲噁啶、磺胺甲氧嘧啶哒嗪、磺胺嘧啶）和喹酮类药物（诺氟沙星、恩诺沙星、氧氟沙星和环丙沙星）去除率分别为 72.4%~79.3%、36.0%~52.2% 和 45.1%~55.4%[30]。在这种情况下，处理后的废水中抗生素浓度均不超过 1μg/L。

10.2.2.2 抗生素耐药性

由于污水处理厂是抗生素释放到环境中的主要途径之一，因此许多研究都在评估污水处理厂 ARG 的归宿[48,49]。正像污水中的 PhAC，常规污水处理厂并非旨在消除这些污染物。因此，一些作者已经开始研究替代污水处理厂[50]和医院专用污水处理站的非常规废水处理技术对 ARG 去除及灭活方面的效果[3,30,36]，最新的研究列在表 10-1 中。

许多作者甚至指出，医疗废水处理系统是耐药菌向环境进行传播的原因[5,51]。此外，医疗废水中基因盒的多样性要比城市废水中的低，但细菌群落中的多重耐药菌（通过整合子测定）的比例在医院废水中高于市政废水[21]。

在发展中国家，医疗废水经常在未进行降低公共卫生风险处理前，被排入城市污水系统，然后排放到水体中[3]。因此，单独对医疗废水进行处理将在源头使医疗废水的潜在风险降至最低。在两个医疗废水处理设施中研究了具有抗生素耐药性整合子的数量（代表环境中抗生素耐药性的重要性，与细菌数量无关）和同一个样本中携带抗生素整合的细菌比例（相对丰度），均是基于 PILLS 项目框架下明确的三级处理方法中的 MBR[21]。这些先进处理方法去除耐药性整合子的去除率在 90%~99.999% 之间，这主要是由于 MBR 的作用（孔径为 0.03~0.04μm 的超滤膜），而不是几乎可以忽略不计的臭氧或活性炭

（在德国的污水处理厂作为三级处理）的作用。

在中国，Li 等的研究旨在同时确定 ARG 的污染水平以及抗生素的污染水平，并分析在医疗废水中它们两者之间的关系[30]。研究的结论是，由于大多数 ARG 与抗生素水平相关性较弱，因此应进一步探讨 ARG 水平与抗生素浓度之间的关系。然而研究指出，医疗废水处理设施是抗生素和 ARG 进化与传播的主要"汇"和"点源"[30]。

在一个工艺为 CAS+加氯消毒的医疗废水处理站，铜绿假单胞菌（一种多重耐药病原体，已被建议用作水生生物质量的微生物指标）的多样性及其与 $β$-内酰胺类耐药机制的相关性问题得到了研究[3,36]。作者得出的结论是，用于医疗废水的处理设施可以刺激 ARB 和 ARG 的增加，因此作者建议改进水处理效果以避免 ARG 在水生生态系统的扩散。

在巴西进行的一项研究中证实了来自医疗废水处理设施的急性肠胃炎和肝炎的病毒污染，结果证明这些工艺（UASB、三个串联的厌氧滤池、CAS+加氯消毒）并不适合用于去除医疗废水中的病毒数量[35]。

10.2.2.3 毒性影响

浓度低于几纳克/升的药物或其他微量污染物的分析检测无法得出有关单一物质可能的毒性作用或几种化合物的混合物对环境造成何种影响的结论[21]。毒性作用可能涉及内分泌干扰、遗传毒性或抗生素作用。因此，在欧盟的一些研究中使用了毒理学测试，以评估被测水环境的生态风险[20,21,27]。

为评估德国的一家医院和荷兰的一家医院应用的先进废水处理方法，采用了一系列广泛的生态毒性测试，如评估特定影响（如细胞毒性或内分泌干扰影响）的体外筛选测试，以及对细菌和藻类，对蜗牛、蠕虫、水蚤或鱼类等生物的体内测试。尽管 MBR 系统内的存留液对一些生物如细菌、藻类和蜗牛仍具有毒性，但 MBR 的生物处理方法降低了医疗废水的毒性作用。用活性炭或臭氧处理通常对毒性有降低的作用。然而，在某些臭氧处理的过程中，可能是由于副产品的形成，毒性反而增加了[21]。荷兰的医疗废水处理站（MBR+O_3+GAC）出水的内分泌干扰活性使用四个不同参数进行测定：ER、AR、GR 和 PR-calux 分析法，以分别测定能够结合雌激素、雄激素、糖皮质激素和黄体酮受体的物质[22]。在处理后的污水滤液中不能检测到各种激素干扰指标[22]。在德国，ER calux 以及另一种雌激素活性测试，裂解酶酵母雌激素筛选（LYES）和 H295R 类固醇生成测定（H295R）被用于监测 MBR 系统处理医疗废水[20]。总体而言，使用 MBR 处理污水成功地降低了医疗废水的雌激素活性以及能够改变类固醇物质的产生。然而，尽管臭氧氧化是降低大部分雌激素活性的有效方法（基于所应用的测定），但应进一步研究内分泌活性代谢物的形成过程[20]。

在印度，一家医院使用沙门菌波动测定法和 SOS 色度测试法对医疗废水的遗传毒性和致突变性进行了监测。未经处理的医疗废水原水具有很高的遗传毒性，而通过 CAS 处理再进行加氯处理的污水则没有这种毒性[27]。

10.3 小结与展望

由于存在几种类型的有害物质，医疗废水可能对环境和公共健康造成化学及生物风险。实际上，某些污染物在医疗废水中的含量要比城市污水中的含量高得多。医疗废水处理站可以使污染物被释放到环境之前便被去除。尽管医院中是否应该建立医疗废水处理站的问题仍处于讨论之中，但全世界范围内均对医疗废水处理站实际工程案例进行了应用研究，本章对此进行了总结。

用于医疗废水的最合适方法应包括预处理、主要的生物处理、高级处理和后处理。在亚洲国家，常规的二次生物处理（CAS）接续进行氯化处理被认为是适当的处理方法，但这仅仅是基于对传统污染物的分析，并未考虑微量污染物或其生态毒理学问题。在欧盟和中国进行的一系列广泛研究中，MBR 技术被提出作为医疗废水的适当处理方法。但是这两类研究中（CAS 和 MBR），医疗废水的生物处理均不能充分消除某些化合物，例如药物和某些病原微生物。只有加上高级处理，例如臭氧氧化、活性炭或 AOP，才能更好地降解这些化合物。

在评估专用医疗废水处理设施的性能时，还需要研究其他的关键因素。例如对进水点（水槽、厕所、下水道）与现场处理站或水箱或排放点之间的废水损失进行评估和监测，然后这些污水进入城市污水管网[10]。雨污分流也可以使医疗废水得到更有效的处理[1]。另外，城市下水道系统的污水溢流可能导致医疗废水排入接收水域，从而可能传播耐药菌和病原微生物以及其他化学污染物[21]。在这方面，耐药性是越来越受关注的涉及环境关切的话题，医院、医疗废水甚至是医疗废水处理站都在对环境中抗生素耐药性传播的影响方面备受关注。

最后，根据新兴污染物与环境的相关性，并根据最近几年的研究，许多国家目前都在考虑涉及这些新兴污染物的环境立法。就欧盟而言，消炎药双氯芬酸和三种大环内酯类抗生素（红霉素、克拉霉素和阿奇霉素）已包括在欧盟水框架指令（WFD）规定的优先物质的"监测清单"中，"具体目的是促进确定适当的措施，以应对这些物质构成的风险"[52]。美国环境保护署已将抗生素红霉素和五种合成激素列入必须控制的污染物清单，即饮用水污染物候选清单[53]。2008 年全球水研究联盟（GWRC）发布了一份报告，其中将大量的 PhAC 分为几类：高、中和低优先级化合物。该报告确定了最有可能在供水中对人类和自然造成显著影响的化合物[54]。未来对这些化合物的监管和水中特定限值的确定肯定会影响医疗废水的管理，因为它是许多此类化合物的重要来源。在这种情况下，仅仅能够预测医疗废水处理站工程应用数量的增加，该领域还需要进一步的研究。

致谢：本项研究工作通过 H2PHARMA 项目（CTM2013-48545-C2-2-R）和 StARE 项目（JPIW2013-089-C02-02），获得了西班牙经济和竞争力部的资助。这项工作部分得到了加泰罗尼亚委员会（综合研究组：加泰罗尼亚水研究所 2014 SGR 291）和欧盟通过的欧盟区域发展基金（ERDF）的支持。D. Lucas 感谢由西班牙教育、文化和体育部（AP-2010-4926）提供的补助金，S. Rodriguez Mozazg 感谢 Ramon y Cajal 计划带来的帮助（RYC-2014-16707）。

参考文献

[1] Beier S, Cramer C, Mauer C, Köster S, Schröder HF, Pinnekamp J (2012) MBR technology: a promising approach for the (pre-)treatment of hospital wastewater. Water Sci Technol 65 (9): 1648-1653

[2] Emmanuel E, Perrodin Y, Keck G, Blanchard JM, Vermande P (2005) Ecotoxicological risk assessment of hospital wastewater: a proposed framework for raw effluents discharging into urban sewer network. J Hazard Mater 117(1): 1-11

[3] Santoro DO, Cardoso AM, Coutinho FH, Pinto LH, Vieira RP, Albano RM, Clementino MM (2015) Diversity and antibiotic resistance profiles of pseudomonads from a hospital wastewater treatment plant. J Appl Microbiol 119(6): 1527-1540

[4] Davies J, Davies D (2010) Origins and evolution of antibiotic resistance. Microbiol Mol Biol Rev 74: 417-433

[5] Chitnis V, Chitnis S, Vaidya K, Ravikant S, Patil S, Chitnis DS (2004) Bacterial population changes in hospital effluent treatment plant in central India. Water Res 38(2): 441-447

[6] Verlicchi P, Al Aukidy M, Zambello E (2012) Occurrence of pharmaceutical compounds in urban wastewater: removal, mass load and environmental risk after a secondary treatment-a review. Sci Total Environ 429: 123-155

[7] Liu Q, Zhou Y, Chen L, Zheng X (2010) Application of MBR for hospital wastewater treatment in China. Desalination 250(2): 605-608

[8] Boillot C, Bazin C, Tissot-Guerraz F, Droguet J, Perraud M, Cetre JC, Trepo D, Perrodin Y (2008) Daily physicochemical, microbiological and ecotoxicological fluctuations of a hospital effluent according to technical and care activities. Sci Total Environ 403(1-3): 113-129

[9] Verlicchi P, Galletti A, Petrovic M, Barceló D (2010) Hospital effluents as a source of emerging pollutants: an overview of micropollutants and sustainable treatment options. J Hydrol 389(3-4): 416-428

[10] Carraro E, Bonetta S, Bertino C, Lorenzi E, Bonetta S, Gilli G (2016) Hospital effluents management: chemical, physical, microbiological risks and legislation in different coun-

tries. J Environ Manag 168:185-199

[11] Verlicchi P,Galletti A,Masotti L (2010) Management of hospital wastewaters: the case o the effluent of a large hospital situated in a small town. Water Sci Technol 61:2507-2519

[12] China Health Statistics Annuals (2008) http://www.moh.gov.cn

[13] Verlicchi P,Al Aukidy M,Zambello E(2015)What have we learned from worldwide experiences on the management and treatment of hospital effluent? -an overview and a discussion on perspectives. Sci Total Environ 514:467-491

[14] Pauwels B,Verstraete W (2006) The treatment of hospital wastewater: an appraisal. J Water Health 4(4):405-416

[15] Badia-Fabregat M,Lucas D,Gros M,Rodríguez-Mozaz S,Barceló D,Caminal G,Vicent T(2015) Identification of some factors affecting pharmaceutical active compounds (PhACs) removal in real wastewater. Case study of fungal treatment of reverse osmosis concentrate. J Hazard Mater 283:663-671

[16] Joss A,Zabczynski S,Göbel A,Hoffmann B,Löffler D,McArdell CS,Ternes TA,Thomsen A,Siegrist H (2006) Biological degradation of pharmaceuticals in municipal wastewater treatment: proposing a classification scheme. Water Res 40(8):1686-1696

[17] Cruz-Morató C,Lucas D,Llorca M,Rodriguez-Mozaz S,Gorga M,Petrovic M,Barceló D,Vicent T,Sarrà M,Marco-Urrea E (2014) Hospital wastewater treatment by fungal bioreactor: removal efficiency for pharmaceuticals and endocrine disruptor compounds. Sci Total Environ 493:365-376

[18] Grundfos biobooster (2016) Full scale advanced wastewater treatment at Herlev Hospital. https://www.dhigroup.com/global/news/2016/08/hospital-wastewater-from-a-pollution-problemto-new-water-resources

[19] Beier S,Cramer C,Köster S,Mauer C,Palmowski L,Schröder HF,Pinnekamp J (2011) Full scale membrane bioreactor treatment of hospital wastewater as forerunner for hotspot wastewater treatment solutions in high density urban areas. Water Sci Technol 63(1):66-71

[20] Maletz S,Floehr T,Beier S,Klümper C,Brouwer A,Behnisch P,Higley E,Giesy JP,Hecker M,Gebhardt W,Linnemann V,Pinnekamp J,Hollert H (2013) In vitro characterization of the effectiveness of enhanced sewage treatment processes to eliminate endocrine activity of hospital effluents. Water Res 47(4):1545-1557

[21] Pharmaceutical residues in the aquatic system: a challenge for the future (2012) Final report of the European cooperation project 2012. PILLS, Gelsenkirchen. www.pills-project.eu

[22] Evaluation report Pharmafilter full scale demonstration in the Reinier de Graaf Gasthuis (Hospital) Delft, 9789057735936 (2013) http://nieuwesanitatie.stowa.nl/upload/publicaties/.pdf

[23] Kosma CI,Lambropoulou DA,Albanis TA (2010) Occurrence and removal of PPCPs in municipal and hospital wastewaters in Greece. J Hazard Mater 179(1-3):804-817

[24] Beyene H,Redaie G (2011) Assessment of waste stabilization ponds for the treatment of hospital wastewater: the case of Hawassa University referral hospital. World Appl Sci J 15(1):142-150

[25] Al Qarni H,Collier P,O'Keeffe J,Akunna J (2016) Investigating the removal of some pharmaceutical compounds in hospital wastewater treatment plants operating in Saudi Arabia. Environ Sci Pollut Res 23(13):13003-13014

[26] Mahvi A,Rajabizadeh A,Fatehizadeh A,Yousefi N,Hosseini H,Ahmadian M (2009) Survey wastewater treatment condition and effluent quality of Kerman Province hospi-

tals. World Appl Sci J 7:1521-1525

[27] Sharma P, Mathur N, Singh A, Sogani M, Bhatnagar P, Atri R, Pareek S(2015)Monitoring hospital wastewaters for their probable genotoxicity and mutagenicity. Environ Monit Assess 187(1):4180

[28] Shrestha RR, Haberl R, Laber J (2001) Constructed wetland technology transfer to Nepal. Water Sci Technol 43:345

[29] Wen X, Ding H, Huang X, Liu R (2004) Treatment of hospital wastewater using a submerged membrane bioreactor. Process Biochem 39(11):1427-1431

[30] Li C, Lu J, Liu J, Zhang G, Tong Y, Ma N (2016) Exploring the correlations between antibiotics and antibiotic resistance genes in the wastewater treatment plants of hospitals in Xinjiang, China. Environ Sci Pollut Res 23(15):15111-15121

[31] Lien LTQ, Hoa NQ, Chuc NTK, Thoa NTM, Phuc HD, Diwan V, Dat NT, Tamhankar AJ, Lundborg CS (2016) Antibiotics in wastewater of a rural and an urban hospital before and after wastewater treatment, and the relationship with antibiotic use-a one year study from Vietnam. Int J Environ Res Public Health 13(6):588

[32] Sim WJ, Kim HY, Choi SD, Kwon JH, Oh JE (2013) Evaluation of pharmaceuticals and personal care products with emphasis on anthelmintics in human sanitary waste, sewage, hospital wastewater, livestock wastewater and receiving water. J Hazard Mater 248-249(1):219-227

[33] De Almeida CAA, Brenner CGB, Minetto L, Mallmann CA, Martins AF (2013) Determination of anti-anxiety and anti-epileptic drugs in hospital effluent and a preliminary risk assessment. Chemosphere 93(10):2349-2355

[34] Martins AF, Vasconcelos TG, Henriques DM, Frank CDS, König A, Kümmerer K (2008) Concentration of ciprofloxacin in Brazilian hospital effluent and preliminary risk assessment: a case study. Clean-Soil, Air, Water 36(3):264-269

[35] Prado T, Silva DM, Guilayn WC, Rose TL, Gaspar AMC, Miagostovich MP (2011) Quantification and molecular characterization of enteric viruses detected in effluents from two hospital wastewater treatment plants. Water Res 45(3):1287-1297

[36] Miranda CC, de Filippis I, Pinto LH, Coelho-Souza T, Bianco K, Cacci LC, Picão RC, Clementino MM (2015) Genotypic characteristics of multidrug-resistant *Pseudomonas aeruginosa* from hospital wastewater treatment plant in Rio de Janeiro, Brazil. J Appl Microbiol 118(6):1276-1286

[37] Santos LHMLM, Gros M, Rodriguez-Mozaz S, Delerue-Matos C, Pena A, Barceló D, Montenegro MCBSM (2013) Contribution of hospital effluents to the load of pharmaceuticals inurban wastewaters: identification of ecologically relevant pharmaceuticals. Sci Total Environ 461-462:302-316

[38] Reif R, Besancon A, Le Corre K, Jefferson B, Lema JM, Omil F (2011) Comparison of PPCPs removal on a parallel-operated MBR and AS system and evaluation of effluent post-treatment on vertical flow reed beds. Water Sci Technol 63(10):2411-2417

[39] Brepols C, Schäfer H, Engelhardt N (2010) Considerations on the design and financial feasibility of full-scale membrane bioreactors for municipal wastewater applications. Water Sci Technol 61:2461-2468

[40] Grundfos biobooster (2012) Wastewater treatment at Herlev Hospital, Denmark. http://www.herlevhospital.dk/NR/rdonlyres/74234BCB-4E38-4B84-9742-80FFCDB416AF/0/10988_Biobooster_Herlev_LOW_opslag.pdf

[41] Gelband H, Miller-Petrie M, Pant S, Gandra S, Levinson J, Barter D, White A, Laxminarayan R(2015)The state of the world's antibiotics 2015. Wound Healing South Afr 8:

30-34
[42] Allen HK, Donato J, Wang HH, Cloud-Hansen KA, Davies J, Handelsman J (2010) Call of the wild: antibiotic resistance genes in natural environments. Nat Rev Microbiol 8(4): 251-259
[43] Witte W (2000) Selective pressure by antibiotic use in livestock. Int J Antimicrob Agents 16: 19-24
[44] Rodriguez-Mozaz S, Chamorro S, Marti E, Huerta B, Gros M, Sanchez-Melsió A, Borrego CM, Barceló D, Balcázar JL(2015)Occurrence of antibiotics and antibiotic resistance genes in hospital and urban wastewaters and their impact on the receiving river. Water Res 69: 234-242
[45] Kovalova L, Siegrist H, Singer H, Wittmer A, McArdell CS (2012) Hospital wastewater treatment by membrane bioreactor: Performance and efficiency for organic micropollutant elimination. Environ Sci Technol 46(3): 1536-1545
[46] MacDougall C, Powell JP, Johnson CK, Edmond MB, Polk RE (2005) Hospital and community fluoroquinolone use and resistance in *Staphylococcus aureus* and *Escherichia coli* in 17 US hospitals. Clin Infect Dis 41(4): 435-440
[47] Hartmann A, Golet EM, Gartiser S, Alder AC, Koller T, Widmer RM (1999) Primary DNA damage but not mutagenicity correlates with ciprofloxacin concentrations in German hospital wastewaters. Arch Environ Contam Toxicol 36(2): 115-119
[48] Michael I, Rizzo L, McArdell CS, Manaia CM, Merlin C, Schwartz T, Dagot C, Fatta-Kassinos D (2013) Urban wastewater treatment plants as hotspots for the release of antibiotics in the environment: a review. Water Res 47(3): 957-995
[49] Rizzo L, Manaia C, Merlin C, Schwartz T, Dagot C, Ploy MC, Michael I, Fatta-Kassinos D (2013) Urban wastewater treatment plants as hotspots for antibiotic resistant bacteria and genes spread into the environment: a review. Sci Total Environ 447: 345-360
[50] Sharma VK, Johnson N, Cizmas L, McDonald TJ, Kim H (2016) A review of the influence of treatment strategies on antibiotic resistant bacteria and antibiotic resistance genes. Chemosphere 150: 702-714
[51] Kim S, Aga DS (2007) Potential ecological and human health impacts of antibiotics and antibiotic-resistant bacteria from wastewater treatment plants. J Toxicol Environ Health B Crit Rev 10(8): 559-573
[52] European Union Commission (2008) Directive 2008/105/EC of the European Parliament and of the Council of 16 December 2008 on environmental quality standards in the field of water policy, amending and subsequently repealing Council Directives 82/176/EEC, 83/513/EEC, 84/156/EEC, 84/491/EEC, 86/280/EEC and amending Directive 2000/60/EC of the European Parliament and of the Council Official Journal 348, pp 84-97
[53] Environmental Protection Agency, EPA (2012) Final Federal Register Notice: drinking water contaminant candidate list 3. Federal Register/Vol. 74, No. 194/October 8, 2009, pp 51850-51862
[54] Voogt PD, Janex-Habibi ML, Sacher F, Puijker L, Mons M (2009) Development of a common priority list of pharmaceuticals relevant for the water cycle. Water Sci Technol 59(1): 39-46

第 11 章
医疗废水中试处理及创新技术

Marina Badia-Fabregat，Isabel Oller，and Sixto Malato

摘要：本章介绍了医疗废水处理的部分中试级别和创新性的实验室研究。中试系统通常包括一级生物处理以去除有机物、营养物质和一些药物活性化合物（PhAC），一级处理后是物理化学处理以进一步加强对 PhAC 和其他微污染物（MP）的去除。生物处理通常是诸如膜生物反应器（MBR）这样的高级处理技术，有较长的停留时间，因此，更适合于去除 PhAC 等微污染物。此外，膜对废水有一定的消毒作用，主要是通过截留病原微生物，减少抗生素耐药基因（ARG）的释放。另外，臭氧氧化和活性炭（AC）吸附是常用的深度处理方法。为了降低处理成本，研究人员正在积极致力于研究新型的深度处理方法，例如光催化。整体而言，针对 PhAC 的专用（原位）降解仍然是医疗废水处理过程的主要缺陷。

关键词：高级氧化工艺；医疗废水；膜生物反应器；光催化；中试。

目 录

11.1 简介
11.2 生物污水处理
　　11.2.1 中试研究
　　11.2.2 新型实验室规模处理技术
11.3 物化废水处理技术
　　11.3.1 物化分离
　　11.3.2 高级氧化技术
11.4 小结
参考文献

11.1 简介

医疗废水的理化参数通常与城市污水相似，主要差异在于溶解性有机碳

(DOC) 和化学需氧量 (COD) 略高,生物需氧量 (BOD)、悬浮物和氯化物较高。然而,在微污染物水平上,与城市污水相比,医疗废水中发现了更高浓度的药物活性化合物 (PhAC) 和消毒副产物[1,2]。PhAC 是一种日益受到关注的有机微污染物质,原因在于:①其在传统废水处理中的可生物降解性普遍较低,因而在环境中广泛存在;②其存在显著的健康相关风险,如致癌性、致突变性和内分泌干扰[3]。但到目前为止,还没有立法规定城市或医院废水排放中的单个或总 PhAC 浓度上限。同时,病原微生物的释放和抗生素耐药基因 (ARG) 的传播也是人们特别关注的问题[4]。

如上所述,由于污水处理厂传统处理技术,如常规活性污泥系统 (CAS),在去除众多 PhAC 方面的效果不佳,所以 PhAC 会释放到环境中。因此,目前研究人员正在开发专门针对 PhAC 降解的新的或调整的处理方法[2,5~7]。文献中目前针对关于医疗废水是否应该在源头单独处理以利用其较高浓度,或排入城市污水处理厂并与城市污水一起处理也存在一定的争论。根据 Joss 等的研究[8],PhAC 的生物降解符合准一级动力学。因此,分离处理可能是避免 PhAC 被稀释的最佳选择。实际上,在过去的几年里,关于城市污水与医疗废水分离处理的研究已经显著增加[2,9,10]。

医疗废水处理通常包括以下步骤:首先进行预处理以分离一些固体悬浮物,然后进行生物处理以去除大部分 DOC、营养物质和部分 PhAC,最后采用物理化学处理以完全降解 PhAC 并对出水进行消毒。最近有一篇关于医疗废水管理和处理试验的文章对此进行了详尽的综述[11]。本章汇编了医疗废水处理的最新相关中试研究,简要讨论了每种技术的主要优点、缺点和局限性。此外,还介绍了新型的基于真菌和酶处理的处理技术、移动床生物膜反应器 (MBBR)、光催化和太阳能光催化技术等尚处于实验室研究的技术,这些技术还未对医疗废水处理在中试规模上具体实施。

11.2 生物污水处理

近年来,医疗废水生物处理技术得到了广泛的探索。事实上,生物反应器是去除医疗废水中 DOC、营养物质和微污染物的主要方式。据报道,传统的处理方法如 CAS,对大多数顽固性 PhAC 的降解基本无效[12]。其主要原因是较低的污泥龄,同时与其他处理技术相比更具有挑战性的生物驯化过程。这就导致具有长污泥停留时间的处理技术如 MBR 或 MBBR 具有更好的适应性,可以促进微生物对环境的适应[6]。因此,正如 11.2.1 小节所述,大多数中试研究的处理技术都采用 MBR。然而,医疗废水处理技术首先要求具有一定的经济效益。但目前大多数替代方案都很昂贵(即膜组件的投资和运营成本),且对于一些 PhAC 来说，还不是完全有效。因此，在实验室规模上使用特定微生物开发的创新系统，如真菌处理或酶处理，利用一些分离酶的特定活性，也成为很有前景的替代方案。本章介绍的研究在实验室规模还是中试规模进行，具体取决于技术的成熟度。

11.2.1 中试研究

11.2.1.1 常规活性污泥法

目前很少的研究涉及 CAS 对医疗废水的处理，最近有一项由 Chonova 等[13]采用两个平行的 CAS 生物反应器来处理城市污水和医疗废水，并在法国上萨瓦的 SIPIBEL 开展中试规模的研究，对这两种类型的废水进行了比较。在 CAS 反应器中采用好氧和缺氧/厌氧条件，以实现硝化和反硝化过程。由于污水流速不同（140m^3/d 医疗废水和 2200m^3/d 城市污水），两个中试厂的水力停留时间（HRT）不同，城市污水中试厂为 1.3d，医疗废水处理厂为 9.3d。总体而言，医疗废水处理厂 PhAC 的降解率高于城市污水处理厂，但由于进水浓度较高，生物处理后出水中 PhAC 的浓度仍高于城市污水处理厂。

11.2.1.2 膜生物反应器

在过去的几年里，已经建立了一些中试污水处理站来考察医疗废水中 PhAC 降解的可行性。MBR 因其成本较低、PhAC 去除效率更高、出水卫生程度更高的优势成为中试医疗废水处理厂的首选工艺。

通常选择 MBR 作为预处理，在物理化学处理之前去除 COD、营养物质和一些 PhAC，以促进去除剩余的 PhAC 和生物处理过程中产生的副产物（TPS）[2,10,11,14]。最常见的物理化学处理有臭氧[9,10,15,16]、颗粒活性炭（GAC）[9,10,15]、UV/H_2O_2 和反渗透（RO）[9]，它们可以单独应用，也可以作为耦合处理系统的一部分。Langenhoff 等[9]研究发现，臭氧和反渗透是去除双氯芬酸（一种难降解的 PhAC）非常有效的后处理方法。Nielsen 等提出臭氧处理是非常具经济效益的处理方式[10]。有关物理化学处理性能的详细讨论可在 11.3 部分中找到。

控制生物反应器性能的重要的 MBR 运行参数是 HRT 和污泥停留时间（SRT），对于 PhAC 的去除而言，HRT 和 SRT 是至关重要的。通过膜对悬浮物的截留可以达到更高的 SRT，可以促进有较慢生长速度的特定微生物适应，以降解难降解的化合物[11]。此外，好氧、缺氧和厌氧池的配置不同可达到不同的营养物质去除效果。膜类型对 MBR 出水水质也有很大影响。膜材料可以是聚合物或陶瓷，其配置为管状、平板或中空纤维。此外，膜可以设置在生物反应池外部,也可以浸没于反应器中。膜的分类取决于其孔径大小。微滤膜是孔径为 0.2~0.4m 的膜,而超滤膜的孔径通常为 0.03~0.06μm。较小的孔径不仅对更好地去除某些废水成分,而且对于污水的消毒(当然使用超滤膜不能实现病毒的去除,即使它的尺寸很小)和获得满足下一步深度处理要求的较为干净的污水也是至关重要的。因此,MBR 膜结构的差异使得对比变得困难[17]。

瑞士欧盟药物项目处理站点中对 PhAC 进行了详尽的分析,其中使用自动在线 SPE-HPLC-MS/MS 分析监测了 68 种微污染物[2]。在这项研究中,尽管 SRT 很高(30~50d),但总负荷的去除只有 22%。主要原因是碘化造影剂降解率较低,占总负荷的 80% 以上。同时,MBR 的结构是为脱氮而设计的,因此由 $0.5m^3$ 的缺氧池和 $1m^3$ 的好氧池组成,采用浸没式超滤平板膜。考虑到进水流速为 $1.2m^3/d$,计算出 MBR 中的 HRT 小于 1d。

在 DENEWA 项目中,位于荷兰斯奈克的 Antonius 医院的 MBR 处理站点实现了 40 种 PhAC 的平均去除率达到 80%,且实现了 100% 的粪便细菌去除[15]。在丹麦的另一项研究中,PhAC 的去除结果显示不同的比例(%),因此,建议进一步处理[10]。MBR 仅由一个进水流量 $2.2m^3/d$ 的好氧单元组成,HRT 约为 4h,SRT 约为 35d。另外,在孔径为 0.06μm 的陶瓷超滤后,大肠杆菌、总大肠菌群和总肠球菌的微生物含量下降了 99% 以上[10]。Maletz 等[16]还通过裂解酶酵母雌激素筛选(LYES)和 ER-CALUX® 检测来监测几种内分泌干扰物的降解和总雌激素活性。未经处理的废水经 MBR 处理后,原有的雌激素活性几乎完全消除。在维也纳一家医院肿瘤科病房处理废水的 MBR 中试工厂中,细胞抑制物也得到了高度去除。在这种情况下,MBR 包含一个容积为 150L 的好氧池,HRT 为 20~24h[18]。然而必须考虑到,有时某些成分的去除主要是由于其在生物质上的吸附,而不是像 Lenz 等[19]研究认为的生物降解。在同一 MBR 中试装置中发现的抗癌铂化合物,SRT 在 42d 至>300d 之间变化。在试验期间,尽管 SRT 时间很长,但生物体中吸附的 PhAC 浓度仍有所增加。最近,Prasertkulsak 等[20]在针对泰国一家医院医疗废水的 $1.3m^3$ MBR 中试研究发现,在 HRT=3h 下一些化合物的主要去除也是由于胶体颗粒的吸附。因此,为避免 PhAC 在环境中扩散,应仔细确定活性污泥的最终去向。

总结和考虑上述中试研究的总体结果,MBR 处理可能不足以完全消除微污染物。尽管如此,在物理化学过程(如臭氧、活性炭、光降解)之前消除 DOC 仍然是必要的步骤,也是废水处理和可能减少 ARG 传播的合适方法。

MBR 工艺的主要缺点是成本较高。Kovalova 等[21]计算出先用 MBR 再用臭氧或 PAC 处理医疗废水的费用分别为 2.4 欧元/m^3 和 2.7 欧元/m^3。Nielsen 等[10]还计算了一家拥有 900 张床位的医院的 MBR+臭氧处理系统的投资约为

160 万欧元，运营成本为 1 欧元/m³。在这种情况下，采用 0.2μm 孔旋转陶瓷膜盘的技术可以在平均流速为 50L/(h·m²) 的情况下处理高达 60g/L 的 MLSS。这是 Grundfos BioBoost 公司进一步开发的，用于在赫尔医院建造的大型污水处理厂。

11.2.1.3　其他方法

CAS 改进工艺可改善 PhAC 的降解。例如，Mousaab 等[6]通过在活性污泥反应器中使用生物膜载体，由于生物量浓度和 SRT 的增加和/或一些 PhAC 在生物膜上的吸附，实现了医疗废水中生物降解性差的 PhAC 的更好的去除。此外，生物质对后续超滤步骤的负面影响也减小了（即膜污染更少，跨膜压力更稳定）。

根据作者的说法，序批式厌氧-好氧固定膜反应器还可以在简单的低能耗操作和维护条件下显著去除病原菌[23]。然而，PhAC 的清除没有得到监测。

11.2.1.4　作为中试研究补充的实验室规模实验

实验室规模的监测或中试装置性能方面的研究有助于拓宽生物技术认识。呼吸测试就是一个明显的例子，可以从中获得生物量抑制等重要参数。González-Hernandez 等使用呼吸计量学分析显示，来自处理医疗废水的中试 MBR 的污泥比来自城市污水处理厂的污泥可以更好地适应 PhAC[24]。在另一项研究中，在处理城市污水的 MBR 中添加细胞抑制剂对微生物产生了强烈的影响，增加了它们的内源性呼吸，减少了由于废水的毒性而使微生物产生的外源呼吸的作用[25]。但是，由于 MBR 中污泥老化的原因，其降解率仍然很高。

分子分析是确定生物反应器内微生物群落的一种很好的工具。Chonova 等[13]研究了两个 CAS 中试厂（一个处理城市污水，另一个处理医疗废水）的处理出水对每个生物反应器中微生物的影响。他们通过变性梯度凝胶电泳（DGGE）分析，比较了放置在两个处理过的流出物管道中的灭菌石上生长的细菌群落。废水的来源对微生物群落有明显的影响：处理医疗废水组的生物膜较少，细菌多样性较低。

11.2.2　新型实验室规模处理技术

有一些文献回顾了实验室规模的医疗废水处理研究[11,14]。本章 11.2.1 部分介绍了研究最多的 PhAC 去除技术，包括中试研究结果。因此，本部分只关注在实验室规模测试的具有创新性的一些技术，以及一些可能有助于改进现有中试处理站或未来新研究和大型污水处理厂的研究。

11.2.2.1 真菌处理技术

利用真菌,特别是木质素降解真菌来降解难降解化合物已经研究了很长时间。已经发现了许多有效的结果可用于许多单独 PhAC 的降解[26,27],逐步应用于处理实际的医疗废水和动物医院医疗废水,即使在非无菌条件下也能得到一定的降解[5,28]。

虽然已经有许多真菌用于降解新兴污染物(即黄孢原毛平革菌、平菇、布氏菌、乳酸菌)的报道[27],但研究最多的是白腐菌杂色曲霉(*Trametes Versicolor*),即白腐菌(*Phanerochaete Chrysosporium*)、平菇菌(*Pleurotus Ostreatus*)、烟管菌(*Bjerkandera Adusta*)、乳酸菌(*A D Irpex Lacteum*)[27]。杂色木霉是以颗粒形式生长的,这是一种有效的自养菌。其在空气-脉冲玻璃流化床生物反应器中经过了间歇和连续两种操作模式的处理,对几种 PhAC,包括顽固性抗癌药物[29]、抗生素和 ARG[30] 都有降解。医疗废水处理的危险系数低于 CAS,主要是由于抗生素浓度的显著降低[31]。但有一点仍然需要优化,那就是与待处理污水中的本土微生物的竞争。最近,分子工具研究发现,不仅细菌在生物反应器内的生长可能会对处理性能造成损害,而且真菌的生长也会对接种的真菌造成损害[32]。因此,需要采用诸如添加营养(例如营养来源、添加量、C/N)等策略来提高接种真菌的存活率,与混凝-絮凝类似的预处理技术的应用似乎有利于该处理的长期效果[33]。

11.2.2.2 新型 MBR 处理技术

如上所述,MBR 是中试规模医疗废水处理中研究最多的技术,这是因为它与 CAS 相比具有显著的优势,如更高的出水水质,更低的空间要求,更高的生物质浓度和更少的污泥产生。然而也需要考虑一些缺点,如膜污染会导致较高的运行成本。因此,仍然需要进行更多的实验室研究来改善 MBR 的性能,特别是长期性能。

MBR 处理的一个创新变种是浸没式海绵膜反应器(海绵-MBR),它是一种混合型 MBR。这种配置达到与传统 MBR 相近的 COD 去除率、更高的总氮去除率和更低的污泥率[34],但该研究未对 PhAC 进行分析。其性能提高的主要原因是海绵中捕获 60% 的生物量,从而实现同时硝化和反硝化,并减少了膜中的滤饼形成,特别是在低流速[即 $2L/(h·m^2)$]下。试验在工作容积为 22L 的膜生物反应器和比表面积为 $0.5m^2$、孔径为 $0.2\mu m$ 的 PDVF(聚偏二氟乙烯)中空纤维膜组件中进行,聚乙烯海绵立方体的大小为 $2cm×2cm×2cm$,孔隙率为 98%。

伊拉克在序批式缺氧/厌氧膜生物反应器中进行了一项实验室规模的研究,

集中于通过不同的再循环速率改善医疗废水中的营养物质（N 和 P）的去除[35]。然而没有对 PhAC 进行分析。

11.2.2.3 移动床生物膜反应器

在移动床生物膜反应器中，微生物在液相中悬浮生长，并附着在载体上。当微生物以生物膜的形式生长时，污泥通常会老化，处理性能通常会得到改善。

Andersen 等[36]比较了纯 MBBR 工艺和在活性污泥池中插入载体的一体化固定膜活性污泥工艺（HYBAS）两种 MBBR 工艺的性能，发现需要两个或三个连续处理的生物反应器才能获得符合要求的出水质量。MBBR 系统对 PhAC 的去除效果优于 CAS，尤其是对半可降解化合物的去除效果更好。

Marjeta 等采用充气玻璃生物反应器处理实际医疗废水，将生物质附着在聚乙烯载体（MUTAG BioChip^{TM}）上，对环磷酰胺和异环磷酰胺的细胞抑制化合物的去除率分别达到 59% 和 35%[37]。

11.2.2.4 其他处理和研究

Prayitno 等的研究结果表明，曝气固定膜生物滤池对 BOD 和粪大肠菌群有较高的去除效果。然而，需要额外的臭氧反应器来完全去除苯酚和铅[38]。这些都是研究中监测到的唯一微污染物，但对 PhAC 没有进行分析。

ENDETECH 项目对酶处理进行了研究，合成了表面固定化真菌漆酶的新型膜，观察了附着酶与四环素去除的相关性[7]。然而，废水处理结果仍未公布[39]。

除此之外，如上所述，医疗废水显示出高浓度的机会性病原体、耐药性细菌和 ARG，医疗废水处理前后的耐药谱关系复杂。ARG 是通过质粒、转座子和整合子等遗传元件在细菌之间水平转移而传播的。这些遗传因素通常包含一个以上的 ARG，从而导致多药耐药性。Stalder 等研究了处理医疗废水和城市污水的两个 CAS 系统之间的生物量差异[40]。他们得出结论，单独处理医疗废水会增加病原菌和 ARG 传播的风险。活/亡分析、变性梯度凝胶电泳（DGGE）分析、焦磷酸测序和Ⅰ类耐药整合子的定量 PCR（QPCR）使他们能够监测生物量结构、细菌多样性和抗生素耐药性。在医疗废水处理反应器中，Ⅰ类抗性整合子的相对丰度提高了 3.5 倍。作者认为，这种增加与具有这些遗传元素（假单胞菌和不动杆菌属）的细菌的原位生长有关，而不是与水平转移有关。因此，应重视医疗废水处理污泥的下游处理和利用。

11.3 物化废水处理技术

如上所述，尽管针对医疗废水中污染物去除的先进生物处理方法取得了积极的结果[12,41]，但它们在完全去除某些有害物质（如某些 PhAC）方面的效果相对较差[42]。几项研究特别证明，这些物质也会影响传统污水处理厂的运行[43]。因此，高级处理技术，如活性炭（AC）吸附、膜分离和 AOP，即使在高级生物处理系统之后，对于去除医疗废水中的许多污染物也是必需的。事实上，物理化学处理通常被指定为三级处理，用于在去除大部分有机碳负荷后对生物处理废水进行净化。

11.3.1 物化分离

11.3.1.1 吸附

利用 AC 的去除效果在很大程度上取决于碳用量和辛醇/水分配系数（K_{ow}）。AC 过滤经常失败，因为药物在中性水中很容易质子化或去质子化，这取决于它们的 pK_a。因此，单靠 AC 吸附似乎不适合进行有效的去除[44]。此外，在 AC 饱和后，需要进行再生或处理，从而导致其他环境风险，这些风险可能与医疗废水中的微量微污染物相似，甚至更糟。因此，当 AC 不能消除水中的污染物，而只是简单地去除水中的污染物时，有必要对不同的替代品进行生命周期评估。该方法适用于 DOC<20mg/L 的废水，因为高浓度会干扰医疗废水处理的主要目标——微量污染物（MC）的吸附。

AC 吸附已经作为一种高级废水处理阶段在实验室、中试和全规模运行中进行了研究[45]。在许多应用中[46,47]，粉状 AC（PAC）可以作为三级处理，也可以直接加入生物处理阶段[46,48]。由于颗粒较小，PAC 的吸附动力学通常优于颗粒状 AC（GAC）[45]。PAC 在对吸附疏水化合物方面表现出更好的性能，就像医疗废水中的许多微量污染物一样。例如，苯并三唑、卡马西平和双氯芬酸在一次全规模运行的 PAC 中几乎完全被去除[46]。在一个 PAC（12mg/L）中试试验中，卡马西平的去除率超过 90%，苯并三唑的去除率非常高[47]。医疗废水的后处理也报告了类似的结果，完全去除了卡马西平、苯扎贝特、双氯芬酸和碘美洛尔[48]。

11.3.1.2 膜分离技术

物理处理如纳滤（NF）和 RO 已被证明是去除医疗废水中广泛存在的微量污染物的很有前景的技术[49,50]。虽然 NF 在 MC 分离中的应用已有研究，但一些作者侧重于分析分离机理与 MC 物理化学性质的关系[51,52]，而另一些作者则研究膜污染如何影响药剂截留率[53,54]，还有一些作者集中研究了在膜操作条件（流速、压力、温度、pH 值、水特性等）以及它们对污染物分离的影响[55]。然而，关于实际废水的膜处理的信息非常有限，特别是在评价纳克/

升级和微克/升级范围内的 MC 去除方面。

中试和全规模运行的数据显示,膜在去除 MC 的深度处理中表现出不同的行为。虽然 RO 和 NF 膜的截留率很高(>85%),但它与膜的类型有很大的关系,只在某些情况下去除率>98%[56~58]。

同时,膜过程不会降解 MC,主要是将污染物集中在体积较小的废物流中,浓水可以占进水流量的 35%,浓缩倍数为 4~10 倍,因此需要适当的处理才能安全地释放到环境中。过去几年,这种方法已经在西班牙阿尔梅里亚的太阳能平台进行了中试,并且已经有了运行数据[59]。由于最重要的 RO 操作问题是严重的膜污染和高能耗,对于从医疗废水[60]中去除 MC 而言,NF 可能是一种很好的低压替代方案,与 RO 具有同等效率。中试规模的另一种污水处理方法是将超滤(UF)膜和生物反应器与支撑介质上的生物膜相结合,可以降低蛋白质和多糖(膜堵塞的主要原因)的浓度,改善膜功能,从而降低成本[6]。

11.3.2 高级氧化技术

由于传统的氧化方法(如 Cl_2、$HClO$、H_2O_2、$KMnO_4$ 等)对于微量污染物无效,因此在中试和大规模应用中只考虑高级氧化工艺(AOP)。AOP 的去除性能优于传统的氧化方法,主要是由于自由基类化合物(主要是羟基)具有更强的氧化能力。除了氟[3.03V,相对于标准氢电极(SHE)]之外,羟基自由基是已知最强的氧化剂,其电位为 2.8V(相对于 SHE)。这些自由基能够氧化几乎任何有机分子,产生 CO_2 和无机离子。水溶液中大多数反应的速率常数通常为 $10^6 \sim 10^9/(m \cdot s)$。羟基自由基是由 H_2O_2、O_3 或水在高能紫外光照射下的直接光解、催化和光催化技术、半导体的多相光催化、电化学技术和空化技术产生的[61]。AOP 在中试规模和/或与医疗废水一起使用时,最常使用辐照或臭氧(表 11-1)。目前的研究主要集中在利用太阳辐射(波长 λ>300nm)、UV/TiO_2 多相光催化和 $Fe^{2+}/H_2O_2/UV$ 或光芬顿均相催化两种 AOP。

表 11-1 利用辐射产生羟基自由基的高级氧化工艺

氧化工艺类型	关键反应	波长/nm
UV/H_2O_2	$H_2O_2 + h\nu \longrightarrow 2HO \cdot$	$\lambda < 300$
UV/O_3	$O_3 + h\nu \longrightarrow O_2 + O(^1D)$ $O(^1D) + H_2O \longrightarrow 2HO \cdot$	$\lambda < 310$
$UV/H_2O_2/O_3$	$O_3 + H_2O_2 + h\nu \longrightarrow O_2 + HO \cdot HO_2 \cdot$	$\lambda < 310$
UV/TiO_2	$TiO_2 + h\nu \longrightarrow TiO_2(e^- + h^+)$ $TiO_2(h^+) + HO_{ad}^- \longrightarrow TiO_2 + HO_{ad} \cdot$	$\lambda < 390$

续表

氧化工艺类型	关键反应	波长/nm
Fenton	$Fe^{2+} + H_2O_2 \longrightarrow Fe^{3+} + HO\cdot + HO^-$	$\lambda < 580$
光-Fenton	$Fe^{3+} + H_2O + h\nu \longrightarrow Fe^{2+} + H^+ + HO\cdot$	

AOP在污水和饮用水处理中是去除污染物的一种有效方法。AOP的一个显著优点是环境友好，这意味着它们不会像萃取、AC吸附、过滤或RO那样将污染物从一个阶段转移到另一个阶段，也不会产生大量的危险污泥和废物。然而，AOP应用于水处理可能会产生有害的副产物，因此，必须对其应用进行优化，不仅要经济，而且要安全。

臭氧氧化法是去除微量污染物最常用的氧化技术。UV/H_2O_2是降解微量污染物最常用的光氧化方法，去除率超过98%[58]。虽然AOP用于去除医疗废水中的污染物的成本可能很高，但世界许多地区日益稀缺的水和对这种特定污染的担忧似乎是将其应用于医疗废水的主要理由。医疗废水受到严重的药物化合物污染可能导致其中的细菌产生抗生素抗性机制。针对此类较小规模的AOP处理系统可以转化任何难降解的化合物，极大促进了城市污水处理厂的后续处理。

11.3.2.1 臭氧氧化法

臭氧氧化法处理医疗废水是欧盟研究较多的化学处理技术之一。臭氧直接或间接地将微量污染物氧化到羟基自由基（HO·）上。臭氧分子与含有双键（C═C）的化合物、某些官能团（如—OH、—CH_3、—OCH_3）以及含N、P、O和S阴离子发生选择性反应，而HO·的氧化作用是非选择性的。在碱性条件下，由于HO·[$10^9/(m \cdot s)$]具有极快和非选择性的性质，间接反应占主导地位。最早的研究之一是Ternes等发表的关于从废水中去除双氯芬酸的研究[62]，在臭氧浓度为5.0~15.0mg/L的条件下，考察了臭氧对污水处理厂出水的去除效果，发现其去除率在96%以上。近年来，瑞士和德国的一些污水处理厂已经采用臭氧氧化法进行了升级改造。

虽然已发现臭氧主要将污染物转化为毒性未知的未知氧化产物[63,64]，但一般而言，此类转化产物的浓度较低，与母体化合物相比，雌激素和抗菌活性不明显[65]。此外，臭氧与溶解在这类污水中的有机物反应也可能产生有毒化合物，如甲醛、酮类、酚类、硝基甲烷，以及致癌物质，如溴酸盐和N-硝基二甲胺（NDMA）[66]。也有研究观察到阿特拉津副产物（去异丙基阿特拉津和去乙基阿特拉津）的形成，NDMA的增加（从15.3ng/L增加到31.4g/L），特别是双酚A扩增了40倍。

一个由初级澄清器、膜生物反应器和包括臭氧在内的五种后处理技术组成的中试规模的废水处理厂已投入运行,测试其对 56 种微量污染物的去除效率[21],发现有机物消除需要 $1.08\text{mgO}_3/\text{mgDOC}$。一般来说,溶解有机碳(DOC)越多,医疗废水中去除药物所需的臭氧剂量就越高,并且去除药物所需的臭氧剂量是化合物特有的。Hansen 等的最近研究结果表明,对于在 MBR 中预处理的医疗废水,剂量变化高达 $0.50\sim4.7\text{mgO}_3/\text{mgDOC}$[68]。他们还发现,效率明显受到 pH 值的影响,因为在低 pH 值下,臭氧的寿命从 pH 值接近 8 时的不到 1min 急剧增加到 pH 值接近 5 时的 10min 以上。在较高的 pH 值($5\sim9$)时,医疗废水的效率(去除微量污染物所需的 O_3)也较低。在较低的 pH 值下,需要一个更大的反应池,以避免将臭氧从处理厂释放到环境中。

这项技术的主要缺点是臭氧的产生非常耗能,其转换效率很低(纯氧的 $0.01\sim0.015\text{kW}\cdot\text{h}/\text{m}^3$)。从氧气中生产 1kgO_3 耗能 $12\text{kW}\cdot\text{h}$[69]。大约 85% 的能量以热量的形式被浪费,必须消除这些热量以防止反应堆过热。升级中小型污水处理厂(如专为医疗废水设计的污水处理厂)并改装臭氧阶段的投资成本可能增加 20%~50%,能耗增加 5%~30%[70]。

11.3.2.2　UV/H_2O_2 技术

到目前为止,UV/H_2O_2 技术是最流行的大规模 UV 驱动的 AOP[43]。H_2O_2 比 O_3 更稳定,在使用前可以储存很长一段时间,但剩余的 H_2O_2 必须在废水排放前去除。天然有机物和无机阴离子的存在对 HO· 降解效率有显著影响。UV/H_2O_2 工艺是一种高效去除废水中微量污染物的技术,但降解效率取决于废水的浊度、碱度等特性。对包括医疗废水在内的不同水体中处理卡马西平、双氯芬酸或三氯生时,UV 剂量的差异高达 $40\sim1700\text{mJ/cm}^2$。研究指出了中试试验的必要性,以合理设计任何特定的处理方案。UV/H_2O_2 技术最近在医疗废水中试处理厂中作为 MBR 后处理进行了研究[75]。通过检查 14 种微量污染物(抗生素、止痛药、抗惊厥药、β-受体阻滞剂、细胞抑制剂和 X 射线造影剂)来评估处理效果。主要成果是对不同场景的整体生命周期评估(LCA)比较。研究表明,低压紫外灯的能效比中压紫外灯高 70%,最佳操作条件为 $1.11\text{g/L }H_2O_2$。

11.3.2.3　光催化技术

中试结果表明,与光芬顿和臭氧氧化相比,二氧化钛光催化在处理时间和累积能量方面效率非常低[76]。在医院或其他来源(如城市废水)的实际废水中,没有发现任何成功的二氧化钛处理微量污染物的研究。

另外,由于许多 Fe^{3+} 物质的光化学性质,UV 或 UV/可见光照射可以导致一系列的光化学反应,这些反应总是还原到其 Fe^{2+} 状态,只要系统保持照明(再次与 H_2O_2 反应),就可以无终止地继续芬顿过程。这种光还原过程可以描述为

$$Fe(Ⅲ)(L)_n + h\nu \longrightarrow [Fe(Ⅲ)-L]^* \longrightarrow Fe(Ⅱ)(L)_{n-1} + L_{ox}^{\cdot}.$$

在没有任何有机配体的情况下，酸性溶液中的 Fe^{3+}-羟基配合物（主要是 $Fe[(H_2O)_5OH]^{2+}$）在 UV/Vis 区吸收最多。这使得只要系统被照亮，Fe^{2+} 的可持续再生就可以无限期地持续下去。这种变种的芬顿过程称为光芬顿，具有比暗芬顿高得多的降解动力学[77]。Fe^{3+} 也可以与许多有机配体形成配合物特别是那些作为多齿配体的配合物，具有非常好的降解效果。在处理微量污染物方面，光芬顿在经济上比臭氧处理更具竞争力，也可用于处理含有高浓度微量污染物的膜截留废水[59]。

然而，该工艺的主要缺点（例如频繁改变水基质的 pH 值、最终污泥的处置、H_2O_2 的高成本和催化剂消耗）仍然限制了其更广泛的全面应用[78]。然而，在过去的几年里出现了许多芬顿工艺的变体，这表明未来将强化经典的带辐射的芬顿工艺的使用。光芬顿代表了一种很有前途的 AOP，由于其对环境友好的应用和在自然太阳辐射下运行的前景，大大降低了操作成本，因此可以去除医疗废水中存在的各种微量污染物。光芬顿降解微量污染物的效率取决于几个操作参数，如试剂剂量（H_2O_2 和铁）、铁类型（铁或亚铁）、pH 值和废水基质的有机/无机含量。最近在一篇综述中，Wang 等[79]介绍了影响芬顿/光芬顿去除溶解于水或废水中的各种微量污染物的主要工艺参数。在这种情况下，没有必要将可溶性铁从处理后的废水中分离出来，以符合地区性的污水排放法规限制。

大多数研究表明，光芬顿的最适 pH 值为 2.8。然而，Fe^{3+} 在近紫外和可见光区域可以形成具有比水配合物更高摩尔吸收系数的配合物，同时也使用了高达 580nm 的太阳辐射。因此，与有机配体形成螯合配合物是自然界铁循环的重要组成部分，调节铁的运输、形态和有效性，特别是在阳光充足照射的地表水中。这种新的方法已经消除了与 pH 值的化学成本相关的经济负担，特别是在大规模应用时。光芬顿对各种微量污染物的高效处理，促进了其集中抛物面太阳集热器（CPC）的中试研究开发和应用。这种对自然阳光的利用极大地降低了这一过程的运营成本，因此是向小型社区全面应用迈出的重要一步。

添加螯合剂以提高应用于微量污染物处理的光芬顿过程的最佳操作 pH 值表明，同时增加了量子产率，从而允许使用更广泛的太阳光谱。酸是光芬顿体系中天然存在的一种特殊的螯合剂，因为它是许多污染物氧化处理过程中矿化前的常见中间体。当它们在溶液中积累时，降解过程会加速。两种配体草酸和柠檬酸，已经作为光芬顿添加剂进行了深入的研究[80]，但仍需要在酸性条件下操作，并需要后处理中和以实现动力学优化的过程。乙二胺四乙酸（EDTA）可以在较宽的 pH 值范围内形成可溶性络合物，但不可生物降解，被认为是一种持久性污染物。N,N'-乙二胺二琥珀酸（EDDS）近年来受到人们的关注。

它被认为是可生物降解的，对环境应用是安全的。在 pH = 9 时，Fe^{3+} 与 EDDS 以 1∶1 的比例配合，随着 pH 值的升高，会出现羟基化形式。1∶1 的比例也是最具光活性的，并且在光解时可以产生 HO·。在中试规模上，它已成功地在低铁和低 H_2O_2 浓度的中性条件下降解废水中的微量污染物[81]。完全清除医疗废水中过多的典型药物，如抗生素、非甾体消炎药、止痛药、激素、X 射线造影剂[82~87]和其他药物的中试试验结果相当令人满意。

Miralles 等研究了中试规模的光芬顿处理城市污水中 NF 浓缩液中的药物。他们采用 LC/MS（液相色谱-质谱联用技术）对经济评估中的动力学进行了现实评估[88]。NF 预处理使光芬顿能够在较低的流速和较高的微量污染物初始浓度下运行，从而大大减少了光反应器的尺寸和每立方米出水所需的试剂数量。以上研究表明，在处理浓度极低的污染物（如在医疗废水中的污染物）时，需要与应用 AOP 处理高有机负荷工业废水不同的操作理念。

11.4　小结

医疗废水是 PhAC 和 ARG 等新兴污染物的重要来源。因此，尽管在很大程度上仍然不受监管，但人们对它们的适当处理的担忧正在日益增长。源分离处理似乎是最适合医疗废水处理的方案，以避免与城市废水稀释。

据报道，传统的生物处理如 CAS 无法有效去除 PhAC。因此，提高 SRT 从而使微生物适应这些化合物的替代物似乎是最合适的加速降解的方法。中试试验中最常见的生物处理方法是 MBR，由于（通常）UF 膜的截留，它还可以对废水进行消毒。对创新的替代处理方法，如真菌处理，正在进行实验室规模的研究。目前的生物处理技术仍然不能完全去除一些 PhAC。因此，中试规模的医疗废水处理系统中的生物处理通常是第一步，用于在经过一些物理化学处理的最后去除步骤之前去除 DOC 和营养物质。

降低成本的需求和克服深度处理方法的一些缺点一直在推动寻找新的、可持续的和经济友好的技术。采用 AOP 及其与其他工艺（如 AC 吸附和膜过滤工艺）相结合来提高微量污染物处理效率的新方法被认为很有前景。

近年来，膜系统已被证明是从水中分离微量污染物的最有前途的技术，但关于此类系统产生的含有微量污染物浓缩液的信息非常有限。PAC/GAC 也在一些中试装置上进行了试验，取得了良好的效果。然而，产生废蒸汽（使用 PAC/GAC）和高昂的再生能源成本使这种方法不太可能持续。臭氧氧化被认为是一种经济有效的解决方案，可以对任何 PhAC 有较高的去除率。其主要缺点是产生的转化产物可能比母体化合物毒性更大。最后，光催化特别是光芬顿是一种很有前景的技术，它利用自然光，因此可以降低操作成本。

参考文献

[1] Verlicchi P, Galletti A, Petrovic M, Barceló D (2010) Hospital effluents as a source of emerging pollutants: an overview of micropollutants and sustainable treatment options. J Hydrol 389:416-428

[2] Kovalova L, Siegrist H, Singer H, Wittmer A, McArdell CS (2012) Hospital wastewater treatment by membrane bioreactor: performance and efficiency for organic micropollutant elimination. Environ Sci Technol 46(3):1536-1545

[3] Fent K, Weston AA, Caminada D (2006) Ecotoxicology of human pharmaceuticals. Aquat Toxicol 76(2):122-159

[4] Laht M, Karkman A, Voolaid V, Ritz C, Tenson T, Virta M, Kisand V (2014) Abundances of tetracycline, sulphonamide and beta-lactam antibiotic resistance genes in conventional wastewater treatment plants (WWTPs) with different waste load. PLoS One 9(8):e103705

[5] Badia-Fabregat M, Lucas D, Pereira MA, Alves M, Pennanen T, Fritze H, Rodríguez-Mozaz S, Barceló D, Vicent T, Caminal G(2015)Continuous fungal treatment of non-sterile veterinary hospital effluent: pharmaceuticals removal and microbial community assessment. Appl Microbiol Biotechnol 100:2401-2415

[6] Mousaab A, Claire C, Magali C, Christophe D(2015)Upgrading the performances of ultrafiltration membrane system coupled with activated sludge reactor by addition of biofilm supports for the treatment of hospital effluents. Chem Eng J 262:456-463

[7] Abejón R, De Cazes M, Belleville MP, Sanchez-Marcano J(2015)Large-scale enzymatic membrane reactors for tetracycline degradation in WWTP effluents. Water Res 73:118-131

[8] Joss A, Zabczynski S, Göbel A, Hoffmann B, Löffler D, Mcardell CS, Ternes TA, Thomsen A, Siegrist H (2006) Biological degradation of pharmaceuticals in municipal wastewater treatment: proposing a classification scheme. Water Res 40:1686-1696

[9] Langenhoff A, Inderfurth N, Veuskens T, Schraa G, Blokland M, Kujawa-roeleveld K, Rijnaarts H (2013) Microbial removal of the pharmaceutical compounds ibuprofen and diclofenac from wastewater. Biomed Res Int 2013:1-9

[10] Nielsen U, Hastrup C, Klausen MM, Pedersen BM, Kristensen GH, Jansen JLC, Bak SN, Tuerk J (2013) Removal of APIs and bacteria from hospital wastewater by MBR plus O3, O3 + $H2O_2$, PAC or ClO_2. Water Sci Technol 67(4):854-862

[11] Verlicchi P, Al Aukidy M, Zambello E(2015)What have we learned from worldwide experiences on the management and treatment of hospital effluent? - an overview and a discussion on perspectives. Sci Total Environ 514:467-491

[12] Radjenović J, Petrović M, Barceló D (2009) Fate and distribution of pharmaceuticals in wastewater and sewage sludge of the conventional activated sludge (CAS) and advanced membrane bioreactor (MBR) treatment. Water Res 43(3):831-841

[13] Chonova T, Keck F, Labanowski J, Montuelle B, Rimet F, Bouchez A (2016) Separate treatment of hospital and urban wastewaters: a real scale comparison of effluents and their effect on microbial communities. Sci Total Environ 542:965-975

[14] Ganzenko O, Huguenot D, Van Hullebusch ED, Esposito G, Oturan MA (2014) Electrochemical advanced oxidation and biological processes for wastewater treatment: a review of the combined approaches. Environ Sci Pollut Res 21:8493-8524

[15] DENEWA (2016) DENEWA Project webpage [Online]. http://www.denewa.eu/denewa/werkpakketten/behandeling-van-ziekenhuisafvalwater/voortgang-project-pharmafilter-en-westra?lang= 11. Accessed 24 Sept 2016

[16] Maletz S, Floehr T, Beier S, Klu C, Brouwer A, Behnisch P, Higley E, Giesy JP, Hecker

M,Gebhardt W,Linnemann V,Pinnekamp J,Hollert H (2013) In vitro characterization of the effectiveness of enhanced sewage treatment processes to eliminate endocrine activity of hospital effluents. Water Res 47(4):1545-1557

[17] Krzeminski P,Gil JA,van Nieuwenhuijzen AF,van der Graaf JHJM,van Lier JB (2012) Flat sheet or hollow fibre - comparison of full-scale membrane bio-reactor configurations. Desalin Water Treat 42(1-3):100-106

[18] Mahnik SN,Lenz K,Weissenbacher N,Mader RM,Fuerhacker M (2007) Fate of 5-fluorouracil,doxorubicin, epirubicin, and daunorubicin in hospital wastewater and their elimination by activated sludge and treatment in a membrane-bio-reactor system. Chemosphere 66(1):30-37

[19] Lenz K,Koellensperger G,Hann S,Weissenbacher N,Mahnik SN,Fuerhacker M (2007) Fate of cancerostatic platinum compounds in biological wastewater treatment of hospital effluents. Chemosphere 69(11):1765-1774

[20] Prasertkulsak S,Chiemchaisri C,Chiemchaisri W,Itonaga T,Yamamoto K (2016) Removals of pharmaceutical compounds from hospital wastewater in membrane bioreactor operated under short hydraulic retention time. Chemosphere 150:624-631

[21] Kovalova L,Siegrist H,von Gunten U,Eugster J,Hagenbuch M,Wittmer A,Moser R,McArdell CS (2013) Elimination of micropollutants during post-treatment of hospital wastewater with powdered activated carbon,ozone,and UV. Environ Sci Technol 47(14):7899-7908

[22] Gil Linares JA (2016) New decentralized approach to Hospital wastewater treatment. In:13th IWA leading edge conference on water and wastewater technologies,Jerez de la Frontera,Spain

[23] Rezaee A,Ansari M,Khavanin A,Sabzali A,Aryan MM (2005) Hospital wastewater treatment using an integrated anaerobic aerobic fixed film bioreactor. Am J Environ Sci 1(4):259-263

[24] González Hernández Y,Quesada Peñate I,Schetrite S,Alliet M,Jáuregui-Haza U,Albasi C(2015)Role of respirometric analysis in the modelling of hospital wastewater treatment by submerged membrane bioreactor. Euromembrane 9:e32-e41

[25] Delgado LF,Schetrite S,Gonzalez C,Albasi C (2010) Effect of cytostatic drugs on microbial behaviour in membrane bioreactor system. Bioresour Technol 101(2):527-536

[26] Cruz-Morató C,Rodríguez-Rodríguez CE,Marco-Urrea E,Sarrà M,Caminal G,Vicent T,Jelic A,García-Galán MJ,Pérez S,Díaz-Cruz MS,Petrovic M,Barceló D (2013) Biodegradation of pharmaceuticals by fungi and metabolites identification. In:Vicent T,Caminal G,Eljarrat E,Barceló D (eds) Emerging organic contaminants in sludges. Springer,Berlin,pp. 165-213

[27] Cajthaml T,Kresinová Z,Svobodová K,Möder M (2009) Biodegradation of endocrine-disrupting compounds and suppression of estrogenic activity by ligninolytic fungi. Chemosphere 75(6):745-750

[28] Cruz-Morató C,Lucas D,Llorca M,Rodriguez-Mozaz S,Gorga M,Petrovic M,Barceló D,Vicent T,Sarrà M,Marco-Urrea E (2014) Hospital wastewater treatment by fungal bioreactor:removal efficiency for pharmaceuticals and endocrine disruptor compounds. Sci Total Environ 493:365-376

[29] Ferrando-Climent L,Cruz-Morató C,Marco-Urrea E,Vicent T,Sarra M,Rodriguez-Mozaz S,Barceló D(2015)Non conventional biological treatment based on Trametes versicolor for the elimination of recalcitrant anticancer drugs in hospital wastewater. Chemosphere 136:9-19

[30] Lucas D, Badia-Fabregat M, Vicent T, Caminal G, Rodríguez-Mozaz S, Balcázar JL, Barceló D (2016) Fungal treatment for the removal of antibiotics and antibiotic resistance genes in veterinary hospital wastewater. Chemosphere 152:301-308

[31] Lucas D, Barceló D, Rodriguez-Mozaz S (2016) Removal of pharmaceuticals from wastewater by fungal treatment and reduction of hazard quotients. Sci Total Environ 571:909-915

[32] Badia-Fabregat M, Lucas D, Tuomivirta T, Fritze H, Pennanen T, Rodriguez-Mozaz S, Barceló D, Caminal G, Vicent T (2017) Study of the effect of the bacterial and fungal communities present in real wastewater effluents on the performance of fungal treatments. Sci Total Environ 579:366-377

[33] Mir-Tutusaus JA, Sarrà M, Caminal G (2016) Continuous treatment of non-sterile hospital wastewater by Trametes versicolor: how to increase fungal viability by means of operational strategies and pretreatments. J Hazard Mater 318:561-570

[34] Nguyen TT, Bui XT, Vo TDH, Nguyen DD, Nguyen PD, Do HLC, Ngo HH, Guo W (2016) Performance and membrane fouling of two types of laboratory-scale submerged membrane bioreactors for hospital wastewater treatment at low flux condition. Sep Purif Technol 165:123-129

[35] Al-Hashimia MAI, Jasema YI (2013) Performance of sequencing anoxic/anaerobic membrane bioreactor (Sam) system in hospital wastewater treatment and reuse. Eur Sci J 9(15):169-180

[36] Andersen HR, Chhetri RK, Hansen KMS, Christensson M, Bester K, Escolar M, Litty K, Langerhuus AT, Kragelund C (2015) Optimized biofilm-based systems for removal of pharmaceuticals from hospital waste water. In: Micropol & Ecohazard

[37] Marjeta Č, Kosjek T, Laimou-geraniou M, Kompare B, Brane Š, Lambropolou D, Heath E (2015) Occurrence of cyclophosphamide and ifosfamide in aqueous environment and their removal by biological and abiotic wastewater treatment processes. Sci Total Environ 528:465-473

[38] Prayitno Z, Kusuma B, Yanuwiadi RW, Laksmono H, Kamahara H, Daimon H (2014) Hospital wastewater treatment using aerated fixed film biofilter-ozonation (Af2b/O3). Adv Environ Biol 8(5):1251-1259

[39] ENDETECH webpage [Online]. http://endetech.davolterra.com

[40] Stalder T, Alrhmoun M, Casellas M, Maftah C, Carrion C, Pahl O, Dagot C (2013) Dynamic assessment of the floc morphology, bacterial diversity, and integron content of an activated sludge reactor processing hospital effluent. Environ Sci Technol 47(14):7909-7917

[41] Luo Y, Guo W, Ngo HH, Nghiem LD, Hai FI, Zhang J, Liang S, Wang XC (2014) A review on the occurrence of micropollutants in the aquatic environment and their fate and removal during wastewater treatment. Sci Total Environ 473:619-641

[42] Metcalf and Eddy (2003) Wastewater engineering: treatment and reuse, 4th edn. McGraw Hill, Toronto

[43] Bui XT, Vo TPT, Ngo HH, Guo WS, Nguyen TT (2016) Multicriteria assessment of advanced treatment technologies for micropollutants removal at large-scale applications. Sci Total Environ 563:1050-1067

[44] Zhang J, Chang VWC, Giannis A, Wang J-Y (2013) Removal of cytostatic drugs from aquatic environment: a review. Sci Total Environ 445:281-298

[45] Nowotny N, Epp B, von Sonntag C, Fahlenkamp H (2007) Quantification and modeling of the elimination behavior of ecologically problematic wastewater micropollutants by

adsorption on powdered and granulated activated carbon. Environ Sci Technol 41(6):2050-2055

[46] Boehler M, Zwickenpflug B, Hollender J, Ternes T, Joss A, Siegrist H (2012) Removal of micropollutants in municipal wastewater treatment plants by powder-activated carbon. Water Sci Technol 66(10):2115-2121

[47] Margot J, Kienle C, Magnet A, Weil M, Rossi L, de Alencastro LF, Abegglen C, Thonney D, Chèvre N, Schärer M, Barry DA (2013) Treatment of micropollutants in municipal wastewater: ozone or powdered activated carbon? Sci Total Environ 461:480-498

[48] Serrano D, Suárez S, Lema JM, Omil F (2011) Removal of persistent pharmaceutical micropollutants from sewage by addition of PAC in a sequential membrane bioreactor. Water Res 45(16):5323-5333

[49] Siegrist H, Joss A (2012) Review on the fate of organic micropollutants in wastewater treatment and water reuse with membranes. Water Sci Technol 66(6):1369

[50] Ganiyu SO, van Hullebusch ED, Cretin M, Esposito G, Oturan MA (2015) Coupling of membrane filtration and advanced oxidation processes for removal of pharmaceutical residues: a critical review. Sep Purif Technol 156:891-914

[51] Vergili I (2013) Application of nanofiltration for the removal of carbamazepine, diclofenac and ibuprofen from drinking water sources. J Environ Manag 127:177-187

[52] Dolar D, Košutić K, Ašperger D, Babić S (2013) Removal of glucocorticosteroids and anesthetics from waterwith RO/NF membranes. Chem Biochem Eng Q 27(1):1-6

[53] Wei X, Wang Z, Fan F, Wang J, Wang S (2010) Advanced treatment of a complex pharmaceutical wastewater by nanofiltration: membrane foulant identification and cleaning. Desalination 251(1):167-175

[54] Chang E-E, Chang Y-C, Liang C-H, Huang C-P, Chiang P-C (2012) Identifying the rejection mechanism for nanofiltration membranes fouled by humic acid and calcium ions exemplified by acetaminophen, sulfamethoxazole, and triclosan. J Hazard Mater 221:19-27

[55] Botton S, Verliefde ARD, Quach NT, Cornelissen ER (2012) Surface characterisation of biofouled NF membranes: role of surface energy for improved rejection predictions. Water Sci Technol 66(10):2122

[56] Bellona C, Drewes JE (2007) Viability of a low-pressure nanofilter in treating recycled water for water reuse applications: a pilot-scale study. Water Res 41(17):3948-3958

[57] Cartagena P, El Kaddouri M, Cases V, Trapote A, Prats D (2013) Reduction of emerging micropollutants, organic matter, nutrients and salinity from real wastewater by combined MBR-NF/RO treatment. Sep Purif Technol 110:132-143

[58] Dolar D, Gros M, Rodriguez-Mozaz S, Moreno J, Comas J, Rodriguez-Roda I, Barceló D (2012) Removal of emerging contaminants from municipal wastewater with an integrated membrane system, MBR-RO. J Hazard Mater 239-240:64-69

[59] Miralles-Cuevas S, Oller I, Agüera A, Pérez JAS, Sánchez-Moreno R, Malato S (2016) Is the combination of nanofiltration membranes and AOPs for removing microcontaminants cost effective in real municipal wastewater effluents? Environ Sci Water Res Technol 2(3):511-520

[60] Yangali-Quintanilla V, Maeng SK, Fujioka T, Kennedy M, Li Z, Amy G (2011) Nanofiltration vs. reverse osmosis for the removal of emerging organic contaminants in water reuse. Desalin Water Treat 34(1-3):50-56

[61] Ribeiro AR, Nunes OC, Pereira MFR, Silva AMT (2015) An overview on the advanced oxidation processes applied for the treatment of water pollutants defined in the recently launched Directive 2013/39/EU. Environ Int 75:33-51

[62] Ternes TA, Stüber J, Herrmann N, McDowell D, Ried A, Kampmann M, Teiser B (2003) Ozonation: a tool for removal of pharmaceuticals, contrast media and musk fragrances from wastewater? Water Res 37(8):1976-1982

[63] Joss A, Siegrist H, Ternes T (2008) Are we about to upgrade wastewater treatment for removing organic micropollutants? Water Sci Technol 57(2):251-255

[64] Stadler LB, Ernstoff AS, Aga DS, Love NG (2012) Micropollutant fate in wastewater treatment: redefining 'removal'. Environ Sci Technol 46(19):10485-10486

[65] Reungoat J, Escher BI, Macova M, Keller J (2011) Biofiltration of wastewater treatment plant effluent: effective removal of pharmaceuticals and personal care products and reduction of toxicity. Water Res 45(9):2751-2762

[66] Carbajo JB, Petre AL, Rosal R, Herrera S, Letón P, García-Calvo E, Fernández-Alba AR, Perdigón-Melón JA(2015)Continuous ozonation treatment of ofloxacin: transformation products, water matrix effect and aquatic toxicity. J Hazard Mater 292:34-43

[67] Blackbeard J, Lloyd J, Magyar M, Mieog J, Linden KG, Lester Y (2016) Demonstrating organic contaminant removal in an ozone-based water reuse process at full scale. Environ Sci Water Res Technol 2(1):213-222

[68] Hansen KMS, Spiliotopoulou A, Chhetri RK, Escola Casas M, Bester K, Andersen HR (2016) Ozonation for source treatment of pharmaceuticals in hospital wastewater- ozone lifetime and required ozone dose. Chem Eng J 290:507-514

[69] Hollender J, Zimmermann SG, Koepke S, Krauss M, McArdell CS, Ort C, Singer H, von Gunten U, Siegrist H (2009) Elimination of organic micropollutants in a municipal wastewater treatment plant upgraded with a full-scale post-ozonation followed by sand filtration. Environ Sci Technol 43(20):7862-7869

[70] Eggen RIL, Hollender J, Joss A, Schärer M, Stamm C (2014) Reducing the discharge of micropollutants in the aquatic environment: the benefits of upgrading wastewater treatment plants. Environ Sci Technol 48(14):7683-7689

[71] Pereira VJ, Weinberg HS, Linden KG, Singer PC (2007) UV degradation kinetics and modeling of pharmaceutical compounds in laboratory grade and surface water via direct and indirect photolysis at 254 nm. Environ Sci Technol 41(5):1682-1688

[72] Canonica S, Meunier L, von Gunten U (2008) Phototransformation of selected pharmaceuticals during UV treatment of drinking water. Water Res 42(1):121-128

[73] Kim I, Tanaka H (2009) Photodegradation characteristics of PPCPs in water with UV treatment. Environ Int 35(5):793-802

[74] Carlson JC, Stefan MI, Parnis JM, Metcalfe CD(2015)Direct UV photolysis of selected pharmaceuticals, personal care products and endocrine disruptors in aqueous solution. Water Res 84:350-361

[75] Köhler C, Venditti S, Igos E, Klepiszewski K, Benetto E, Cornelissen A (2012) Elimination of pharmaceutical residues in biologically pre-treated hospital wastewater using advanced UV irradiation technology: a comparative assessment. J Hazard Mater 239:70-77

[76] Prieto-Rodríguez L, Oller I, Klamerth N, Agüera A, Rodríguez EM, Malato S (2013) Application of solar AOPs and ozonation for elimination of micropollutants in municipal wastewater treatment plant effluents. Water Res 47(4):1521-1528

[77] Pignatello JJ, Oliveros E, MacKay A (2006) Advanced oxidation processes for organic contaminant destruction based on the fenton reaction and related chemistry. Crit Rev Environ Sci Technol 36(1):1-84

[78] Pliego G, Zazo JA, Garcia-Muñoz P, Munoz M, Casas JA, Rodriguez JJ(2015)Trends in the intensification of the fenton process for wastewater treatment: an overview. Crit Rev

Environ Sci Technol 45(24):2611-2692
[79] Wang N, Zheng T, Zhang G, Wang P (2016) A review on Fenton-like processes for organic wastewater treatment. J Environ Chem Eng 4(1):762-787
[80] Klamerth N, Malato S, Agüera A, Fernández-Alba A (2013) Photo-Fenton and modified photo-Fenton at neutral pH for the treatment of emerging contaminants in wastewater treatment plant effluents: a comparison. Water Res 47(2):833-840
[81] Klamerth N, Malato S, Agüera A, Fernández-Alba A, Mailhot G (2012) Treatment of municipal wastewater treatment plant effluents with modified photo-Fenton as a tertiary treatment for the degradation of micro pollutants and disinfection. Environ Sci Technol 46(5):2885-2892
[82] Klamerth N, Miranda N, Malato S, Agüera A, Fernández-Alba AR, Maldonado MI, Coronado JM (2009) Degradation of emerging contaminants at low concentrations in MWTPs effluents with mild solar photo-Fenton and TiO2. Catal Today 144(1):124-130
[83] Michael I, Hapeshi E, Osorio V, Perez S, Petrovic M, Zapata A, Malato S, Barceló D, FattaKassinos D (2012) Solar photocatalytic treatment of trimethoprim in four environmental matrices at a pilot scale: transformation products and ecotoxicity evaluation. Sci Total Environ 430:167-173
[84] De la Cruz N, Giménez J, Esplugas S, Grandjean D, de Alencastro LF, Pulgarín C (2012) Degradation of 32 emergent contaminants by UV and neutral photo-Fenton in domestic wastewater effluent previously treated by activated sludge. Water Res 46(6):1947-1957
[85] Michael I, Hapeshi E, Michael C, Varela AR, Kyriakou S, Manaia CM, Fatta-Kassinos D (2012) Solar photo-Fenton process on the abatement of antibiotics at a pilot scale: degradation kinetics, ecotoxicity and phytotoxicity assessment and removal of antibiotic resistant enterococci. Water Res 46(17):5621-5634
[86] Karaolia P, Michael I, García-Fernández I, Agüera A, Malato S, Fernández-Ibáñez P, FattaKassinos D (2014) Reduction of clarithromycin and sulfamethoxazole-resistant enterococcus by pilot-scale solar-driven Fenton oxidation. Sci Total Environ 468:19-27
[87] Radjenović J, Sirtori C, Petrović M, Barceló D, Malato S (2009) Solar photocatalytic degradation of persistent pharmaceuticals at pilot-scale: kinetics and characterization of major intermediate products. Appl Catal B Environ 89(1):255-264
[88] Miralles-Cuevas S, Oller I, Agüera A, Sánchez Pérez JA, Malato S (2016) Strategies for reducing cost by using solar photo-Fenton treatment combined with nanofiltration to remove microcontaminants in real municipal effluents: toxicity and economic assessment. Chem Eng J 318:161-170

第 12 章

医疗废水管理和处理的评论及展望

Paola Verlicchi

摘要：本章重点介绍了过去对医疗废水的特点、管理、处理和环境影响的研究得出的主要结果。国际上里程碑式的研究（其中包括 Poseidon、Pills、Nopills、Neptune、Knappe、ENDETECH 和 Pharm Degend）以及一些具体的研究建议对新建立的医院的医疗废水进行适当的处理，或对现有的处理厂进行升级，以削减一些极低浓度（纳克/升级至微克/升级）的目标污染物。本章讨论了医疗废水管理（单独或联合处理）的不同策略，并通过介绍具体的污水处理厂概述了目前的最佳技术（常规技术＋末端处理或先进生物和化学处理工艺）。同时，通过介绍在不同国家正在进行的实验室规模和中试的研究，展示了目前医疗废水处理的前沿领域。

在不久的将来，我们期望对新的靶向药物、抗生素耐药细菌和基因的监测和去除、混合污染物的慢性暴露方面进行环境风险评估，改进处理工艺以实现提升对靶向化合物（已知的和新的）的去除率。

关键词：生态毒性；医疗废水；知识缺口；管理；微量污染物；研究需求；处理。

目 录

12.1 经验教训
12.2 医疗废水：受管制或不受管制的废水
12.3 医疗废水的组成：已知的和未知的
12.4 管理和处理：什么是可持续的和正确的
参考文献

12.1 经验教训

本章根据所收集的不同研究中所涉及的问题，总结了过去研究和调查的经验教训。

国际项目（Poseidon、PILLS、Nopills、Neptune、Knappe、ENDETECH 和 Pharm Degrate）以及水循环委员会、废水排放管理机构和医院技术指导人员开展的研究和国际合作，极大地推动了关于医疗废水中药物产生、管理和适当的处理方案选择，以及药物残留所造成的环境风险评估的系列讨论，有助于提高对医疗废水特性、管理和处理的认识。

我们了解到，为寻找仍未受到监管的化合物，取得对医疗废水和接收医疗废水的处理厂的进水和出水进行取样的授权并不容易。过去的研究所面临的其他挑战还涉及以下问题：具有代表性的药物类污染物选择及监测，分析直接测量的不确定性；在某些医疗设施内以及相应的集水区获取药品消费数据以评估污染物的浓度，并在已知流量的情况下，对各自的负荷贡献进行比较；分析所采用的预测模型对不同处理方案（专用的或联合的）的影响；实验室和中试规模的高级或常规的处理技术；大型医疗废水处理设施的讨论；以及风险熵和 OPBT（发生、持续、生物累积和毒性）方面的环境风险评估。

大部分研究是在欧洲、澳洲和北美洲进行的，但亚洲、非洲和南美洲也参与其中，这表明全球范围内对这个有多方面影响的主题的关注越来越多。

以欧盟的经验为重点，但必须特别提到在 Belelecombe 的一个试点研究（在许多文献中报告）。这个案例研究在位于法国上萨沃伊的一家 2012 年 2 月开业的医院（450 张床位）开展，其拥有两处不同处理流程的污水处理厂，既允许对医疗废水进行单独处理，又可对周围地区（20850 名居民）的废水进行处理，其排水允许排入地表水体（Arve 河）。该站点是被当地地方组织、立法者、工业界和科学家认可的一种医疗废水处理与处置的模式并可支持国际研究计划[1]。

本书收集了在全世界范围内关于医疗废水的污染物负荷问题以及处理农村或城郊地区新建医疗设施的废水等案例，并进行长期、高要求的多学科调研，这些研究涵盖了从国际项目到国家或区域的研究[8]，同时介绍了不同行业的研究者包括生物学家、流行病学家、环境工程师和化学工程师、立法者、规划者和决策者对监测医疗废水中的药品和其他新污染物、医疗废水的管理和处理、环境风险评估的观点。

12.2 医疗废水：受管制或不受管制的废水

不同国家在医疗废水管理方面存在差异。一般来说，针对这类废水不存在任何规定，它通常被认为与生活污水具有相同的污染物负荷，只有少数国家被认为是一种工业废水，需要特殊的管理和定期监测。有的地方法规要求对医院出水进行预处理（一般是简单的消毒），然后可以被排放到市政污水中，并被输送到城市污水处理厂与城市污水进行相同的处理。本书介绍和讨论了一些欧盟及亚洲国家目前的立法，以及美国环保署和世界卫生组织为管理医疗废水制定的指导方针。特别是世界卫生组织在《卫生保健活动废物的安全管理》（1999年版及其修订版于 2014 年出版）[2]中提供的建议强调了与液体化学品、药品和放射性物质有关的风险，建议对危险液体进行预处理，建立医疗保健机构的污水系统，最低的处理（一级、二级和三级，如消毒）和对选定污染物（如进水中 95% 的细菌）的去除效率的要求。这些应成为那些没有制定针对医疗废水具体规定的国家对医疗废水的"最低限度"以及可持续管理和控制的参考指南。

由于废水中潜在的靶向微量污染物的数量非常多，因此建议选择适当的方法。在这方面，确定化合物优先清单是药品和其他新出现的污染物在以管制及监测为目的的环境政策中的有用工具。不同方法的使用，导致化合物优先级的排序不同。本书介绍并讨论了通过以下方法获得的结果：①基于风险熵的环境风险评估（医疗废水中测量或预测浓度与相应的预测无效应浓度之间的比值）；②在不同设施中使用的药物的 OPBT 方法。调查发现，不同国家和医院之间存在显著差异，根据所进行的分析，优先化合物一般包括抗生素（环丙沙星、阿莫西林、哌拉西林和阿奇霉素）、消炎药物双氯芬酸、激素雌二醇和抗糖尿病二甲双胍。

在欧盟级别，没有关于医疗废水中微量污染物的具体规定，但关于药物类，欧盟第 2015/495 号法案[3]提出了一份全欧盟监测物质的"监测清单"，包括镇痛药双氯芬酸、激素雌酮（E1）、17-β-雌二醇（E2）、17-α-乙炔雌二醇（EE2）以及大环内酯类抗生素、阿奇霉素和克拉霉素，该清单将定期修订，并将不同化合物列入或排除在要监测的物质优先清单之外。

12.3 医疗废水的组成：已知的和未知的

研究者已经对医疗废水中的常规污染物进行了深入的研究，关于其浓度的变化已经有相当程度的了解。关于微量污染物，多年来在浓度测定方面取得了进展，涵盖的物质范围也逐渐拓广，但对于其中一些物质，由于主要在取样和化学分析方面的困难，仍几乎没有可用的数据。

第一篇关于医疗废水特性的综述发表于 2010 年[4]，所收集的数据只涉及 40 种新出现的污染物（主要是药品和洗涤剂），并与城市污水中观察到的浓度范围进行了比较，得出医疗废水中某些化合物的浓度高于城市污水。尽管人们普遍重视检测最主要的靶向化合物（在本书丛书序中讨论的），但在接下来的几年里，许多其他物质以及它们的一些代谢物和转化产物都得到了监测。这是新的分析技术发展和对医疗废水（和常规处理池）中微量污染物的监测光谱的认识加深的结果。一些类别如抗生素，由于其抗菌特性及其在耐药性传播中的作用，并且是水生环境中非常危险的制药类别之一，因此得到了更广泛的研究。

此外，深入研究了采样模式（单一式或复合式采样，以及后一种情况下的流量、时间和体积等条件的影响）和频率（观察期间的样本数）对直接测量的可靠性及代表性的影响，并提出了规划医疗废水监测试验活动的建议。还提出了另一种避免与医疗废水取样有关的困难的方法（授权采样，确定采样方式和频率，保存和分析样本），即采用基于药物消耗数据、人体排泄因子和医疗设施内使用的水量的预测模型。在这种情况下，还必须应对其他挑战：药品消费、人体排泄和消耗水的数据采集。同样，应估计影响这些数据的不确定性，以评估预测浓度的准确性水平。

本章讨论的另一个问题是医疗废水的生态毒性，与医疗设施内的病房、诊断活动和服务型设施（洗衣、厨房）紧密相关。结果发现，在一天和一年的时间维度上该浓度高于城市污水中的浓度。关于医疗废水造成的环境风险，研究人员经常使用"单一物质"方法，最近他们研究了所谓的"鸡尾酒效应"，即考虑废水中物质的混合可能表现出叠加、协同效应和拮抗作用。今后的研究将集中于对医疗废水生态毒性进行更深入的调查，并将巩固迄今采用的生态毒理学风险评估方法。

医院主要使用的三类化合物有造影剂、抗肿瘤药物和抗生素。造影剂为非生物活性物质，排泄因子高，生态毒性低。抗肿瘤药物是极端危险的化合物，能杀死或对细胞造成严重损害。研究表明，医院样品中抗癌药物的混合物具有重要的毒性作用，甚至高于单个药物的毒性作用[5]。对抗生素的关注突出表明，该类污染物在医院废水中出现的频率在世界范围内都很高，而且有可能发展和释放出抗生素耐药细菌（ARB）和基因（ARG）[6]。据世界卫生组织称，ARB 的出现和传播已被归类为 21 世纪对公共卫生的最大威胁之一。

在不久的将来，监测抗菌药物使用和耐药性的研究将有助于确定趋势并改进环境风险评估，以便在抗菌药物使用和抗菌药物耐药性之间建立联系，并揭示参与 ARG 传播的途径[7]。此外，还需要努力调查混合物对环境的长期影响。

12.4 管理和处理：什么是可持续的和正确的

医疗废水单独处理或与当地城市污水联合处理的策略的选择与医院和城市

居民点对水力负荷及污染物负荷（主要的和微量的污染物）的贡献紧密相关[8]。

通过案例研究，可以确定设计和管理医疗设施的最佳做法：单独收集雨水，采取旨在限制医疗设施内用水量的策略，智能药品库存管理系统以避免浪费，以及正确处置遗留（和过期）药品。这会使水中污染物负荷降低，这将需要更少的能源和更低的财政成本采用额外的处理方法。

医疗废水综合处理厂采用的技术通常是多级技术，包括预处理、膜生物反应器和高级氧化工艺［主要是臭氧、臭氧/UV、颗粒活性炭（GAC）］。由于目标化合物的化学、物理和生物性质的高度变异性，为了促进其去除，必须采用不同的去除机制，本章概述了欧盟各国目前正在运行的大型污水处理厂，这些污水处理厂经过了复杂的预先测试旨在确定最佳技术和运行条件，以优化去除效率。这种选择也受到当地法律、经济和环境限制的影响。

必须指出的是，在一些欧盟国家，医疗废水的集中处理是首选的。在少数情况下，转向对现有的、正在计划或实施的工艺进行升级。在这方面，瑞士是世界上第一个在国家层面提出提升城市污水处理厂的国家。根据处理量、出水/干污染物流量关系和敏感性标准，瑞士政府确定了 700 个污水处理厂中的 100 个将在今后几年内开展后处理的升级，主要包括活性炭或臭氧等工艺。目前，瑞士有六个污水处理厂正在运作或处于规划阶段，它们中大多数（2/3）采用臭氧处理，而其他的污水处理厂采用 PAC 以保证有机微量污染物的去除率大于 80%（根据 MICROPOLL 政策的要求）。

关于欧盟以外的医疗废水管理和处理，基本采用常规技术，主要包括预处理、活性污泥法和化学消毒。在巴西，厌氧反应器用于不同的情况，并采用好氧生物滤池作为三级处理。在中国，重症急性呼吸综合征暴发后，活性污泥系统在许多污水处理厂中被膜生物反应器（配备超滤膜）取代，以保证微生物的更大去除率；并将氯消毒作为最终的处理步骤。

在一些国家，仍然采用一些低效的处理方法，包括氧化塘和其他自然系统（人工湿地）。

创新的处理方法正在实验室或中试规模上进行研究，其主要基于以颗粒形式生长的真菌或特定膜的使用：具有固定化真菌漆酶的膜、淹没的海绵膜、纳滤或反渗透的膜，似乎在去除目标化合物方面很有前景。在巴西，人们对先进技术的兴趣越来越大，他们一直在尝试采用光芬顿技术处理目标污染物。

最近，人们还关注从医疗废水中去除 ARG 和 ARB[9]。Pills 项目强调医疗废水中特定抗生素分子的耐药性扩散的风险高于城市废水。先进的生物和化学过程对其去除率在 90%～99.999% 之间。超滤膜生物反应器保证了这一风险的持续降低，而随后的处理，包括臭氧氧化、砂滤或粉末活性炭过滤对进一步降低风险无显著作用[10]。

在不久的将来，采用潜在的技术实现医疗废水的有效管理和处理将保证很好地去除具有不同特性的广谱污染物，并减少 ARG 和 ARB；采用可持续和经济友好型的方法；可靠和经过测试的技术以控制投资和运营成本。这些举措与目前正在研究的技术以及先前讨论的从不同方面进行的更复杂的环境风险评估结果显著相关。环境风险评估研究还必须考虑长期暴露的亚急性水平的风险，以及水生环境中污染物及其代谢物和转化产物的风险。

参考文献

[1] Brelot E, Lecomte V, Patois L (2013) Bellecombe's pilot site (Sipibel) on impacts of hospital effluents in an urban sewage treatment plant: first results. Tech Sci Methods 12:85-101

[2] Chartier Y et al (eds) (2014) Safe management of wastes from health-care activities, 2nd edn. World Health Organization, Geneva

[3] Commission Implementing Decision (EU) 2015/495 of 20 March 2015 establishing a watch list of substances for Union-wide monitoring in the field of water policy pursuant to Directive 2008/105/EC of the European Parliament and of the Council

[4] Verlicchi P, Galletti A, Petrovic M, Barcelo D (2010) Hospital effluents as a source of emerging pollutants: an overview of micropollutants and sustainable treatment options. J Hydrol 389(3-4):416-428

[5] Mater N, Geret F, Castillo L, Faucet-Marquis V, Albasi C, Pfohl-Leszkowicz A (2014) In vitro tests aiding ecological risk assessment of ciprofloxacin, tamoxifen and cyclophosphamide in range of concentrations released in hospital wastewater and surface water. Environ Int 63:191-200

[6] Berendonk TU, Manaia CM, Merlin C, Fatta-Kassinos D, Cytryn E, Walsh F, Bürgmann H, Sørum H, Norström M, Pons M, Kreuzinger N, Huovinen P, Stefani S, Schwartz T, Kisand V, Baquero F, Martinez JL (2015) Tackling antibiotic resistance: the environmental framework. Nat Rev Microbiol 13(5):310-317

[7] Devarajan N, Laffite A, Mulaji CK, Otamonga J, Mpiana PT, Mubedi JI, Prabakar K, Ibelings BW, Poté J (2016) Occurrence of antibiotic resistance genes and bacterial markers in a tropical river receiving hospital and urban wastewaters. PLoS One 11(2):e0149211

[8] Verlicchi P, Galletti A, Masotti L (2010) Management of hospital wastewaters: the case of the effluent of a large hospital situated in a small town. Water Sci Technol 61(10):2507-2519

[9] Rodriguez-Mozaz S, Chamorro S, Marti E, Huerta B, Gros M, Sànchez-Melsioó A, Borrego CM, Barceloó D, Balcázar JL (2015) Occurrence of antibiotics and antibiotic resistance genes in hospital and urban wastewaters and their impact on the receiving river. Water Res 69:234-242

[10] Verlicchi P, Al Aukidy M, Zambello E (2015) What have we learned from worldwide experiences on the management and treatment of hospital effluent? -an overview and a discussion on perspectives. Sci Total Environ 514:467-491